Peter Autengruber

Die Wiener Kleingärten

»Die Kleingartenbewegung stellte von Anfang an die sozialen Aufgaben in den Vordergrund. Nun haben sich im Laufe der Jahre die Kleingärten vom ›Symbol des Überlebens‹ zur heutigen ›Freizeit- und Erholungsfunktion‹ gewandelt. Doch an Bedeutung haben sie nichts verloren.«

(Zentralverband der Kleingärtner und Siedler Österreichs)

Diese Publikation wurde gefördert von der Stadt Wien Kultur

Bibliografische Information der Deutschen Bibliothek:
Die Deutsche Bibliothek verzeichnet diese Publikation
in der Deutschen Nationalbibliografie.

2. aktualisierte und erweiterte Auflage 2025

Coverfoto: Patrick Tschudin, flickr.com (CC BY 2.0)
Lektorat: Gabriele Fernbach/Hannes Hofbauer
Druck: Finidr, Lípová
Printed in the Czech Republic
ISBN: 978-3-85371-548-2

Promedia Verlag
Rotenlöwengasse 8/4
1090 Wien
Österreich

E-Mail: promedia@mediashop.at
Web: www.mediashop.at
www.verlag-promedia.de

Peter Autengruber

DIE WIENER KLEINGÄRTEN

Von den Anfängen bis zur Gegenwart

PROMEDIA

ÜBER DEN AUTOR

Peter Autengruber, geboren 1958, ist Historiker und war Lehrbeauftragter am Institut für Zeitgeschichte der Universität Wien. Mit dem in 12. Auflage erschienenen Buch »Lexikon der Wiener Straßennamen« und dem in dritter Auflage publizierten Buch »Lexikon der Wiener Gemeindebauten« (gemeinsam mit Ursula Schwarz) hat er regionalhistorische Pionierarbeit geleistet. Zahlreiche wissenschaftliche Beiträge, unter anderem im Jahrbuch des Dokumentationsarchivs des österreichischen Widerstandes. Im Promedia Verlag ist von ihm zuletzt das Buch „Parks und Gärten in Wien" erschienen.

Inhalt

Anhang

Einleitung

Aktuell gibt es in Österreich rund 40.200 Kleingärten, die in rund 400 Vereinen und fünf Landesverbänden (Wien, Niederösterreich, Oberösterreich, Salzburg, Steiermark) organisiert sind. Der weitaus größte Teil der Kleingärten befindet sich in Wien: 24.965 Kleingärten, aufgeteilt auf 247 Vereine. Die mit Abstand größten Flächen hat der Zentralverband, nämlich 7.619.261 m². Es handelt sich hierbei um Flächen von verschiedenen Grundeigentümern, welche der Zentralverband in Generalpacht hat, sowie im Eigentum des Zentralverbandes stehende Flächen.[1]

Der flächenmäßige Höchststand der Kleingärten wurde in der Zwischenkriegszeit erreicht, seit den 1950er-Jahren nahmen die Kleingärten infolge Bautätigkeit (Wohn- und Straßenbau) ab. Der Tiefpunkt der Mitgliederzahl war 1976 mit 33.580 Kleingärten erreicht, ehe in den 1980er-Jahren wieder ein Aufschwung verzeichnet werden konnte.[2]

Der Autor, selbst Funktionär in einem Kleingartenverein, stellte im Zuge der Recherche für eine Festschrift seines Vereins fest, dass es keine aktuell gültige Übersicht über das Wiener Kleingartenwesen gibt. Es liegen in den Bibliotheken zwar gute Diplomarbeiten und Dissertationen zum Thema auf, aber sie sind entweder schon älteren Datums oder behandeln nur Teilaspekte der Materie. Festschriften zeichnen mehr oder weniger gut naturgemäß nur die Geschichte des betreffenden Vereins nach. Viele von ihnen finden sich in keiner Bibliothek, sondern liegen nur in den betreffenden Vereinslokalen auf.

In diesem Buch wird versucht, die Entwicklungslinien des Kleingartenwesens von den Anfängen vor dem Ersten Weltkrieg bis zur Gegenwart zu beschreiben. Aus den Nutzgärten der Anfangsjahre, die in beiden Weltkriegen eine Frage des Überlebens für viele darstellten, sind heute Ziergärten geworden. Ganzjähriges Wohnen im Kleingarten, durchaus ein Wunsch vieler KleingärtnerInnen schon in den 1920er-Jahren, war bis zur Einführung der Widmung Eklw (Erholungsgebiet Kleingarten – ganzjähriges Wohnen) im Jahr 1992 nicht erlaubt, wenn auch da und dort bereits gängige Praxis. Ganzjähriges Wohnen in Verbindung mit Eigentumserwerb veränderte kurz darauf vielerorts die soziale Struktur in den Kleingartengemeinschaften.

Darüber hinaus werden im Buch die wesentlichen Rahmenbedingungen für Kleingärten im Wandel der Zeit erläutert. Neben dem politischen Umfeld – den Kleingärten waren im Austrofaschismus und im Nationalsozialismus eine besondere Rolle zugedacht – werden

1. www.kleingaertner.at (Zugriff am 5.6.2017 und am 25.9.2024) sowie eigene Zählung (dem Zentralverband angeschlossene Vereine) und Kleingärtner, September 2024, S. 47 (Aus dem Tätigkeitsbericht von Präsident Ing. Wohatschek).
2. Brigitte Feuerbach, Das Kleingartenwesen in Wien und Berlin. Eine multivariate Gegenüberstellung, Dipl.-Arbeit, Wien 1998, S. 64 f., sowie Kleingärtner Juli-August 2004, S. 50

die gesetzlichen Rahmenbedingungen beschrieben, die Funktion von Schutzhäusern und die Bedeutung des Kleingartenwesens für die Allgemeinheit und für die KleingärtnerInnen (stadthygienisch, klimatisch, kommunikativ, kulturell, erholungssuchend).

Ein verdrängtes Kapitel Zeitgeschichte stellt das Thema »Verschwundene Kleingärten« dar. Wohnbau, Straßen- und U-Bahn-Bau, aber auch so manch anderer Umstand verringerten die Kleingartenflächen schon seit den 1920er-Jahren, dramatisch seit den 1950er-Jahren. Dieses Thema war zum Teil schwer rekonstruierbar und stellt nur eine Auswahl verlorener Grünflächen dar.

Im Anhang findet sich auch eine Übersicht aller im Zentralverband der Kleingärtner und Siedler gelisteten Wiener Vereine (Stand Oktober 2024).

Um dem Leser/der Leserin Einblick in Vereinsgeschichten bzw. Vereine zu geben, wurden einige Vereine kontaktiert (aus Platzgründen musste ich mich auf eine Auswahl beschränken), und bis auf wenige Ausnahmen reagierten alle auf meine Anfragen. Die Aufnahme in den Vereinen war erfreulich positiv. Schwer zugängliches Quellenmaterial konnte in dieses Buch einfließen. Bilder, die noch nie in Arbeiten über Kleingärten publiziert wurden, können erstmals gezeigt werden. Den verantwortlichen Funktionären und Funktionärinnen in den Vereinen sei hierfür besonders gedankt; ebenso aber auch den Obmännern/Obfrauen der näher vorgestellten Kleingärten sowie vielen KleingärtnerInnen, welche mir wertvolle Tipps und Informationen zukommen haben lassen.

Dem Zentralverband der Kleingärtner und Siedler Österreichs danke ich für die Recherchehilfe und Hintergrundgespräche, insbesondere dem Präsidenten Ing. Wilhelm Wohatschek sowie dem Wiener Landesverbandsobmann Helmut Bayer und Vizepräsident Friedrich Hauk.

Ferner danke ich Dr.in Ursula Schwarz für ihren Beitrag über den Kleingartenverein Sonnenschein und die Überlassung von Fotomaterial. Mag. Manfred Mugrauer (Alfred Klahr Gesellschaft) öffnete mir den Zugang zu den Unterlagen über Gottfried Krenn (KGV Predigtstuhl), die im Zentralen Parteiarchiv der KPÖ aufliegen. Mag.a Gabriele Fernbach sei für das sorgfältige Lektorat und Patricia de Vine (1960–2015) sowie Andrea Rostorfer für das Einscannen von Bildmaterial gedankt. Der Farbteil entstand in Zusammenarbeit mit Dr.in Gerlinde Ondrej – auch hierfür mein Dank.

Ich bedanke mich bei meiner Frau, Gabriele Rubinig, für die Begleitung durch die Kleingärten und für die Zeit, welche ich für die Neuauflage des Buches verwendet habe.

Insbesondere waren für die Neuauflage die Vereinsgeschichten und die gesetzlichen Grundlagen zu aktualisieren sowie das Thema Energiekrise und Einstellung des Kleingartenverkaufs zu berücksichtigen.

Neu in das Kapitel Vereinsgeschichten wurden die Kleingartenvereine Brunnstube und Juvavia aufgenommen. Der Kleingartenverein Schlosssee informierte den Verfasser, dass er im Buch nicht mehr beschrieben werden möchte (siehe Anmerkung Vereinsgeschichten 23. Bezirk).

Peter Autengruber
Wien, im Jänner 2025

PS: Im Text wird die Zeitschrift des Zentralverbandes, die wechselnde Untertitel hatte, der Einfachheit halber immer als »Kleingärtner« zitiert.

I. GESCHICHTE DER WIENER KLEINGÄRTEN

Vorformen von Kleingärten

In Großbritannien gab es im 18. Jahrhundert »allotments«, kleine Landparzellen, die den Ortsarmen zur Bebauung überlassen wurden. Nach den napoleonischen Kriegen boomten diese Armengärten vor dem Hintergrund des Anstiegs der Kornpreise, wirtschaftlicher Not und Arbeitslosigkeit von Arbeitern, Seeleuten und Soldaten. 1819 wurde gesetzlich vorgeschrieben, dass die Behörden Land pachten, es einfrieden und an arme und erwerbslose EinwohnerInnen unterverpachten sollen. Die Manchesterliberalen hoben das Gesetz 1834 auf, 1882 wurde es wieder eingeführt.[3]

Weitere Vorläufer der Kleingartenidee waren Arbeitergärten und die Gärten der Lebensreformbewegung.

Die Arbeitergärten hatten neben einem wirtschaftlichen auch einen gesundheitlichen und moralischen Aspekt.[4] Sie wurden von Wohltätigkeitsvereinen oder Stiftungen ins Leben gerufen, erfreuten sich allerdings auf Grund restriktiver Kontrollen bei den ArbeiterInnen keiner besonderen Beliebtheit. Die Gärten leisteten einen Beitrag zur Eindämmung der auf Grund der schlechten Wohnverhältnisse weit verbreiteten Tuberkulose, aber sie dienten auch der Bekämpfung des damals grassierenden Alkoholismus unter der Arbeiterschaft: »Vollkommener als die Kneipe, in der er (der Arbeiter, Anm. d. Verf.) sein Geld und seine Gesundheit verliert, genügt beiden Ansprüchen der Garten, in dem er Geld und Gesundheit gewinnt (...).«[5]

Gartenarbeit und gesunde Ernährung sollten die Lebensqualität der ArbeiterInnen verbessern: »Endlich ist für den Industriearbeiter und den Lohnarbeiter überhaupt ein anderer Nebenverdienst als der Gartenbau kaum denkbar, der mehr einer Erholung von der Berufsarbeit in der engen Werkstatt und dem öden Fabrikssaale gleicht und durch die Freude an der Natur und den Selbstgenuß des erzielten Gewinnes Körper und Seele erfrischt.«[6]

Übersehen wird bei dieser Argumentation, dass die Unternehmer Arbeitergärten, sogenannte Küchengärten (und auch Wohnungen), nicht uneigennützig zur Verfügung stellten. Mit dem Hinweis auf eine derartige Nebenleistung konnte man eine stärkere Anhebung der Löhne umgehen. Auch die Herkunft der Fabriksarbeiterschaft aus der bäuerlichen Unterschicht spielte mit den schon erwähnten pädagogischen Überlegungen

3. Franz Schmidt, Der Schrebergarten als kultureller Faktor. Ein Überblick über das Kleingartenwesen von seinen Anfängen bis in die heutige Zeit unter besonderer Berücksichtigung des Raumes Wien, phil. Diss., Wien 1975, S. 10, sowie Ulrike Zimmerl: Kübeldörfer. Siedlung und Siedlerbewegung im Wien der Zwischenkriegszeit, Wien 2002, S. 49
4. Vgl. z. B. Wolf-Michael Tschuppik, Wege zur Architektur im Kleingarten. Strategien der Gestaltung baulicher Strukturen im Wiener Widmungsgebiet »Eklw«, techn. Diss., Wien 2001, S. 7
5. Theodor Pfeiffer, Arbeitergärten, Graz 1907, S. 13
6. Ebda., S. 5

eine Rolle: Mochte die Wohnung »noch so minder sein, die Bewirtschaftung eigenen (wenn auch bloß gepachteten) Grund und Bodens schien doch einige Gewähr für eine größere Identifizierung der Arbeiter mit ihrem Wohnort zu bieten (...).«[7]

Die Gärten der Lebensreformbewegung dienten einer naturgemäßen Lebens- und Heilweise. Sie galten weithin als »unsittlich«, weil Männer häufig mit nacktem Oberkörper und kleine Kinder oft nackt herumgingen.

In Deutschland war Karl von Hessen (1744–1836) ein früher Initiator von Kleingärten. Er überließ einen Teil seines Gutes den EinwohnerInnen des zu seinem Gut gehörenden Ortes in Erbpacht. Es waren Gärten mit Obstbäumen und Einfriedungen. Zur Verhinderung von Diebstahl wurden Nachtwächter angestellt. Unter den insgesamt 100 Pächtern dominierten Handwerker.[8]

Als Statthalter der damals unter dänischer Herrschaft stehenden Provinz Schleswig-Holstein regte Hessen zudem beim dänischen König an, dass Städte bedürftigen Familien Land zum Anbau von Obst und Gemüse überlassen. 1830 begann die Stadt Kiel, städtischen Grund an Handwerker, Beamte und Arbeiterfamilien zu verpachten, damit diese den Eigenbedarf an Obst und Gemüse selbst decken konnten. 1901 besaß die Stadt Kiel bereits 2509 Parzellen, um 1912/13 hatte jede vierte Kieler Familie einen Garten. Die Gärten waren beliebt, weil erst ab dem dritten Jahr eine geringe Pacht eingehoben wurde, und sie hatten schon den Charakter von dem, was man heute unter Kleingärten versteht. Als nachteilig stellte sich heraus, dass nach einigen Jahren die ursprünglichen Pächter durch wohlhabendere Gartenliebhaber verdrängt wurden.

Ähnliche Entwicklungen konnten in Flensburg, Königsberg (Ostpreußen) und Leipzig (1832, Johannistalgärten) beobachtet werden.[9] Hilfsbedürftige sollten in die Lage versetzt werden, sich selbst zu versorgen. In Königsberg wurde eigens eine Person angestellt, die einen Mustergarten anlegte und als Gartenfachberater für die PächterInnen tätig war. Diese Maßnahme führte zu einer Verbesserung der Lebenshaltung der Armen und zu einer stetigen Vermehrung der Gärten auf letztlich 600.

In Leipzig konnten die PächterInnen ihre Gärten nach Gutdünken bewirtschaften, was Identifikation und Individualität der Parzellen förderte. Wie aber auch in Kiel boten bald wohlhabendere Familien für die Gärten Ablösen, womit die ursprüngliche Zielgruppe nicht mehr erreicht wurde.

In Frankreich kannte man Arbeitergärten, Familiengärten (Gärten, die sich der Einzelne selbst beschafft) und Industriegärten (Gärten, die Unternehmen ihren

7. Birgit Bolognese-Leuchtenmüller, Zur Wohnsituation der Fabriksarbeiter in den Industriegebieten vor dem Ersten Weltkrieg. In: Margit Altfahrt et al., Die Zukunft liegt in der Vergangenheit. Studien zum Siedlungswesen der Zwischenkriegszeit, Wien 1983, S. 59
8. Schmidt, Der Schrebergarten als kultureller Faktor, S. 13
9. Franz Siller/Camillo Schneider, Wiens Schrebergärten, Wien 1920 sowie Schmidt, Der Schrebergarten als kultureller Faktor, S. 11f.

MitarbeiterInnen verpachten). Pilotprojekte gab es in den wirtschaftlichen Krisen 1848 und 1850, als einige Gemeinden Arbeitslosen Land zur Verfügung stellten. Die Initialzündung zur Schaffung von Arbeitergärten ging freilich Jahre später von Geistlichen aus. Erste Versuche datieren aus den 1880er-Jahren, 1894 wurden durch Pater Volpette Gärten in St. Etienne initiiert.

Motor der Kleingartenbewegung in Frankreich war Abbé Jules Auguste Lemire (1853–1928), der als Parlamentarier für jede französische Arbeiterfamilie ein Haus mit Garten forderte. Sein Motiv war die Bekämpfung des unter Arbeiterfamilien grassierenden Alkoholismus und die Ermöglichung geordneter Familienverhältnisse.1897 gründete der »rote Abbé«, wie er von Zeitgenossen genannt wurde, den französischen Kleingartenverband, 1926 wurde er erster Vorsitzender des internationalen Verbandes der Kleingartenorganisationen.[10]

In Österreich errichteten die Firmen F. M. Haemmerle in Dornbirn, die Nussdorfer Bierbrauerei oder auch die Arbeiterunfallversicherungsanstalt für Niederösterreich bzw. Steiermark und Kärnten Arbeitergärten. In Wien wurde 1903 im Lobmeyrhof ein Platz von 850 m^2 für Arbeitergärten gewidmet und für geringes jährliches Entgelt an die BewohnerInnen zur gärtnerischen Bewirtschaftung übergeben (1903).[11]

10. Schmidt, Der Schrebergarten als kultureller Faktor, S. 31 ff., sowie die Kurzbiographie in der Zeitschrift Kleingarten, Siedler und Kleintierzüchter Dezember 1926, S. 7, sowie das Kapitel »Grüne Internationale« in diesem Buch.
11. Pfeiffer, Arbeitergärten, S. 18 ff., sowie Neues Wiener Tagblatt 4.1.1911, S. 5

Daniel Gottlob Moritz Schreber – Namensgeber der Schrebergärten

Der Begriff Kleingarten taucht zu Beginn des 20. Jahrhunderts erstmals in Deutschland auf. In Österreich wird er seit den 1920er-Jahren verwendet. Die Bezeichnungen Bauregulativ für Kleingartenanlagen oder die Kleingartenordnungen 1920 und 1928 zeugen ebenso davon wie die seit 1921 erschienene Zeitschrift »Der Siedler. Zeitschrift der Kleingärtner, Siedler und Wohnungsreformer.« Der Leiter der von der Gemeinde Wien eingerichteten Kleingartenstelle, Franz Josef Siller, meinte 1920: »Das Gebilde, welches so entsteht, kann nimmer so recht den Titel ›Schrebergarten‹ führen. Wir nennen es daher zutreffender ›Kleingarten‹.«[12] Kurioserweise heißt das zitierte Buch trotzdem »Wiens Schrebergärten«.

Der Terminus Schrebergarten geht auf den Arzt Dr. Daniel Gottlob Moritz Schreber (1808–1861) zurück, obwohl er mit den Schrebergärten nichts zu tun hat. Vielmehr wäre der Name »Hauschildgärten« treffender gewesen.

Schreber übernahm 1844 eine kleine orthopädische Heilanstalt, in der er Kinder mit Rückgratverkrümmungen behandelte. 1845 zählte er zum Mitbegründer des »Leipziger Turnvereins«, der »in Leipzig höchst respektable Anhänger« hatte.[13] Schreber, der bereits 1843 zum Thema Turnen publizierte (» Das Turnen vom ärztlichen Standpunkt aus, zugleich als eine Staatsangelegenheit dargestellt«) und Turnen als Pflichtfach in den Schulen gefordert hatte, wurde bald Vorsitzender des Vereins (1846–1851). 1856 wurde er zum Ehrenmitglied ernannt.

Abb.1: Daniel Gottlob Moritz Schreber

Zwischen 1846 und 1851 war Schreber auch Stadtverordneter des Leipziger Gemeinderats. 1859 wurde der Arzt Carl Hermann Schildbach (1824–1888) stellvertretender Direktor in Schrebers orthopädischer Klinik. Er sollte später der wichtigste Biograph von Schreber werden. Nach Schrebers Tod 1861 erwarb er die Klinik und führte sie weiter.

Einen gewissen Bekanntheitsgrad erhielt Schreber durch sein Buch »Zimmergymnastik«, welches ein Bestseller mit einer Auflage von rund 300.000 Stück war.[14] Seine anderen Bücher über Gesundheit und Kindererziehung (wie

12. Siller/Schneider, Wiens Schrebergärten, S. 29
13. Han Israels, Schreber, Vater und Sohn. Eine Biographie, München-Wien 1989, S. 50
14. Zu den Zahlen vgl. Israels, Schreber, S. 333, Anmerkung 7, sowie S. 196

z. B. sein Hauptwerk »Kallipädie oder Erziehung zur Schönheit«, 1858) waren wenig erfolgreich, seine Erziehungsmethoden autoritär und radikal.

Schreber hatte »Körperhaltungsmaschinen« und Apparaturen mit Riemen und Gurten entwickelt, deren Anwendung u. a. zur Traumatisierung seines Sohnes führte. Der »Geradehalter« sollte verhindern, dass sich Kinder beim Schreiben nach vorne beugen (vor der Brust des Kindes ist eine eiserne Stange am Tisch befestigt). Der »Kopfhalter« war für eine aufrechte Kopfhaltung gedacht. Sobald das Kind den Kopf hängen lässt, zerrt ein Riemen hinten am Haar. Die Kinnbinde, eine helmartige Konstruktion, war für das korrekte Wachstum von Kinnlade und Zähne gedacht. Aber auch der Schlaf war reglementiert: Bettriemen sorgten dafür, dass Kinder gezwungen wurden, ausschließlich auf dem Rücken zu schlafen. Die Beispiele sind nur eine Auswahl von Apparaturen, die er entwickelte.

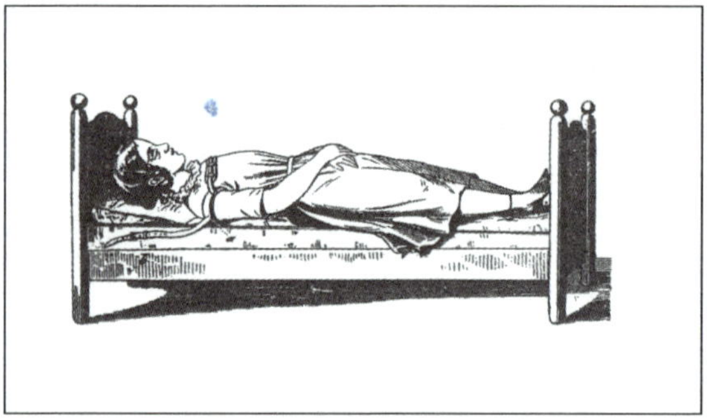
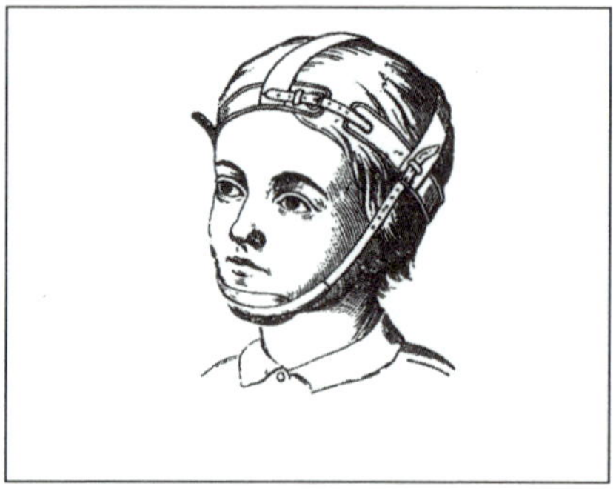

Abb. 2: Schreber'sche »Apparaturen« (Bettriemen, links; Kinnbinde, rechts)

Die beschriebenen Erziehungsmethoden probierte der Arzt an seinen eigenen Kindern aus – mit tragischen Folgen. Sein Sohn Daniel Paul (1842–1911), Jurist und Senatspräsident am Oberlandesgericht Dresden, erkrankte auf Grund der Erziehungsmethoden seines Vaters 1894 und kam in die Psychiatrie. Nach vorübergehender Heilung veröffentlichte er die »Denkwürdigkeiten eines Nervenkranken« (1903), ehe er neuerlich erkrankte. Sein Bruder Gustav (1839–1877) verübte Selbstmord. Auch Schrebers drei Töchter litten unter der Erziehung ihres Vaters.

Schrebers Erziehungsmethoden werden unter dem Begriff »Schwarze Pädagogik« zusammengefasst, weil ihre Grundlage Gewalt und Einschüchterung ist. Diesen Begriff prägte die Kindheitsforscherin Alice Miller (1923–2010), eine polnisch-schweizerische Autorin, die als Kritikerin der Psychoanalyse bekannt wurde.

1911 veröffentlichte Sigmund Freud »Psychoanalytische Bemerkungen über einen autobiographisch beschriebenen Fall von Paranoia«, kurz als »Fall Schreber« bekannt. Der Psychoanalytiker William G. Niederland (1904–1993) bezeichnete Schrebers Erziehungsmethoden als »eifrig betriebenen Terror«.[15] Die Zeitschrift *Spiegel* titelte 1973:

15. William G. Niederland, Der Fall Schreber, Reinbek 1974, S. 70

»Volkserzieher Gottlob Moritz Schreber, Sadismus unterm Schleier«.[16] 2008 schrieb der Schriftsteller und Theologe Klaas Huizing den Roman »In Schrebers Garten«, der den Konflikt zwischen Vater und Sohn zum Thema hatte. 2010 entstand daraus ein Theaterstück.

Doch zurück zu den »Schrebervereinen«. 1864, drei Jahre nach Schrebers Tod, gründete der Schuldirektor Dr. Ernst Innocenz Hauschild (1808–1866) im Andenken an Schreber einen »Schreberverein« in Leipzig. Ein Jahr später pachtete er eine Wiese, richtete einen Kinderspielplatz ein und nannte ihn Schreberplatz. Hauschild ging es vor allem darum, die »Erziehungsschäden«, die seiner Meinung nach das Stadtleben anrichtet, zu korrigieren.[17] Die Anlage von Gärten war noch nicht Teil des Vereinsprogramms.

Erst Hauschilds Nachfolger Oberlehrer Heinrich Carl Gesell (1800–1879) regte an, die Kinder durch Gartenarbeit mit der Natur näher in Verbindung zu bringen. Gesell hatte in Waisenhäusern gearbeitet und Reformen im Erziehungswesen verlangt. Am Rande des »Schreberplatzes« in Leipzig wurden nunmehr Beete angelegt. Daraus entstanden kleine eingefriedete Gärten, aus denen sich bald Gartenkolonien entwickelten, welche Schrebergärten genannt wurden.[18] 1870 gab es 30 solche Gärten; der Verein zählte 326 Mitglieder.

Die Gärten wurden in der Folge durch Zäune voneinander abgegrenzt, Lauben errichtet und Gartenordnungen ausgearbeitet. Schrebergärten wurden bald fester Bestandteil großstädtischen Erholungsraums.

Mit den »Schrebergärten« hatte Schreber also nichts zu tun, allerdings gehörte der schon erwähnte Carl Hermann Schildbach zum Vorstand des Vereins, Schrebers Tochter Anna wurde 1870 Mitglied, seine Witwe Pauline Ehrenmitglied.

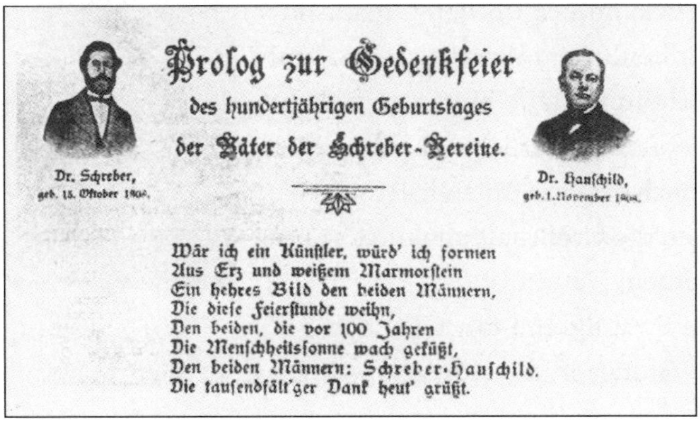

Abb. 3: Schreber (links), Hauschild (rechts)

16. Spiegel 36/1973, S. 130
17. Hier sind die Angaben von Israels, Schreber, S. 123 und 208 relevant.
18. Zentralverband der Kleingärtner, Siedler und Kleintierzüchter Österreichs (Hg.): Festschrift 1916–2001. Von einer Vision zum kleinen Paradies – Eine Chronik, Wien 2001, S. 4 f, sowie Israels, Schreber S. 209

Die Entstehung der Kleingartenbewegung in Wien um die Wende zum 20. Jahrhundert

Initiator der Kleingartenbewegung in Österreich war der 1895 gegründete »Wiener Naturheilverein«, der in Deutsch-Wald (heute Gemeinde Purkersdorf) Grund ankaufte und 1904 an seine Mitglieder verpachtete. Die Größe der Parzellen betrug im Schnitt 400 m^2; die Kolonie hieß »Heimgarten«.[19] Dem »Naturheilverein« gehörten LebensreformerInnen und VegetarierInnen an, was ihnen die Bezeichnung »Grasfresser von Purkersdorf« eintrug.

Ein Mitglied des Vereins war Julius Straußghitel (1870–1958).[20] Er fuhr nach Purkersdorf, nahm aber keine Parzelle, weil ihm der Ort zu entlegen war.[21] Er suchte nach einer Fläche am Stadtrand von Wien, denn die KleingärtnerInnen sollten ihr Juwel noch nach der Arbeit erreichen können. Damals gab es ja noch kein Auto, mit dem man die Gärten schnell erreichen konnte, und auch die öffentlichen Verkehrsmittel waren nicht so ausgebaut wie heute.

Straußghitel gründete in Wien-Mariahilf ein Proponentenkomitee und machte eine Eingabe an das Wiener Magistrat. Das Vereinsziel wurde so beschrieben: »Er will Arbeitern, kleinen Geschäftsleuten, Beamten, Angestellten, die viel sitzende Beschäftigung haben, durch Vergebung eines Stückes Pachtgrundes von 200 Quadratmeter aufwärts Gartenarbeit ermöglichen, die bekanntlich für den Organismus von hohem gesundheitlichem Wert ist, deren Familien eine Tageserholungsstätte bieten, und damit die Menschen mehr zur natürlichen Lebensweise zurückführen, da doch der viele Aufenthalt im Freien, insbesondere gegen die Großstadtkrankheit Tuberkulose, von eminentem Nutzen ist.«[22]

Abb. 4: Julius Straußghitel, Pionier der Kleingartenbewegung

1909 gründete Straußghitel mit Gleichgesinnten im Gasthaus Valduga in der Königsklostergasse in Wien-Mariahilf den »Verein

19. Neues Wiener Tagblatt 4.1.1911, S. 5
20. Kleingärtner Juli 1958, S. 8, sowie Wiener Zeitung 1.8.2003 (Quergelesen); Dank an Alfred Krcal vom KGV Rosental für diesen Hinweis.
21. Vgl. Erinnerungen von Julius Straußghitel im Kleingärtner, Siedler und Kleintierzüchter Mai 1934, S. 4 f.
22. Festschrift des Kleingarten- und Wirtschaftsvereines Rosental anläßlich des 25-jährigen Bestehens. 1910–1935, hrsg. Kleingarten- und Wirtschaftsverein Rosental, Wien 1935, S. 19 f.

Schrebergarten in Wien und Umgebung«.[23] Im Jänner 1910 fand die konstituierende Sitzung statt. Straußghitel wurde Obmann, Anton Rudolfsky sein Stellvertreter. Doch es fehlten noch Mitglieder und vor allem das Wichtigste, die Pachtgründe.

Zwecks Mitgliedersuche wurden in verschiedenen Bezirken Versammlungen abgehalten und 20.000 Flugzettel an die Bevölkerung verteilt, in denen es unter anderem hieß: »Bis heute war ein Sommeraufenthalt nur ein Vorrecht und Privileg der Reichen und Wohlhabenden, nun soll es auch euch möglich sein. Wir versprechen euch keine Utopien, wir gaukeln euch kein unerreichbares Märchenland vor (…). Für wenig Geld könnt ihr ein kleines Gärtchen mit einem bewohnbaren Sommerhäuschen im Pachtwege haben, eigenes Gemüse, selbst gezogene Gartenblumen, Hühnerhof etc.«[24]

Noch im selben Jahr fand der Verein ein 110.000 m² großes Grundstück im Rosental im 13. Bezirk (heute 14. Bezirk), welches dem Landesirrenfonds gehörte. Im Dezember 1910 wurde ein Vertrag abgeschlossen, der freilich den Nachteil einer einjährigen Kündigungsfrist hatte. Der Pachtvertrag war recht einfach gehalten.[25]

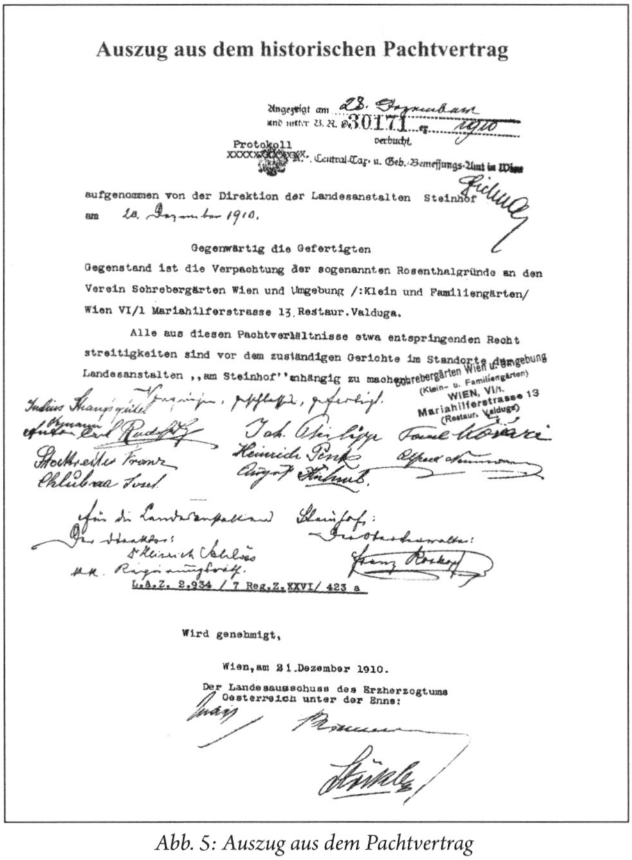
Auszug aus dem historischen Pachtvertrag

Angezeigt am 23. Dezember
und unter B. R. 30171 ex 1910
verbucht.
Protokoll
XXXXXXXXXXX. Central-Tax- u. Geb.-Bemessungs-Amt in Wien

aufgenommen von der Direktion der Landesanstalten Steinhof
am 20. Dezember 1910.

Gegenwärtig die Gefertigten
Gegenstand ist die Verpachtung der sogenannten Rosenthalgründe an den Verein Schrebergärten Wien und Umgebung /:Klein und Familiengärten/ Wien VI/1 Mariahilferstrasse 13, Restaur. Valduga.

Alle aus diesen Pachtverhältnisse etwa entspringenden Rechtstreitigkeiten sind vor dem zuständigen Gerichte im Standorte der Landesanstalten „am Steinhof" anhängig zu machen.

Schrebergärten Wien u. Umgebung
(Klein- u. Familiengärten)
WIEN, VI/1.
Mariahilferstrasse 13
(Restaur. Valduga)

Vorgelesen, bestätigt, gefertigt.

Für die Landesanstalten Steinhof:

L.A.Z. 2.934 / 7 Reg.Z.XXVI/ 423 a

Wird genehmigt,

Wien, am 21. Dezember 1910.

Der Landesausschuss des Erzherzogtums
Oesterreich unter der Enns:

Abb. 5: Auszug aus dem Pachtvertrag

Zu Ostern 1911 wurden die ersten 270 Parzellen im Ausmaß von je 200 bis 600 m² an vorgemerkte Mitglieder vergeben. Ein Mitglied war die Tochter des christlichsozialen Vizebürgermeisters Heinrich Hierhammer (1857–1936, Vizebürgermeister 1905–1918), Dr. Betty Friedland, die ihre Parzelle zwar 1915 zurückgab, aber mit ihrem Vater noch öfter das Rosental besuchte. Mit Hilfe ihres prominenten Vaters intervenierte sie in vielen Angelegenheiten bei Behörden. Sie erreichte, dass eine Zuleitung der Hochquellwasserleitung ins Rosental errichtet wurde, wodurch das Problem der Wasserversorgung

23. Laut Vereinsregister erfolgte die Gründung am 18.11.1909; Dank an Alfred Krcal vom KGV Rosental für den Auszug aus dem Vereinsregister.
24. Schmidt, Schrebergarten als kultureller Faktor, S. 75
25. Ebda., S. 22, sowie Neues Wiener Tagblatt 4.1.1911, S. 5 (»Wiener Angelegenheiten. Schrebergärten für Wien«)

gelöst war. Darüber hinaus wurde der Verein von der Gemeinde mit einer jährlichen Subvention von 500 Kronen bedacht.[26]

Die Ruine einer alten Schotterquetsche – sie hatte beim Bau der Anstalt Steinhof als Maschinenhaus gedient, in dem die dem nahen Steinbruch entnommenen Gesteine zerkleinert wurden – wurde als Schutzhaus umgebaut, und man erhielt Subventionen vom Arbeitsministerium und von der Gemeinde Wien. Der Kleingartenverein im Rosental ist (vermutlich) der älteste Kleingartenverein in Wien.[27]

Der Westen von Wien war für die Parzellierung von Gärten geeignet, weil unkontrolliert und fernab von der Stadt parzelliert werden konnte. Fakten wurden geschaffen.

Kleingärten entstanden in vorwiegend ohnehin bereits gut »durchgrünten« Stadtteilen an der (damaligen) Peripherie der Stadt, wie z. B. die Kolonie Mariabrunn bei Hadersdorf (1914).

Eigenen Angaben zufolge ist der KGV Esparsette in Meidling schon 1907, also früher als das Rosental, entstanden. 2007 feierte der Verein das 100-Jahr-Jubiläum.

Abb. 6: Aufschrift am Vereinshaus Esparsette in Meidling

Nicht übersehen darf man die wirtschaftlichen Rahmenbedingungen, unter die diese frühzeitigen Vereinsgründungen fielen. Um 1910/11 herrschte Nahrungsmittelknappheit, die Preise für Lebensmittel explodierten. Tragischer Höhepunkt der Entwicklung war die Teuerungsdemonstration vom 17. September 1911. Die Sozialdemokratie hatte zu einer Kundgebung vor dem Rathaus aufgerufen, die friedlich verlief. Aus nie geklärten Gründen fiel gegen Ende der Veranstaltung plötzlich ein Schuss. Die Menge flüchtete in Panik, Polizei und Militär verfolgten die Demonstrierenden bis in die Außenbezirke. Drei Tote, 90 Verletzte und 200 Verhaftungen waren das traurige Ergebnis.

Ein weiterer Aspekt, der die Kleingartenbewegung über Jahrzehnte prägen sollte, war der Kampf gegen den Alkoholismus, der unter der Arbeiterschaft auf Grund von tristen Arbeitsbedingungen und Wohnungselend grassierte: Die Beschäftigung mit der Natur, mit dem Kleingarten wurde als wirksames Mittel gegen den Alkohol angesehen.

26. Kleingärtner, Siedler und Kleintierzüchter Februar 1937, S. 2 (Nachruf auf Vizebürgermeister Hierhammer)
27. Über die Anfangszeit der Kleingartenbewegung berichtet Julius Straußghitel auch im Kleingärtner Oktober-November 1951, S. 3

Auch der Krankenpfleger und Naturheilkundler Florian Berndl (1856–1934), Schöpfer des »Gänsehäufels«, griff die Kleingartenidee auf. Er kaufte an der Alten Donau ein Grundstück, ließ es parzellieren und gab die Parzellen an Interessierte um eine Jahrespacht von sechs Heller pro Quadratmeter weiter: »Jede Familie hat ihre mehr oder weniger primitive Hütte als Notunterschlupf bei schlechtem Wetter, ihre Laube, ihre Zeltgrube oder sonst ein Dach, unter dem gut zu ruhen, wenn man müde ist, und jede ist stolz auf ihre ›Villa‹, so wenig sie auch Raum hat. Und die Gärten! Mit welcher Liebe sind sie gepflegt! Ein Paradies für Vegetarier tut sich da auf.«[28] Das Stück Land nannte Berndl »Neu-Brasilien«. Lokaler Mittelpunkt war eine »Greißlerhütte«, wo sich die PächterInnen mit Proviant versorgen konnten. Es gab auch eine eigene Badestelle.

Abb. 7: Der Naturapostel Florian Berndl

Eine weitere Gründung war der Verein »Erste Wiener Nutz- und Lustgärten« (54 Parzellen à 200 m^2) am 3. September 1911.[29] Interessant ist der Hinweis auf die soziale Zusammensetzung: »Eisenbahner, Straßenbahner, Geschäftsdiener, Angestellte der Elektrizitätswerke und der Post, Agenten, kleine Geschäftsleute, Handwerker und auch einige Studenten.« Die Arbeiter-Zeitung sprach von »Lustinselchen in der Großstadt«.[30] Den Verpächter ordnete sie als Kleinspekulanten ein.

Abb. 8: Eine Illustration aus der Arbeiter-Zeitung (1910)

28. Arbeiter-Zeitung 4.9.1910, S. 11
29. Dank an Alfred Krcal (KGV Rosental) für den Auszug aus dem Vereinsregister.
30. Arbeiter-Zeitung 4.9.1910, S. 11

Langfristig war Berndl wenig Erfolg beschieden, denn die PächterInnen gründeten bald eigene Vereine.[31]

Aber nicht alle waren von der in Entwicklung begriffenen Kleingartenbewegung begeistert. Villenbesitzer und Sommerwohnungsbesitzer fühlten sich durch Kinder und die Haltung von Kleintieren belästigt. Sie beanstandeten die sanitären Verhältnisse und befürchteten, dass sich »lichtscheues Gesindel« in den Kolonien herumtreibe.[32]

Der christlichsoziale Bürgermeister Richard Weiskirchner (1861–1926, Bürgermeister 1912–1919), der auf Vermittlung von Vizebürgermeister Heinrich Hierhammer im Juni 1914 mit vielen Gemeinderäten das Rosental besuchte, schaltete sich ein. In der Sitzung des Wiener Gemeinderates vom 10. Juli 1914 wurde das Problem Kleingarten erörtert. Neben der Eigenversorgung und gesundheitlicher Aspekte wurde das Familienleben als positiv hervorgehoben. Die Männer gingen nicht mehr ins Wirtshaus, sondern blieben abends bei ihren Familien. Angesichts von Teuerung und Wohnungsnot seien die Kleingärten eine ideale Lösung. Einzig in der Übernachtungsfrage waren sich die Parteien nicht einig, daher kam es zu einem Kompromiss:

»Der Gemeinderat der k.k. Reichshaupt- und Residenzstadt Wien erblickt in dem Schrebergartenwesen eine wichtige Ergänzung der Wohnungsfürsorge. Er spricht seine Geneigtheit aus, diese den Interessen der öffentlichen Gesundheit und Sittlichkeit gleich dienliche Einrichtung in jeder Weise zu fördern. (...) Hinsichtlich der Frage des Übernachtens steht der Gemeinderat auf dem Standpunkt, daß ein Bewohnen der Lauben unbedingt auszuschließen, ein fallweises Nächtigen aber dann zu dulden wäre, wenn nur der Inhaber des Gartens und dessen Familienmitglieder übernachten und nach der Sachlage Bedenken in sanitärer und sicherheitspolizeilicher Hinsicht nicht bestehen.«[33] Städtische Grünflächen sollten Vereinen überlassen, der Pachtzins niedrig gehalten werden, und die Pacht sollte auf lange Zeitdauer ausgerichtet sein.

1914 gab es in Wien 150.000 m² Kleingartenflächen.[34]

31. Gerhard Kletter/Leopoldine Lendaric, Das Gänsehäufel, Wien 2007, S. 27 ff.
32. Renate Machat, Land in der Stadt. Kleingärten und Siedlungen in Wien. In: Karl Brunner/Petra Schneider (Hg), Umwelt Stadt. Geschichte des Natur- und Lebensraumes Wien, Wien 2005, S. 489, und Martina Kral, Das Wiener Kleingartenwesen. Entwicklung, gegenwärtige Situation und zukünftige Tendenzen, Dipl.-Arbeit, Wien 1992, S. 23
33. Schmidt, Der Schrebergarten als kultureller Faktor, S. 87
34. Zentralverband der Kleingärtner Österreichs, Website (Zugriff 27.12.2016)

Aufschwung der Kleingartenbewegung im Ersten Weltkrieg

Die breite Masse der Bevölkerung hatte bis zum Ausbruch des Ersten Weltkriegs der Kleingartenbewegung wenig Aufmerksamkeit geschenkt. KleingärtnerInnen galten als »Sonderlinge, die unter Violen und Spinat ihren Eigenbröteleien nachhingen«.[35] Ausflügler im Rosental hielten die KleingärtnerInnen mitunter für Anstaltsinsassen. Dies änderte sich mit der bald einsetzenden kriegsbedingten Lebensmittelknappheit.[36]

Wien wurde traditionell mit Lebensmitteln von Ungarn aus versorgt; dazu kam noch die Kornkammer Galizien. Die ungarische Regierung drosselte bereits im ersten Kriegsjahr die Zufuhr, die Grenze zu Ungarn war gesperrt, und die Kornkammer Galizien war bald russisch besetzt und anschließend verwüstetes rückerobertes Land. Die Verwaltung des Mangels »via staatlich und vor allem kommunal gelenkter Nahrungsmittelversorgung wurde schon nach wenigen Monaten zur Hauptagenda der Stadtregierung«.[37]

Dazu kam der Nahrungsmittelboykott durch die Entente, der zur Selbsthilfe zwang, »und so okkupierten die hungrigen Massen jedes Stückchen Land, als ›Kriegsgemüsegärten‹ zunächst toleriert, das sie aber nach dem Krieg nicht wieder freigeben konnten und wollten«.[38]

Die Gemeinde Wien hatte an alle GrundbesitzerInnen appelliert, Gründe zwecks Anbauflächen – seit 1915 herrschte z. B. Kartoffelmangel – der Allgemeinheit zur Verfügung zu stellen.

Angeblich gab es im Herbst 1915 rund 2000 Kleingärten (Parzellen) und 1200 Kriegsgemüsegärten; für 1916 werden 3000 Kleingärten und 2800 Kriegsgemüsegärten kolportiert. Die Gesamtfläche der Kriegsgemüsegärten betrug 800.000 m^2.[39] Eine andere Quelle spricht von 15 Vereinen mit insgesamt 3000 Mitgliedern für das Jahr 1917 und gibt eine Ausdehnung der Kleingärten von insgesamt 1,260.000 m^2 an.[40]

Die beiden Formen Kleingarten und Kriegsgemüsegarten begannen sich allmählich zu vermischen. Die klassischen Kleingärten wurden kriegsbedingt zu reinen Nutzgärten, und die Kriegsgemüsegärten wurden dauerhaft eingerichtet (mit Einfriedungen und Wasserzufuhr).

Angestellte der Stadtgartendirektion verteilten Pflanzensetzlinge, da es den Familien in der Regel an gärtnerischer Erfahrung fehlte. 1915 gelangte eine Million Pflänzchen zur

35. Otto Neurath, Österreichs Kleingärtner- und Siedlerorganisation, Wien 1923, S. 3
36. Hans Kampffmeyer, Siedlung und Kleingarten, Wien 1926, S. 1 (»Die Harmlosen von Steinhof«)
37. Wiener Geschichtsblätter, Beiheft 1/2014, S. 15 f
38. Ingeburg Weinberger, NS-Siedlungen in Wien. Projekte – Realisierungen – Ideologietransfers, Wien 2015, S. 23
39. Siller/Schneider, Wiens Schrebergärten, S. 12, sowie Schmidt, Schrebergarten als kultureller Faktor, S. 90
40. Marga Swoboda/Peter Lattinger, Die große Welt der Wiener Kleingärten, Wien 2004, S. 16 und 18

Verteilung, 1917 4,5 Millionen. »Muttergärten« wurden eingerichtet, so zum Beispiel in der Eisenbahnerkolonie »Der Steg« in Simmering: In großen Beeten zog man Gemüsesetzlinge heran, die zum gegebenen Zeitpunkt an die PächterInnen abgegeben wurden. In den Verbandsmitteilungen der KleingärtnerInnen wurde laufend genau beschrieben, wie ein Gemüsegarten auszusehen hat, wann welche Früchte gesät werden usw.[41]

Zu beachten ist, dass – auch wenn in der Literatur immer von Familien die Rede ist – vorwiegend Frauen und Kinder die Gärten bewirtschafteten, zumal die Männer im Krieg waren. In Kleinanzeigen und Kurznotizen der Verbandszeitschrift wurde für die Soldaten gesammelt, zum Beispiel »Zigaretten für unsere Krieger«.[42] Aber auch Interviews, die mit PensionistInnen in den 1970er-Jahren geführt wurden, zeugen von der Leistung der Frauen. In einer Festschrift aus dem Jahr 1935 liest man: »Während des Krieges mußten die Zurückgebliebenen und namentlich die Frauen alle Kräfte zusammennehmen, um den Verein auf seiner Höhe zu halten. Die Frauen leisteten Großartiges in der Erhaltung und Pflege der verlassenen Gärten.«[43]

Die Zunahme der Kleingärten war also in erster Linie Folge der Flucht aus der Beschränkung durch Lebensmittelkarten bzw. entstand aus den Ernährungsverhältnissen der Kriegswirtschaft. Ideologische Gründe von Seiten der Arbeiterschaft spielten keine Rolle, sehr wohl aber wurde von Seiten der Obrigkeit der Kriegsgemüsegarten als »vaterländische Pflicht« eingestuft: »Wer Gemüse baut, schützt das Vaterland. Wenn jetzt bald der Frühling ins Land lacht, die Sonne mit ihren wärmenden Strahlen die Scholle trocknet, dann wird es gerade Zeit, dem Boden abzuringen, was er bei Pflege und Sorgfalt willig gibt. Wer nun ein irgend taugliches Plätzchen Erde zur Verfügung hat, baue Gemüse, denn diese sind es, die nun durchhalten helfen im Kampfe gegen die Aushungerer.«[44]

Auf die Unterstützung des Kleingartenwesens durch den Wiener Bürgermeister Richard Weiskirchner wurde bereits hingewiesen. Da nach Ausbruch des Krieges keine Gemeinderatssitzungen stattfanden, konnte er frei entscheiden, und so entstand eine Reihe von – wie es damals hieß – Kolonien. Also Orte, wo sich Menschen brachliegende Flächen aneigneten. So mancher Vereinsname führt heute noch diesen Begriff (z. B. Alt-Klampfelberg-Kolonie, Kolonie Blöckinger).

Kaiser Karl (1916–1918), an einer funktionierenden Nahrungsmittelversorgung im Hinterland interessiert, stellte aus dem Ärarbesitz im Prater (»Wasserwiese«) Flächen zur Anlage von Kleingärten zur Verfügung.

Stolz waren die KleingärtnerInnen auf die Ernte, weswegen es auch regelmäßig

41. Zum Beispiel: Der Gartenfreund März 1917
42. Mitteilungen des Vereins Schrebergärten 1.11.1915, S. 4
43. Schmidt, Der Schrebergarten als kultureller Faktor, S. 96 f. (Interviews), bzw. Festschrift 25 Jahre Rosental, S. 37
44. Reichspost 27.3.1917, S. 3

Ernteausstellungen gab. So kündigten etwa die »Mitteilungen des Vereins Schrebergarten« 1915 eine öffentlich zugängliche »Ernte-Ausstellung verbunden mit einer Junggeflügel-Ausstellung« für August im Schutzhaus Rosental an. Die Nachberichterstattung war entsprechend umfangreich.[45]

Für die unmittelbare Nachkriegszeit existieren konkrete Ernteergebnisse: 1919 wurden 2500 Waggons Gemüse und Kartoffeln geerntet. Auch die Kleintierzucht gewann mit Fortdauer des Krieges an Bedeutung. Bis 1919 wuchs der Bestand auf 150.000 Kaninchen, 120.000 Stück Geflügel und 1500 Ziegen.[46]

Tabelle: Vergleich Ernteergebnis 1914 mit 1924 (in t)[47]

	1914	1924
Kartoffeln	40	2400
Gemüse	280	16.800
Obst	60	4200
Beerenobst	10	600

45. Mitteilungen des Vereins Schrebergarten 18.8.1915 und 7.10.1915, S. 1
46. Siller/Schneider, Wiens Schrebergärten, S. 13
47. Wimmer, Raumwirtschaftliche Aspekte des Wiener Kleingartenwesens, S. 42

Der Erste Weltkrieg, der Friede 1918 und die Anfänge der Republik aus der Sicht des Kleingartenverbandes

In der Satzung des »Verbandes der Schrebergartenvereine« hieß es in § 2: »Der Verband schließt Bestrebungen politischer, nationaler und religiöser Natur aus.«[48] Doch anhand der politischen Zäsuren 1914 und 1918 zeigte sich, dass dies nicht so war.

Der Beitrag der Kleingartenbewegung zur Nahrungsmittelversorgung wurde so kommentiert: »Ernst ist die Zeit und hart ist der Kampf! So ist es, weil es unsere Feinde so haben wollten, nur gelingt ihnen alles nicht und nachdem sie auf den Schlachtfeldern geschlagen wurden, griffen sie zu dem frevelhaftesten Kampfmittel, dem Aushungerungskriege. (…) Darum wollen auch wir, die wir nicht auf dem Schlachtfelde mitkämpfen, einen Platz in den Reihen der Kämpfer ausfüllen, indem wir möglichst Kaninchen und Hühner züchten und dadurch dem Gelingen des Aushungerungskrieges die Möglichkeit nehmen. (…) Daß ich gerade die Kaninchenzucht so empfehle und die Hühnerzucht durch die gegenwärtige Kriegszeit stiefmütterlich zurückstellen muß, geschieht aus dem Grunde, weil die Beschaffung des Körnerfutters eine so große Schwierigkeit ist.«[49] Mit Aushungerungskrieg war der Nahrungsmittelboykott der Entente gemeint.

Analog zum Wehrmann in Eisen (gegen eine Spende wurde ein Nagel in die Skulptur eines Wehrmanns in Eisen eingeschlagen) fand im Kleingartenverein »Neu-Brasilien« »ein patriotisches Liebeswerk zur Anregung der Kriegswohltätigkeit in der Gestalt einer ›Hötzendorf-Eiche in Eisen‹ statt, deren Benagelungserträgnis dem Kriegswitwen- und Waisenfonds für die gesamte bewaffnete Macht« zufließt.[50]

Im Hungerwinter 1916/17 kippte die Stimmung im Hinterland, auch unter den KleingärtnerInnen: »Und insbesonders den Februar dieses eben begonnenen Jahres, das man in allen Ländern der Kulturwelt als das letzte Kriegsjahr, als das Jahr, welches den Frieden bringen soll, begrüßt hat.«[51]

Im Jänner 1918 – der große Jännerstreik war eben im Gang – war die Rede vom fürchterlichen Weltkrieg, und: »Rußland ist zur Einsicht gekommen und hat die Friedensvorschläge der Mittelmächte noch im richtigen Moment beobachtet und ist in Verhandlung getreten.«

Trotzdem wurden vom Verbandsobmann Johann Nikolaus nach wie vor Durchhalteparolen ausgerufen: »Und trotz alldem will England, der Anstifter dieses entsetzlichen Krieges, von einem verständnisvollen Friedensschluß nichts wissen, in der eitlen

48. Mitteilungen des Vereins Schrebergärten 9.7.1916, S. 13
49. Ebda., 20.7.1915, S. 5
50. Ebda., 1.11.1915, S. 4
51. Der Gartenfreund Februar 1917, S. 3

Hoffnung, daß doch endlich das Kriegsglück sich auf seine Seite stellen müsse. (...) Wir wollen, so wie wir es bei Kriegsausbruch gelobt, auch weiter durchhalten und alle Bitternisse und Kriegssorgen in Geduld ertragen (...).«[52]

Der Friede von Brest-Litowsk (3.3.1918) zwischen der russischen Revolutionsregierung und den Mittelmächten wurde so kommentiert: »Der russische Zarismus war ohne Zweifel der größte, vielleicht der einzige Feind der europäischen Zivilisation, der leicht zu überwinden war, wenn alle westlichen Demokratien gegen ihn zusammen gestanden wären. (...) So mußte denn die von einigen Klüngeln regierte Menschheit durch Ströme von Blut waten, nachdem die zur Einsicht Mahnenden mundtot gemacht waren. Einer der besten, der Franzose Jaurès, durch offenbar gedungene Mörderhand für immer.«[53]

Erstmals wurden also auch die Kriegsgegner von 1914, wie etwa Jean Jaurès, der im Juli 1914 ermordete Führer der französischen Sozialisten, positiv erwähnt. Und auch Kriegswucher und Preistreiberei im Hinterland wurden angeprangert.

Zum Kriegsende fand der Verband klare Worte: »Endlich hat der unselige Massenmord sein Ende gefunden. Der Friede steht vor der Tür; die Menschheit beginnt, aus einem wüsten Blutrausche erwacht, sich wieder der Aufgaben des Friedens zu besinnen. (...) Wir gönnen unseren Nachbarvölkern die gewonnene Freiheit und freuen uns unserer jungen Republik ›Deutschösterreich‹ (...) Wir Schrebergärtner bekennen uns mit Begeisterung zur neuen Ordnung.«[54]

Aufschlussreich sind Reflexionen über die neue Zeit, insbesondere über den damals weit verbreiteten Glauben, dass Deutsch-Österreich nicht lebensfähig wäre: »Demgegenüber ist zu erwidern: Die Schweiz ist auch vom Meere abgeschnitten und hat doch eine bedeutende Industrie. Dem Kohlemangel können wir durch Elektrizität, die wir aus dem Gefälle unserer Alpenflüsse gewinnen, abhelfen, und der Ertrag unserer Landwirtschaft läßt sich sicher auf das Doppelte steigern, wenn die Bewirtschaftung nach wissenschaftlichen Methoden erfolgt.«[55]

Anzumerken ist in diesem Zusammenhang, dass die Landwirtschaft zu Beginn der Ersten Republik noch auf Eigenbedarf ausgerichtet war. Wien wurde bis zum Ersten Weltkrieg von Ungarn her versorgt, Graz von der Untersteiermark. Nach dem Verlust dieser Lebensmittelquellen musste die österreichische Landwirtschaft erst mühsam auf Inlandsproduktion und Inlandsabsatz umgestellt werden. Kleingärten spielten also auch vor diesem Hintergrund weiter eine wichtige Rolle in der Nahrungsmittel(eigen)versorgung.

Die Sozialpolitik des Staatssekretärs für soziale Fürsorge, des Gewerkschafters und Sozialdemokraten Ferdinand Hanusch, wurde in einem Leitartikel gewürdigt. Besonders

52. Der Gartenfreund Jänner 1918, S. 1
53. Der Gartenfreund März 1918, S. 38
54. Der Gartenfreund Jänner 1919, S. 1
55. Der Gartenfreund, Dezember 1918, S. 182

der Achtstundentag wäre ein Segen für die KleingärtnerInnen: »Damit ist einer alten Forderung der organisierten Arbeiterschaft Rechnung getragen. Aber nicht nur allein der Arbeiter, sondern jeder denkende Mensch muß an der Verkürzung der Arbeitszeit seine Freude haben. (...) Nichts kommt unserem Streben mehr entgegen, wie die Kürzung der Arbeitszeit. Unsere besten Schrebergärtner sind jene Beamten und Angestellten, die infolge ihrer durchlaufenden Arbeitszeit einen größeren Teil der Nachmittage der Gartenarbeit widmen können.«[56]

Abb. 9: Ferdinand Hanusch

Hierzu muss angemerkt werden, dass in den 1920er-Jahren noch bis zu zwei Stunden Mittagspause üblich war. Kürzere Mittagspausen hatten zur Folge, dass die KleingärtnerInnen früher in ihre Paradiese gelangen konnten.

In diesem Zusammenhang ist auch die Forderung nach Einführung einer Sommerzeit zu sehen, die vom Vorstand des Siedlungsamtes der Gemeinde Wien, Dr. Hans Kampffmeyer, erhoben wurde. Mit der Sommerzeit könne der Kleingarten noch besser ausgenützt werden.[57] Nach dem Zweiten Weltkrieg wurde dieses Thema wieder aufgegriffen. Weiter unten wird darauf noch eingegangen.

Die politische Einstellung der KleingärtnerInnen in den Anfangsjahren der Ersten Republik wurde wie folgt eingeschätzt: »So gibt es jetzt tausende von Arbeitern und Angestellten, die ein mehr oder minder gut eingerichtetes Sommerhäuschen in ihrem Garten besitzen und darin mit ihrer Familie die ganze schöne Jahreszeit vom Mai bis zum September zubringen. Der Kleingarten bedeutet für weite Kreise der Arbeiterschaft und des Mittelstandes ebensoviel und mehr wie für die Reichen die Sommerfrische in Ischl oder Gastein. (...) Waren doch die meisten von ihnen gewerkschaftlich und politisch, viele auch konsumgenossenschaftlich organisiert (...).«[58]

Im Februar 1919 wurde ein Bekenntnis des Verbandes zur Sozialdemokratie abgegeben: »Alle großen Volksbewegungen gehen von kleinen Leuten aus; von den Enterbten des Glücks, die mit neuem Herzen voll Sehnsucht den Weg nach vorwärts und aufwärts suchen. (...) Unsere Sozialdemokratie weist in ihrer Entstehung ähnliche Züge auf und ihre Ideen, die berufen sind, die Menschheit aus der Sklaverei des Kapitalismus zu befreien, werden vom modernen Proletariat getragen.«[59]

56. Der Gartenfreund Jänner 1919, S. 2
57. Kampffmeyer, Siedlung und Kleingarten, S. 105; eine Sommerzeit gab es zwischen 1916 und 1920 (allerdings ausgesetzt 1919).
58. Kampffmeyer, Siedlung und Kleingarten, S. 4 f. und S. 6
59. Gartenfreund Februar 1919, S. 1

Kleingärten in der Ersten Republik (1918–1934)

Insbesondere im Prater, in Simmering und im Westen Wiens entstanden während des Ersten Weltkriegs und in den Anfängen der Ersten Republik zahlreiche Kleingärten. Aus den meisten Kriegsgemüsegärten wurden Kleingärten. Otto Bauer (1881–1938), Parteivorsitzender der Sozialdemokratie, beschrieb die Entwicklung so: »Um alle Eigentumsrechte unbekümmert besetzten die frierenden und hungernden Massen das Wiener Umland. Die Arbeiter begannen den Boden rings um die Städte und Industrieorte urbar zu machen, auf ihm Gemüse zu bauen und Kleintiere zu züchten. (...) Die Wohnungsnot drängte weiter: Die Kleingärtner begannen, in ihren Gärten auch Wohnhütten zu bauen.«[60]

In der Leopoldstadt sind »Neu-Brasilien« an der Alten Donau und die »Wasserwiese« im Prater, ein ehemaliger Exerzierplatz, zu erwähnen. Analog der Wasserwiese wurde auch die Simmeringer Haide, vorher ebenfalls Exerzierfläche, von Kleingartenanlagen durchzogen. Eine große Kolonie war »Steg«, ferner »Simmering« und »Kaiser Ebersdorfer«.

In Favoriten war in den Anfangsjahren der Laaer Berg, bis dahin Mistablagerungsstätte, Ziel kleingärtnerischer Nutzung. Der »Arbeiter-Schrebergartenverein Favoriten« und der »Verein der Schrebergärtner Favoriten« umfassten zusammen rund 1000 Parzellen. Weitere Anlagen im westlicheren Teil waren »Wasserturm«, »Bernhardstaler« und »Friesenplatz«.

In Meidling war der Verein »Gartenfreunde« die vermutlich größte Kleingartenanlage Wiens Anfang der 1920er-Jahre. Ein zweiter wichtiger Kleingartenverein in Meidling hieß »Esparsette«.

Abb. 10: Ameisbach (1915)

Vom 13. bis zum 19. Bezirk entstand am Rande des Wienerwaldes ein Ring von Kleingartensiedlungen. Im damals 13. Bezirk war, wie bereits beschrieben, die Pioniersiedlung »Rosental« entstanden: »Die Rosentalkolonie zeichnet sich dadurch aus, daß sie (...) bereits Einrichtungen hat, die andere Anlagen noch vermissen lassen. Vor allem haben die Rosentaler schon reiche

60. Zitiert nach Dieter Stiefel, Innenkolonisation und nahrungswirtschaftliche Siedlung als atavistische Utopie der Zwischenkriegszeit. In: Margit Altfahrt et al., Die Zukunft liegt in der Vergangenheit. Studien zum Siedlungswesen der Zwischenkriegszeit, Wien 1983, S. 105

Obstbaumkulturen. Die Anlage besitzt heute ungefähr 5000 Obstbäume und mehr als 12.000 Beerenobststräucher, die gering gerechnet einen Durchschnittsjahresertrag von mindestens 100.000 kg an Kern- und Steinobst und etwa 60.000 bis 70.000 kg an Beerenobst abwerfen.«[61] Weitere Anlagen waren »Ameisbach«, »Ober-St.-Veiter«, am Südabhang des Wolfersberges »Weidlingau-Hadersdorf« sowie ferner noch »Hietzing und Umgebung«, »Hacking und Umgebung«, »Selbsthilfe« und die »Straßenbahnerkolonie« (Hauptwerkstätte).

Im 15. Bezirk wurde der ehemalige Exerzierplatz auf der Schmelz durch KleingärtnerInnen urbar gemacht. In Ottakring können für Anfang der 1920er-Jahre folgende Vereine aufgezählt werden: »Sicherheitswachleute«, »Kulturfreunde«, »Sillergärten am Ameisbach«, »Waidäcker«, »Liebhartstal« und »eine schön gelegene Anlage der Steinhofstraße (heute Johann-Staud-Straße) außerhalb der Kuffnerischen Sternwarte, die den seltsamen Namen Starchantsaigen führt.«[62]

Am Heuberg, Wilhelminenberg und Schafberg entstand ein ganzer Gürtel von Kleingartenanlagen: »Pointengasse«, »Marienkolonie«, »Predigtstuhl« und als größte Anlage »Sandleiten«. Wie mühsam die Anfänge waren, zeigt folgender Text über den Predigtstuhl: »In der nächsten Nähe des ehemals dem Erzherzog Salvator gehörigen Schlosses bietet sie (die Anlage, Anm. d. Verf.) ihren Bearbeitern ein geradezu entzückendes Bild gegen das Dornbachtal, die Hänge des Kahlenberges einerseits und gegen das Häusermeer der Stadt anderseits (...). Es ist ein herrliches Stück Land, was die Aussicht betrifft. Denn sonst haben die Schrebergärtner dort nichts zu lachen. (...) Aber das Schleppen des Wassers vom Auslaufbrunnen bis in die Gärten verursacht solche Mühe, wie sie nur von Leuten auf sich genommen wird, die von ihrer Sache heilig begeistert sind.«[63]

Abb. 11: Schafberg Anfang 1920

Am Schafberg entstanden die Vereine »Brunnstube«, »Klampfelberg« und »An der Buchleiten«. Etwas schwieriger gestaltete sich die Lage im 19. Bezirk, weil »Großwirtschaftler, Milchmeier und Weinhauer« das Land nicht freigaben.[64] Größere Anlagen bildeten sich im Krottenbachtal, kleinere an der Agnesgasse bei der Baderwiese und auf der Anhöhe des Cobenzl. Ferner war das Kahlenbergerdorf und das Gebiet längs des Kuchelauer Hafens von KleingärtnerInnen in Beschlag genommen worden.

61. Siller/Schneider, Wiens Schrebergärten, S. 17
62. Ebda., S. 20 (heute Bestandteil des KGV Rosental)
63. Ebda., S. 21
64. Ebda., S. 22

Schwieriger war es in der Brigittenau, wo wenig Freiraum zur Verfügung stand. Für die Frühzeit wird die »Gartensiedlung der Straßenbahner Brigittenau« genannt.

Dagegen war über der Donau viel Platz: »Schwarzlackenau«, »Am Bigl«, »Leopoldauer«, »Kagraner«, »Am Mühlhäufel«, das ist nur eine Auswahl der Namen. Kleingärten zogen sich bis in die Lobau und nach Aspern.

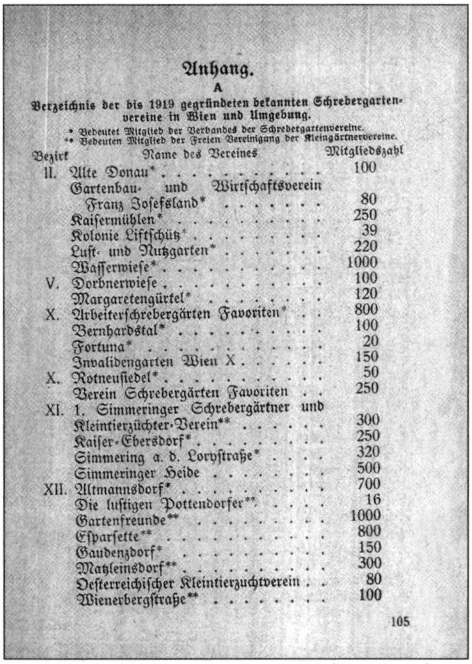

Anhang.

A

Verzeichnis der bis 1919 gegründeten bekannten Schrebergartenvereine in Wien und Umgebung.

* Bedeutet Mitglied der Verbandes der Schrebergartenvereine.
** Bedeuten Mitglied der Freien Vereinigung der Kleingärtnervereine.

Bezirk	Name des Vereines	Mitgliedszahl
II.	Alte Donau*	100
	Gartenbau- und Wirtschaftsverein Franz Josefsland*	80
	Kaisermühlen*	250
	Kolonie Liftschütz*	39
	Luft- und Nutzgarten*	220
	Wasserwiese*	1000
V.	Dorbnerwiese	100
	Margaretengürtel*	120
X.	Arbeiterschrebergärten Favoriten*	800
	Bernhardstal*	100
	Fortuna*	20
	Invalidengarten Wien X	150
X.	Rotneusiedel*	50
	Verein Schrebergärten Favoriten	250
XI.	1. Simmeringer Schrebergärtner und Kleintierzüchter-Verein**	300
	Kaiser-Ebersdorf*	250
	Simmering a. d. Lorystraße*	320
	Simmeringer Heide	500
XII.	Altmannsdorf*	700
	Die lustigen Pottendorfer**	16
	Gartenfreunde**	1000
	Esparsette**	800
	Gaudenzdorf*	150
	Matzleinsdorf**	300
	Oesterreichischer Kleintierzuchtverein	80
	Wienerbergstraße**	100

105

Abb. 12: Kleingartenvereine 1919 (Ausschnitt)

Um 1920 war also bereits ein Ring von Kleingärten vorhanden. Waren zu Kriegsbeginn 1914 rund 500 Gärten auf 15 Hektar angelegt, gab es in Wien 1921 bereits 30.000 Kleingärten auf 900 Hektar.

Nicht vergessen werden darf der Umstand, dass viele KleingärtnerInnen zu Beginn der Ersten Republik im Westen von Wien halb gerodete Wälder vorfanden: »Jene gequälten Massen, die aus bitterer Not heraus Holz geerntet hatten (...) waren während des Krieges und nach dem Umsturz, ohne es zu wollen, die Pioniere der Kleingärtner geworden, die nun unter unsäglichen Mühen – man denke an die Kolonien auf dem Wolfersberg bei Hütteldorf – Wurzelstöcke auf mannigfache Weise entfernten, um ihre kleinen Gärten anzulegen. So griff alles ineinander.«[65]

Im Verbandsorgan findet man Ende 1918 auch die Forderung nach Überlassung des Lainzer Tiergartens für Kleingartenzwecke: »Keine Stadt der Welt hat eine für die Schaffung von Kleingärten so günstige Umgebung und Möglichkeiten wie Wien. (...) Die gewaltige Fläche des Lainzer Tiergartens übergebe man dem Verbande zur Anlage von Kleingärten. Das abgeforstete Holz findet darin gleich zum Hausbau Verwendung. (...) Wir wollen in unserem Kleingarten wohnen, u. zw. ständig wohnen. (...) Wir geben unsere Stadtwohnung auf, womit die Wohnungsnot gemildert wird.«[66] Das ganzjährige Wohnen erlebten jene, die 1918 diese Forderung stellten, nicht mehr. Und den Lainzer Tiergarten gibt es – erfreulicherweise – noch heute unverändert.

Das sprunghafte Anwachsen der Kleingartenbewegung verdeutlicht nachstehende Übersicht:[67]

65. Neurath, Österreichs Kleingärtner- und Siedlerorganisation, S. 6
66. Der Gartenfreund, Dezember 1918, S. 184
67. Kral, Das Wiener Kleingartenwesen, S. 25

Jahr	Anzahl der Kleingärten	Fläche
1914	500	15 ha
1915	1500	45 ha
1917	6000	180 ha
1919	14.000	420 ha
1921	30.000	900 ha

Allen Vereinen gemeinsam war, dass sie ein Statut hatten, in dem jährlich eine Versammlung aller Mitglieder vorgeschrieben war. In der Generalversammlung wurden (und werden bis heute) die wesentlichen Entscheidungen für die Vereinsarbeit getroffen (Investitionen in die Infrastruktur, Höhe der Mitgliedsbeiträge, Gartenordnungen etc.).

Anfangs hatte die Gemeinde Wien nicht viel Freude mit den »wilden Siedlungen«, vor allem im Wald- und Wiesengürtel. Aber sie tolerierte die Kleingärten, schließlich waren es vor allem Leute aus der ArbeiterInnenschaft, die in der schönen Jahreszeit eine Alternative zu ihren Substandardwohnungen hatten. Aber auch viele Arbeitslose und Kriegsheimkehrer wurden zu »wilden Siedlern«.

Für das Jahr 1919 gibt es konkrete Zahlen über die soziale Zusammensetzung der KleingärtnerInnen: Der Verband der Schrebergartenvereine Deutschösterreichs zählte 3591 ArbeiterInnen, 1314 Geschäftsleute (kleine Gewerbetreibende) und 2322 Beamte. Unter der Rubrik »Sonstige« sind noch 692 Personen gelistet.[68] Nach der Genfer Sanierung 1922 und dem damit verbundenen Beamtenabbau wurde die Kleingartenbewegung durch die Gruppe abgebauter Beamter ergänzt. So ist zum Beispiel im Jahr 1929 im Verbandsorgan von der Forderung nach Schaffung neuer erschwinglicher Kleingärten für Arbeiter und kleine Beamte zu lesen.[69] Anlässlich der Kündigung mehrerer Kleingartenanlagen wurde vom Verband 1929 eine Statistik der gekündigten KleingärtnerInnen erstellt: 65 Prozent ArbeiterInnen, 16 Prozent Beamte, 15 Prozent Kriegsgeschädigte und Witwen.[70]

Bis 1938 stellte die Gemeinde Wien den KleingärtnerInnen letztlich rund 4 Millionen m^2 Gemeindegrund zur Verfügung.[71] Der für Sozialpolitik und Wohnungswesen zuständige sozialdemokratische Stadtrat Anton Weber (1878–1950) sprach 1928 von 9,5 Millionen Quadratmetern Kleingartengrund in Wien, davon 5 Millionen Quadratmeter auf Gemeindegrund.[72] Die Zahlen differieren etwas. Der Verband für Kleingärtner, Siedler und Kleintierzüchter gab Anfang 1933 bekannt, dass er im Jahr davor 9 Millionen Quadratmeter Pachtgrund verwaltet hätte.[73]

68. Der Gartenfreund Oktober 1919, S. 148
69. Kleingärtner 1.1.1929, S. 1
70. Kleingärtner 1.2.1929, S. 4
71. Helmut Weihsmann, Das Rote Wien. Sozialdemokratische Architektur und Kommunalpolitik 1919–1934, Wien 2002, S. 102
72. Kleingärtner 1.4.1928, S. 1
73. Kleingärtner 1.1.1933, S. 1

Lageplan des weit verzweigten Kleingartenvereins Hackenberg, 1190

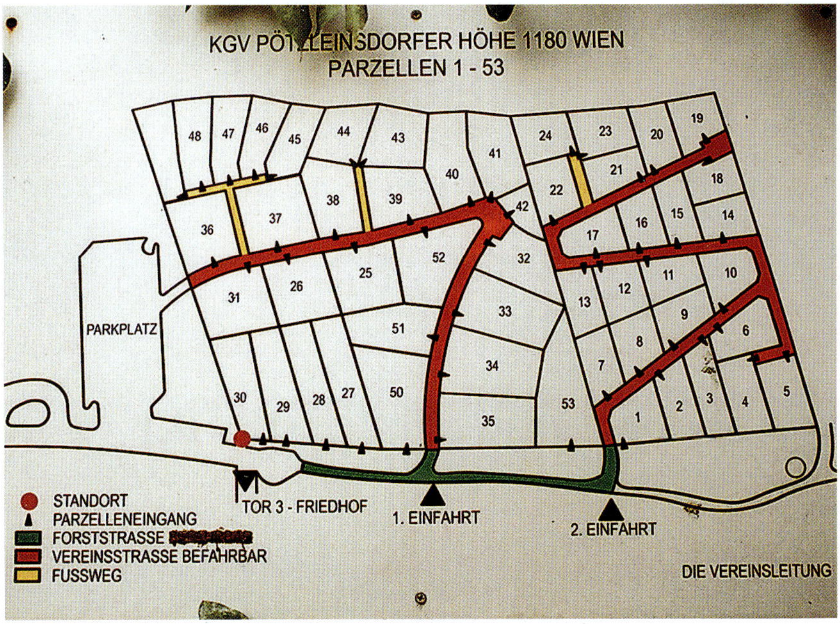

Lageplan Pötzleinsdorfer Höhe, 1180

Zentralverband der Kleingärtner, Siedler und Kleintierzüchter Österreichs

TAG DER BLUMEN

UND DES GARTENS

Im Rahmen der Feierlichkeiten zum
"Tag der Blumen und des Gartens"
möchten wir Sie hiermit
aufgrund der vorbildlichen und sorgfältigen Betreuung und Gestaltung
Ihres Gartens mit einer besonderen Anerkennung auszeichnen

Als sichtbares Zeichen wird Ihnen die
diesjährige

goldene Plakette

mit den besten Glückwünschen verliehen.

Wir beglückwünschen Sie hierzu und hoffen,
dass Sie auch weiterhin bemüht sein werden,
Ihren Garten in dieser schönen Form zu erhalten,
um somit anderen Gartenbesitzern Anregung zu geben
und Vorbild zu sein

Sommer 2006

URKUNDE

45 Jahre Partnerschaft

**zwischen der BO II des LV Wien der Kleingärtner
und der BO Karlsruhe sowie dem
Landesverband Wien der Kleingärtner**

Die seit dem 20. Mai 1972 bestehende Partnerschaft zwischen den Bezirksorganisationen der Kleingärtner Wien-Leopoldstadt (Österreich) und Karlsruhe, Baden-Württemberg (Deutschland), wird mit diesem Dokument erneuert. Im Jahr 2015 ist auch der Landesverband Wien der Kleingärtner Österreichs in diese Partnerschaft eingestiegen.
Die seinerzeit abgeschlossene Partnerschaft wird aus Anlass des 45jährigen Bestehens zur tiefen und fortdauernden Freundschaft der Kleingärtner unserer Organisationen am heutigen Tage durch die Unterzeichner erneuert, in dem Versprechen, dass sie die freundschaftlichen Beziehungen und den gegenseitigen Respekt weiter pflegen und entwickeln werden.
Damit versprechen sie auch, dass sie Besuche, Ideen und Informationsaustausch zwischen den Vereinen, den Verbänden und Gruppen zum Wohl der Kleingärtner beider Länder fördern werden, damit die menschlichen und die kulturellen Beziehungen sich weiter entwickeln und feste Grundlagen für Freundschaft und gegenseitiges Verständnis zwischen den Partnern weiter bestehen bleiben.

Helmuth Bayer
Landesobmann
Landesverband Wien
der Kleingärtner Österreichs

Alfred Lüthin
Vorsitzender
Verband der Kleingärtner
Baden- Württemberg e.V.

Ing. Josef Vrca
Bezirksobmann
der BO Leopoldstadt
im Landesverband Wien

Über Jahrzehnte wurde im Juni der Tag der Blumen und des Gartens gefeiert (oben), Partnerschaftsurkunde 2017 (unten)

KWH
Kleingartenverein Kanalwächterhaus
Unterer Prater

Impressionen aus den Praterkleingärten

Vereinshaus Ober St. Veit Familiengärten

Eingang zur Kleingartenanlage Ober St. Veit Familiengärten

Vereinshaus Groß-Jedlersdorf

Der neue sozialdemokratische Bürgermeister Jakob Reumann (1853–1925, Bürgermeister 1919–1923) förderte, wie sein christlichsozialer Vorgänger Richard Weiskirchner, die Kleingartenbewegung (und auch die Siedlerbewegung). Anlässlich einer Ernteausstellung im September 1919 meinte Reumann, »daß es ihn freue, die Kleingärtner im Rathause begrüßen zu können. Der Bürgermeister hob hervor, daß die Gemeinde Wien die Kleingärtner seit jeher unterstützt habe und auch in Zukunft unterstützen werde. Leider ist die Gemeinde gegenwärtig zu arm, um materiell derart helfend einzugreifen, wie sie von Herzen gerne möchte.«[74]

Als am 3. April 1921 eine große Anzahl von KleingärtnerInnen und SiedlerInnen vor dem Rathaus eine Demonstration abhielt, versprach Bürgermeister Reumann im Namen der Stadt Wien die volle Unterstützung des Gemeinderates.[75] Im Juli 1921 wurde erstmals eine Kleingarten- und Siedlungszone im Generalregulierungsplan für Wien festgelegt.

Anlässlich der Kleingartenausstellung vom 2.-9. September 1923 vor dem Wiener Rathaus schrieb Reumann auch einen Beitrag im Verbandsorgan »Siedler und Kleingärtner«. Aber auch in Zeitschriften einzelner Vereine wird Reumanns Wirken für die Kleingartenbewegung positiv herausgestrichen, z. B. »Bürgermeister Reumann, ein Freund Brettldorfs«.[76]

Reumann starb 1925. In der Verbandszeitschrift erschien ein ausführlicher Nachruf mit einer Würdigung seiner Verdienste für die Kleingartenbewegung: »Aber Jakob Reumann hatte Verständnis dafür, daß die Siedlungs- und Kleingartenbewegung eine Volksbewegung ist, die aus dem Volke heraus geboren ist und für das Volk günstigere Lebensbedingungen schaffen will. (…) Wiens erster proletarischer Bürgermeister (…) hat aus rein proletarischem Empfinden heraus (…) die Bedeutung der Kleingarten- und Siedlungsbewegung kräftig gefördert, so daß ihm in den Herzen aller Kleingärtner und Siedler ein dauerndes Gedenken sicher ist.«[77]

Jakob Reumann

Altbürgermeister Reumann ist gestorben. Die Wiener Siedler und Kleingärtner verlieren in ihm einen verständnisvollen Förderer ihrer Sache. Jakob Reumann war es, der am Rathausplatz zu einer Zeit, als man uns noch als Narren bezeichnete, den versammelten Massen der Siedler und Kleingärtner seine Hilfe als Bürgermeister zusagte. Das war noch die schlimme Zeit, als die proletarische Gemeinderatsmajorität vor leeren Kassen stand und kaum wußte, wie sie ihren Aufgaben gerecht werden sollte.

Abb. 13: Nachruf auf Bürgermeister Jakob Reumann (Ausschnitt)

Der Arzt und sozialdemokratische Gemeinderat Dr. Josef Karl Friedjung (1871–1946) fasste retrospektiv die Anfänge der Kleingartenbewegung treffend so zusammen: »Ist

74. Der Gartenfreund, Oktober 1919, S. 147
75. Vgl. Neurath, Österreichs Kleingärtner- und Siedlerorganisation, S. 15, sowie Klaus Novy/Wolfgang Förster, Einfach bauen. Genossenschaftliche Selbsthilfe nach der Jahrhundertwende. Zur Rekonstruktion der Wiener Siedlerbewegung, Wien 1991; die Zahl der Demonstranten betrug rund 80.000 Personen.
76. Brettldorfer Zeitung 15.5.1926, S. 2
77. Siedler und Kleingärtner August 1925, S. 1

der Proletarier schon im Winter in eine fast immer unzureichende Wohnung gezwängt mit allen den unangenehmen Begleitumständen, oft ohne Licht und Luft, so soll er wenigstens in der besseren Jahreszeit auf einem Stück grüner Erde im Freien behaglich leben können. Der Kleingarten gibt ihm, dem keine größeren Mittel zur Verfügung stehen, diese Möglichkeit, zugleich auch ein Stück befreiender Abwechslung für Frau und Kinder.«[78]

Im Ersten Weltkrieg, in der Not der unmittelbaren Nachkriegszeit und in der Ende der 1920er-Jahre einsetzenden Weltwirtschaftskrise leisteten die Kleingärten einen wichtigen Beitrag zum Überleben der hungernden Bevölkerung. Die Gärten wurden intensiv bewirtschaftet, und von Seiten der Vereinsleitungen wurde die maximale Ausnutzung der Bodenfläche gefordert: »In unserem kleinen Deutschösterreich heißt es jetzt, jeden Quadratmeter Bodenfläche nutzbar zu machen. Dies bedeutet einen auf das Höchste gesteigerten Gemüse- und Obstbau.«[79] Aus diesem Grund waren die ersten Kleingartenhäuser nur kleine Hütten, die als Unterstand, Gerätekammer und Lager dienten.

Das Beispiel der Nahrungsmittelproduktion der Wiener Kleingärten von 1918 bis 1922 verdeutlicht die Rolle der Kleingärten:[80]

Jahr	Bebaute Fläche in Mio m^2	Gemüse- u. Kartoffel in Waggons zu je 10 t	Baumobst in t	Beerenobst in t	Geflügel	Eier in Mio Stück	Kaninchen	Ziegen	Milch in Litern
1918	5,8	1100	30	10	40.000	2	55.000	800	12.000
1919	9,5	3200	50	25	120.000	8	130.000	2500	350.000
1920	17	4500	300	60	200.000	12	240.000	5000	750.000
1921	22	550	760	190	240.000	14,4	260.000	6000	900.000
1922	24	6500	1060	240	280.000	19,2	270.000	4000	800.000

Die Lage der Gärten und die Bodenbeschaffenheit waren für die Anbaumöglichkeiten und den Ernteertrag ausschlaggebend. Um die Pachtfläche optimal auszunützen, verzichtete man auf Einzäunungen zwischen den Parzellen – heute unvorstellbar. Nur ein gemeinsamer Außenzaun schien notwendig, denn: »Es gibt heutzutage leider gar viele, die sehr gerne ernten, auch wenn sie nicht gesät haben.«[81] Empfohlen wurden Drahtgitter mit Stacheldraht, weil Holz in der unmittelbaren Nachkriegszeit teuer war: »Doch muß danach getrachtet werden, daß Passanten damit nicht in Berührung kommen können.

78. Kleingärtner 1.9.1931, S. 1 (Gastbeitrag von Friedjung)
79. Siller/Schneider, Wiens Schrebergärten, Vorwort
80. Feuerbach, Das Kleingartenwesen in Wien, S. 12
81. Siller/Schneider, Wiens Schrebergärten, S. 32

Der Draht ist so zu spannen, daß er nicht an die Außenseite des Zaunes, gegen einen Weg zu, kommt.«[82]

Die Errichtung der Außeneinfriedungen war ein kostspieliger und großer Aufwand für die Vereine. Um sich die Dimensionen zu verdeutlichen: Im Rosental wurde ein 3 km langes und 1,60 m hohes Gitter mit Türen und Toren angeschafft, um Schutz vor Dieben und Einbrechern zu haben. Trotzdem stellte die Vereinsleitung zwei Nachtwächter an. Es gab sogar Kontrolluhren für die Rundgänge und Prämien für ertappte Diebe und Einbrecher. Insbesondere im Winter, wenn die Gärten verwaist waren, war eine Aufsicht erforderlich.[83]

Ein Problem für die KleingärtnerInnen war die Lagerung der Ernte, da es in den 1920er-Jahren noch keine Kühlschränke gab. Da man nicht alles mit nach Hause in die kleinen Wohnungen nehmen konnte (außer man verzehrte die Ernte rasch und/oder verteilte den Überschuss an Freunde und Verwandte), wurden Erdkeller eingerichtet. In einigen alten Kleingartenhäusern findet man solche Keller noch vor. In der Verbandszeitschrift gab es genaue Beschreibungen, wie man einen Erdkeller baut und die Ernte darin geschützt vor Feuchtigkeit und Tieren einlagert.[84]

Verwaiste Parzellen mit verfaulendem Obst, so wie man es heute in manchen Anlagen sieht, waren in Zeiten der Not unvorstellbar. Im Gegenteil: Die Vereine wetteiferten mit Erträgen, es gab regelmäßig Obstausstellungen, sowohl innerhalb der Vereine als auch im Rathaus. Die besten Ernten wurden prämiert. Erntedankfeste wurden in vielen Vereinen abgehalten. Diese Tradition endete tendenziell in den 1960er-Jahren.[85]

Verein Schrebergärtner für Wien und Umgebung
Kolonie Rosental.

Einladung
zu dem am
Sonntag, den 14. September 1919
stattfindenden
Erntefest
verbunden mit einer Ausstellung von Gartenerzeugnissen und Kleintieren.
Ausstellungseröffnung um 9 Uhr vormittags. Volkswehrmusik. Festbeginn um 2 Uhr nachmittags.
Belustigungen vieler Art, Gesangsvorträge, Tanz, Heurigenmusik, Juxfischerei, Lampionsmarsch mit Musik.
Im Vorverkauf K 1·—. Karten bei allen Mitgliedern. An der Kassa K 2·—
Die Festsektion.

Abb. 14: Einladung zum Erntedankfest 1919 im Rosental

Ungelöst in den Anfangsjahren der Kleingartenbewegung blieb die Bewässerungsfrage. Nicht überall war Wasser vorhanden. Die KleingärtnerInnen am Wilhelminenberg mussten das Gießwasser mühselig den Berg hinauf zu den Beeten tragen. Findige bastelten sich Fässer mit einer Zugvorrichtung.

82. Ebda., S. 33
83. Schmidt, Der Schrebergarten als kultureller Faktor, S. 79
84. Z. B: Der Gartenfreund Jänner 1919, S. 4
85. Vereinzelt gab es noch in den 1970er-Jahren Erntedankfeste, wie z. B. im KGV Wasserwiese; vgl. Mitteilungen. Kleingartenverein Wasserwiese, Oktober 1974, S. 2

Abb. 15 und 16: Wasserholen im Rosental (links) und KGV Ameisbach (rechts)

Im extrem trockenen Sommer 1917 musste mangels Wasserleitungen die Feuerwehr die Gärten am Predigtstuhl bespritzen. Erst als das Sammelbecken der zweiten Wiener Hochquellenwasserleitung am Gallitzinberg fertiggestellt war und sich die Kleingärten anschließen durften, war das Wasserproblem für den Bereich Wilhelminenberg/Predigtstuhl gelöst.

Abb. 17: Die Feuerwehr gießt den Predigtstuhl (1917)

Wie erfindungsreich die KleingärtnerInnen waren, um das Problem der Wasserversorgung zu lösen, zeigt das Rosental. Ein Sammelbecken wurde gebaut, um Wasser auf den Berg pumpen zu können, allein, es funktionierte nicht. Mühsam musste man weiterhin das benötigte Wasser einer Quelle entnehmen und im steilen Gelände bis zu 80 Meter den Berg hinauftragen. Nach weiteren Versuchen gelang es, mittels einer mit Koks geheizten Heißluftmaschine ein neu gebautes Sammelbecken mit 40.000 Liter Wasser zu füllen; allerdings benötigte die Maschine dazu acht Stunden. Ein neuer stärkerer Motor schaffte dann die Füllung binnen einer Stunde. Erst als die »Rosentaler« günstig einen Anschluss an die Wiener Hochquellwasserleitung erhielten (1913), war die Wasserversorgung gelöst.[86]

In der Wasserversorgung für die Kleingärten zeigte die Gemeinde Wien schon vor dem Ersten Weltkrieg großes Entgegenkommen. In der Sitzung des Wiener Gemeinderates am 10. Juli 1914 wurde beschlossen, dass der Wasserbezug durch Auslaufbrunnen erfolgen solle oder durch die Einleitung von Hochquellenwasser, wobei der Wasserpreis herabgesetzt wurde und die Abzweigungsselbstkosten in Raten bezahlt werden konnten.[87] Mitte der 1920er-Jahre zogen die KleingärtnerInnen positive Bilanz: »Nicht nur, daß sie

86. Schmidt, Der Schrebergarten als kultureller Faktor, S. 77
87. Ebda., S. 87 f.

(die Gemeinde, Anm. d. Verf.) den Wasseranschluß für die Gärten überhaupt gestattet, sie liefert bereits seit mehreren Jahren den Kleingärtnern das Wasser kostenlos, ja sie hat viele größere und kleinere Anlagen bei der Legung der Wasserzuleitung entweder materiell unterstützt, oder den Kleingärtnern lange unverzinsliche Kredite zur Bezahlung der Zuleitungskosten eingeräumt.«[88]

Die Bewässerungsfrage ist heute längst kein Problem mehr. Allerdings darf man nicht vergessen, dass es in den Kleingärten, solange es nur Sommerwasserleitungen gab, das Wasser in der Regel zentral im März/April aufgedreht und je nach Wetterlage spätestens im Oktober abgedreht wurde. In einigen Anlagen ist dies heute noch so.

Zur Versorgungsfunktion der Kleingärten gehörte lange Zeit auch die Kleintierzucht. In der Vorkriegszeit war sie von einigen KleingärtnerInnen als Liebhaberei betrieben worden, nahm aber während des Ersten Weltkriegs größere Formen an. In der Verbandzeitschrift gab es genaue Anweisungen für den Bau von Hühner- und Kaninchenställen bzw. für die Hühner- und Kaninchenzucht. Die Kaninchenzucht kam übrigens aus England, Belgien, Frankreich und Deutschland, wo sie weit verbreitet war. Fleisch war in der Zwischenkriegszeit zwar ausreichend in den Geschäften vorhanden, aber für ArbeiterInnen unerschwinglich. Deshalb war die Kleintierzucht in den Kleingärten weit verbreitet.

Ein interessantes Detail ist, dass die Ställe abgewandt von den Wegen, also auf der Rückseite der kleinen Hütten errichtet werden mussten. Die Hühnerhaltung war recht einfach, konnte man das Federvieh doch mit Abfällen aus Küche und Garten füttern. Rund 100 Eier legte eine Henne pro Jahr, und: »Wer wird monatlich auf einen Kaninchenbraten verzichten, wenn er sonst nichts kostete, als Abfälle aus dem Haushalt?« hieß es 1920.[89]

Abb. 18: Kleintierzucht im Rosental

Abb. 19: Hühnerhaltung im KGV Sagedergasse

Für das Jahr 1919 existieren konkrete Zahlen über den Viehbestand in Kleingärten: 150.000 Kaninchen, 120.000 Stück Geflügel (Eierproduktion rund 9 Millionen Stück)

88. Siller/Schneider, Wiens Schrebergärten, S. 34, sowie auch Kampffmeyer, Siedlung und Kleingarten, S. 7
89. Siller/Schneider, Wiens Schrebergärten, S. 60

und 1500 Ziegen (Milchproduktion 600.000 Liter).[90] In den Anfängen der Kleingartenbewegung war man stolz auf die Kleintierzucht. So wurde in der Volkshalle im Rathaus am 7. und 8. September 1919 eine »Gemüse- und Kleintier-Ausstellung der Schrebergärtner Wiens« abgehalten. Für das Jahr 1928 wird eine Zahl von 18.000 Züchtern genannt.[91]

Ende der 1950er-Jahre raffte die Kaninchenpest einen Großteil des Hasenbestandes hinweg, und in den 1960er-Jahren schlief die Kleintierzucht sanft ein. Als 1966 in der Volkshalle des Wiener Rathauses eine große Ausstellung über Kleingärten gezeigt wurde, war zwar auch die Kleintierzucht Teil der Leistungsschau, aber man hatte Erklärungsbedarf: »In der heutigen Zeit des Wirtschaftswunders noch Kleintiere? In der Zeit, wo fast jede Familie ein Auto hat, interessiert sich doch kein Mensch mehr für ein Tier?«[92] Man bemühte die Vergangenheit (Krieg und Nahrungsmittelmangel) sowie hohe Fleischpreise, um die Kleintierzucht als nach wie vor aktuell zu rechtfertigen.

Konkret entnimmt man z. B. den Protokollen des Kleingartenvereins Predigtstuhl im 17. Bezirk, dass 1960 nur mehr in zwei Gärten Kleintiere gehalten wurden. Im KGV Zukunft auf der Schmelz wurde die Kleintiersektion 1952 aufgelöst, im KGV Wasserwiese 1977.[93] Im Kleingartenverein Unterer Gaisberg in Favoriten zählte man 1972 noch drei Hühner.[94] Kleintierzucht ist heute nur noch vereinzelt zu finden.

Ein weiterer Wirtschaftsfaktor im Kleingarten war die Bienenzucht. In der Verbandszeitschrift findet man regelmäßig Anleitungen zum Bau von Bienenstöcken und zur Haltung der Bienen. Bienenstöcke sollten 7 Meter vom Nachbargarten bzw. von der Straße entfernt aufgestellt werden, und: »Den Winter benütze der Züchter zum Studium eines Bienenbuches und der Bienenzeitung, die im Sommer nur flüchtig gelesen werden konnte. Den Bienenstand besuche er öfter und sehe zu, ob alles in Ordnung ist.«[95] In den Anfangsjahren nach dem Krieg wird der KGV Esparsette als »mit bemerkenswerten Erzeugnissen der Bienenzucht« gelobt.[96]

Abb. 20: Bienenstand am Schafberg (1930er-Jahre)

90. Schmidt, Der Schrebergarten als kultureller Faktor, S. 110
91. Kleingärtner 1.1.1929, S. 1
92. Kleingärtner Oktober 1966, S. 6
93. Mitteilungen. Kleingartenverein Wasserwiese April 1977, S. 1
94. Festschrift 80 Jahre Kleingartenverein Unterer Gaisberg, Wien 2013, S. 22
95. Siller/Schneider, Wiens Schrebergärten, S. 77
96. Der Gartenfreund Oktober 1919, S. 148

Für das Jahr 1938 existiert eine interessante Statistik: In den Wiener Kleingärten wurden 506.871 Obstbäume, 1,025.911 Beerensträucher, 408.511 Weinstöcke, 484.751 Rosenstöcke, 39.495 Hasen, 48.181 Hühner, 3084 Wassergeflügel, 763 Ziegen, 3955 Tauben und 2411 Bienenvölker gezählt.[97] Im Verband der Kleingärtner, Siedler und Kleintierzüchter gab es Fachgruppen für Geflügel-, Kaninchen- und Bienenzucht. Regelmäßig wurde in den Rubriken des Verbandsorgans über Leistungsschauen, Aufzucht, Fütterung oder aber auch Fellverwertung (bei Kaninchen) berichtet.

Abb. 21: Übersiedlung auf den Schafberg (1930)

Aus dem Alltag der KleingärtnerInnen in der Ersten Republik erzählt uns die 1924 geborene pensionierte Volksschullehrerin Edith Meindl, die am Schafberg aufgewachsen ist. Ihre Eltern hatten dort seit 1921 einen Garten.[98] Da man nur die Sommermonate im Garten verbrachte, wurde mit Pferdefuhrwerken der notwendige Hausrat sowie Kleidung und Bettwäsche von Penzing (damals 13. Bezirk) auf den Schafberg gebracht. Die Anfahrt war schwierig, zumal die heute breit ausgebaute Czartoryskigasse eine schmale, im Sommer notdürftig geteerte Gasse war.

Im Sommerhaus hatte man lediglich Kerzen, später Petroleumlampen zur Verfügung. Der Garten war reiner Nutzgarten mit 40 Bäumen (Spindeln) und zahlreichen Beerensträuchern, über den Sommer wurde Marmelade eingekocht, das Gemüse verwertet und Saft gemacht. Anfangs gab es keine Einkaufsmöglichkeiten, dann zwei kleine Kioske, später das Gasthaus Maresch mit einem Lebensmittelhandel. Da man am Sonntag Fleisch aß, musste man einmal in der Woche über den steilen Himmelmutterweg nach Dornbach zum Fleischhauer gehen oder den längeren, weniger steilen Weg nach Gersthof (öffentliche Verkehrsmittel auf den Schafberg gab es damals nicht). Da das Fleisch auch gekühlt werden musste, kam zum Wochenende der Eismann. Imkerei und Kleintierzucht waren üblich, am weitesten verbreitet waren Hühner.

Einfriedungen zwischen den Parzellen gab es nur in Form von (Beeren-)Sträuchern. Der Zusammenhalt und die Hilfsbereitschaft im Verein waren groß. In der Anlage gab es eine Notapotheke, ein Arzt kam nur, wenn man wirklich ernsthaft erkrankt war. Für die Kinder war das alte Schafbergbad eine erfreuliche Abwechslung.

97. Das Kleingartenwesen in Wien, Denkschrift, herausgegeben vom Siedlungs- und Kleingartenamt der Stadt Wien, Juni 1939, S. 13

98. Gespräch mit Edith Meindl am 17.8.2017 im Vereinshaus Alt-Klampfelberg-Kolonie (Dank an Obmann Peter Cermak für die Vermittlung des Gesprächs bzw. die Nachschau im Gartenakt bezüglich der Daten).

Abb. 22: Idylle am Schafberg um 1930 (Edith Meindl rechts, links ihre Schwester Herta, 1925–1997)

Kleingartenbewegung versus Siedlerbewegung

Die Trennlinie zwischen Kleingartenbewegung und Siedlerbewegung ist nicht immer leicht zu ziehen. Beiden ist in der Anfangszeit die zum Teil illegale Landnahme gemeinsam. Der gravierende Unterschied freilich ist der, dass sich die Siedlerbewegung, begonnen – wie die Kleingartenbewegung – als lockere Selbsthilfebewegung, bald in genossenschaftlicher Form organisierte: »Sie wollten Formen der gemeinschaftlichen Verwaltung und Organisation entwickeln, die es auch Menschen mit geringen Einkünften und ohne finanzielle Rücklagen erlaubten, Häuser zu bewohnen.«[99]

Ziel der Siedlerbewegung war der Hausbau, wobei die SiedlerInnen einen Teil der Kosten für ihr Haus durch Leistungen an die Gemeinschaft abzugelten hatten (15 Prozent Eigenleistung durch Arbeitsstunden der SiedlerInnen sowie Mithilfe beim Hausbau anderer SiedlerInnen; 85 Prozent kreditfinanziert). Die Kleingartenbewegung dagegen war getragen durch die Versorgungsfunktion des Gartens, wenn auch schon frühzeitig Stimmen nach der Möglichkeit dauerhaften Wohnens laut wurden. Mit der

99. Günther Sandner, Otto Neurath. Eine politische Biographie, Wien 2014, S. 166

Kleingartenordnung 1928, die ein dauerhaftes Wohnen im Kleingarten verbot, war von Seiten der Gesetzgebung eine klare Abgrenzung getroffen worden.

Verwirrend ist häufig, dass die Titel mancher Zeitschriften beide Begriffe enthalten, aber oft nur auf eine Zielgruppe ausgerichtet sind. So sind z. B. die »Mitteilungen der gemeinnützigen Kleingarten- und Siedlungsgenossenschaft Altmannsdorf-Hetzendorf« ausschließlich auf die Siedlungsgenossenschaft bezogen, führen aber das Wort »Kleingarten« im Titel.

In den späten 1920er-Jahren wurde die Siedlerbewegung durch Kommunalisierung von der Gemeinde Wien vereinnahmt. Ohne Zwischenschaltung der genossenschaftlich organisierten Siedlerbewegung wurden Gemeindesiedlungen gebaut.

Die Gemeinde Wien richtete ein Siedlungsamt ein, dessen Leiter 1921 bis 1928 der deutsche Sozialdemokrat und Gartenstadtexperte Hans Kampffmeyer (1876–1932) war. Dieser beschäftigte sich publizistisch auch mit Kleingärten.[100] Mit der Verwirklichung des Wohnbauprogramms der Gemeinde Wien und der Errichtung von Gemeindesiedlungen wurde das Siedlungsamt allmählich überflüssig; die unabhängige Siedlerbewegung verlor stetig an Bedeutung. Kampffmeyer verließ Wien 1928, das Siedlungsamt wurde 1931 aufgelassen.

Die gesetzlichen Rahmenbedingungen

In den Anfangsjahren waren die gesetzlichen Rahmenbedingungen für das Kleingartenwesen einfach gestaltet. Wesentliches Kriterium war, dass der Garten vollständig für den Obst- und Gemüseanbau zur Selbstversorgung genutzt wurde. Gewerbsmäßige Nutzung war nicht erlaubt (und ist es auch heutzutage nicht). Aus diesem Grund war der Zuständigkeitsbereich für Kleingärten in der Monarchie das Ackerbauministerium und zu Beginn der Ersten Republik das Landwirtschaftsministerium. Bauvorschriften im Kleingarten, heute zentraler Bestandteil im Regelungswerk, waren damals sekundär.

Die ersten für die KleingärtnerInnen getroffenen (günstigen) Regelungen stammen aus der Spätzeit der Monarchie. Die »Verordnung 118 vom 16. März 1917 des Leiters des Ackerbauministeriums, des Justizministers und des Ministers für öffentliche Arbeiten über die Pachtzinse für Schrebergärten« erschwerte die Kündigung der Pachtgärten durch die Verpächter. Ein Pachtgarten konnte nur noch bei Zahlungsverzug über die übliche Nachfrist hinaus gekündigt werden. Eine Pachtzinserhöhung musste von Seiten des Verpächters beim zuständigen Bezirksgericht beantragt werden. Ebenso konnte ein Pächter dort die Höhe des Pachtzinses beeinspruchen. Und ob ein Garten widmungsfremd

100. Kampffmeyer hatte 1905 die Ortsgruppe Karlsruhe der »Deutschen Gartenstadtgesellschaft« gegründet, deren Generalsekretär er wurde. Eine ausführliche Biographie von Kampffmeyer findet sich in Novy/Förster, Einfach bauen, S. 48 ff., sowie bei Ulrike Zimmerl: Kübeldörfer. Siedlung und Siedlerbewegung im Wien der Zwischenkriegszeit, Wien 2002, S. 29 ff.

genutzt wurde oder nicht, oblag nicht mehr dem Verpächter, sondern dem Bezirksgericht (die widmungsfremde Nutzung eines Pachtgartens war Kündigungsgrund).[101] Mit dieser kaiserlichen Verordnung wurde Spekulation und Bodenwucher die Grundlage entzogen.

Durch das kriegswirtschaftliche Ermächtigungsgesetz vom 24. Juli 1917 konnte die k.k. Regierung zu außerordentlichen Maßnahmen im Interesse der Ernährung der Bevölkerung greifen. Auf Grund dieses Gesetzes wurde eine Ministerialverordnung erlassen (RGBl. 427 vom 30. Oktober 1917), womit brachliegende städtische unverbaute Gründe durch die Allgemeinheit bewirtschaftet werden konnten. Auf derartigen Grundstücken wurden Kriegsgemüsegärten angelegt.

Am 6. Februar 1918 wurde in Wien das städtische Landwirtschaftsamt gegründet, welchem ab nun die Aufsicht über die Kriegsgemüsegärten und Kleingärten oblag. An den Rahmenbedingungen für die KleingärtnerInnen änderte sich nichts.

Am 28. November 1918 erließ das Landwirtschaftsamt eine Vollzugsanweisung, die im Wesentlichen die Verordnung vom 16. März 1917 als nach wie vor gültig bestätigte. Einziger gravierender Unterschied und für die KleingärtnerInnen eine Verbesserung bringend war, dass befristete Pachtverträge – dies betraf die Mehrheit der Verträge – nach Fristablauf zu kündigen waren. Mangels rechtzeitiger Kündigung wurden befristete Pachtverträge als stillschweigend erneuert betrachtet. Diese Verbesserung wurde im Verbandsorgan der KleingärtnerInnen entsprechend gewürdigt.[102]

Am 16. Dezember 1918 hielt der Verband der Kleingärtner, Siedler und Kleintierzüchter eine Versammlung ab, in der er von der Kleingartenbewegung als von einer lawinenartig angewachsenen Volksbewegung sprach und an die neue Regierung Deutsch-Österreich unter anderem folgende Forderungen stellte: »Schaffung eines Enteignungsgesetzes für Gründe, deren Erwerbung durch den Staat, das Land oder die Gemeinde im Interesse der Allgemeinheit geboten ist. Überlassung solcher Gründe an den Verband zum Zwecke der Anlage von Schrebergärten und Gartenstädten. (…) Weitestgehende moralische Unterstützung unserer Volksbewegung durch Befürwortung unserer auf das Volkswohl gerichteten Bestrebungen.«[103]

Die Forderung nach einem Enteignungsgesetz verschwand aber bald aus der Berichterstattung der Verbandszeitschrift, ehe sie 1928 wieder häufiger auftauchte.

Kleingartenordnung 1920

Dem Druck der Kleingartenlobby nachgebend – am 3. Dezember 1918 hatte vor dem Rathaus eine eindrucksvolle Kundgebung von KleingärtnerInnen stattgefunden – arbeitete

101. VO 118/16.3.1917 (Alex – Historische Rechts- und Gesetzestexte online), vgl. auch Kleingärtner 1.6.1930, S. 5 f. (Berichterstattung über die Kleingartengesetzgebung seit den Anfangsjahren)
102. Der Gartenfreund Dezember 1918, S. 10, sowie auch April 1919, S. 50
103. Gartenfreund Jänner 1919, S. 10

das städtische Landwirtschaftsamt »Bedingnisse für Vergebung von Kleingärten« aus, die im März 1920 vom Gemeinderat beschlossen wurden.

Dieses als Kleingartenordnung 1920 in die Literatur eingegangene Regelwerk war die erste umfassende gesetzliche Zusammenfassung über Kleingärten. Analog zur geübten Praxis wurde festgehalten, dass Kleingärten der Selbstversorgung dienen. Diesem wirtschaftlichen Aspekt folgend gab es keine Bauvorschriften, weil nur ein »einfaches Lufthäuschen« zur Unterbringung der Gartengeräte und als Unterstand bei Schlechtwetter in den Gärten erlaubt war. Im Landwirtschaftsamt wurde ein Kleingartenreferat eingerichtet, wo derartige Bauten bewilligungspflichtig waren. Damit wollte die Gemeinde dem bereits bestehenden baulichen Wildwuchs in so manchem Garten Einhalt gebieten:

»1. Ein Kleingarten darf nur zur Selbstversorgung mit Obst, Gemüse und Kartoffeln verwendet werden. Ausschließlicher Feldbau ist verboten; jeder gewerbsmäßige Verkauf der gewonnenen Produkte ist unbedingt untersagt.

2. Eine Subverpachtung oder Weitergabe von Kleingärten vom Einzelpächter selbst ist nicht gestattet.

3. Die Errichtung jedweder Baulichkeit, ausgenommen einfache Lufthäuschen, ist, abgesehen von der Zustimmung der Baubehörde, an die Genehmigung durch das Landwirtschaftsamt (Kleingartenreferat) gebunden.

4. Jeder Kleingärtner ist zur vollen Ausnützung der überwiesenen Grundfläche verpflichtet (…).

8. Als Pachtdauer wird, je nachdem die Fläche für andere Zwecke in Aussicht genommen ist, eine Dauer von drei bis fünfzehn Jahren festgelegt. (…)

9. Sowohl Einzelpächter als auch Vereinigungen haben sich einer vom gemeinderätlichen Ausschuß beschlossenen Kleingartenordnung zu fügen.

(…)

11. Als Pachtbetrag wird ein Minimalbetrag von sechs bis zehn Hellern pro m^2 und Jahr festgelegt.

(….)

Diese Bedingnisse treten mit dem Tage des Beschlusses in Kraft.

Genehmigt in der Sitzung des gemeinderätlichen Ausschusses am 20. März 1920.«[104]

Kern der Verordnung waren die Dauer der Pacht und die Höhe des Pachtzinses. KleingärtnerInnen waren an langfristigen Pachtverträgen und einem niedrigen einheitlichen Pachtzins interessiert. Pachtverträge waren nunmehr auf Dauer von drei bis fünfzehn Jahren ausgelegt.

Ungelöst blieb die Frage der Dauerpacht. Aus diesem Grund fand im September 1920 eine Demonstration von KleingärtnerInnen (und SiedlerInnen) statt. Rund 50.000

104. Siller/Schneider, Wiens Schrebergärten, S. 108 f.

Betroffene forderten eine Dauerpacht für Kleingärten sowie die Verbesserung der Rechte der SiedlerInnen.[105] Im April 1921 sollte dann noch eine zweite Großdemonstration folgen.

Allerdings war nur ein Teil der Pachtgründe Eigentum der Gemeinde Wien, der weitaus größere Teil befand sich in Privathand. Während die Gemeinde einen einheitlichen Pachtzins einhob, gestaltete sich der Pachtzins bei den Privaten unterschiedlich, jedenfalls in der Regel höher.[106] Das Thema Pachtschutz für KleingärtnerInnen war fixer Bestandteil der Berichterstattung des Verbandsorgans in der Ersten Republik.[107]

Die Kleingartenstelle der Gemeinde Wien gewährte unverzinsliche Kredite zur Herstellung von Wasserleitungen, Einzäunungen etc. Die Zentrale befand sich in der Felberstraße 2. Es gab drei Haupt- und mehrere Filiallager sowie eine eigene Obstbaumschule in Kagran. Über die Kleingartenstelle konnten Baumaterialien, Futtermittel und Gartengeräte bezogen werden.

Abb. 23: Inserat der Kleingartenstelle der Stadt Wien

Leiter der Kleingartenstelle war Garteninspektor Franz Josef Siller (1893–1924), der auch Präsident der Kleingärtner-, Siedler- und Kleintierzüchtervereine Österreichs war. Siller, selbst Sohn eines Gärtners, spielte eine führende Rolle in den Anfängen der Kleingartenbewegung. Die Kleingartenstelle wurde 1922 in eine GesmbH ausgegliedert; Siller blieb Leiter. Nach seinem frühen Tod wurde ein Franz-Siller-Fonds zur Gewährung von Notstandskrediten für KleingärtnerInnen eingerichtet. 1925 wurden in den Vereinen »Zukunft« auf der Schmelz und im Verein »Brunnstube« Gedenksteine für Franz Siller

105. Sandner, Neurath, S. 171
106. Kampffmeyer, Siedlung und Kleingarten, S. 7 ff.
107. Vgl. Zum Beispiel den langen Beitrag im Siedler und Kleingärtner Mai 1924, S. 1

errichtet. Am 21.7.1934 wurde ein Sillerdenkmal im KGV Arsenal enthüllt.[108] Am Grab von Siller ließ der Verband der Kleingärtner einen Gedenkstein errichten.[109]

Eine Novelle der Bauordnung (1920) erleichterte die Errichtung von Kleingartensiedlungen, der Generalregulierungsplan von Juli 1921 legte die Kleingarten- und Siedlungszonen fest. 770 Hektar wurden zum Kleingartengebiet erklärt.[110]

Die Kleingartenstelle war maßgeblich an Ausstellungen beteiligt, wie z. B. an der Wiener Kleingartensiedlungs- und Wohnbauausstellung 1923. Es gab mehrere Musterhäuser der Gesiba speziell für Kleingärten zu besichtigen: »Es handelte sich dabei um Riegelwandbauten mit einer Heraklithplatten- oder Staußziegelverkleidung. Sommerhütten mit Schlafstelle im Dachraum wurden in den Holzwerken im Arsenal serienweise hergestellt und durch die Kleingartenstelle der Stadt Wien Ges.m.b.H. vertrieben.«[111] Der Verband der Kleingärtner hatte sogar ein eigenes Baubüro und einen Architekten.

Bauregulativ für Kleingartenanlagen und Schrebergartenverordnung 1924

Abb. 24: Leistungsschau der Kleingärtner (1923)

Das 1924 vom Wiener Gemeinderat beschlossene Bauregulativ war ein weiterer Versuch, die »wilde« Bautätigkeit in den Kleingärten in geordnete Bahnen zu lenken. Obwohl nur »einfache Lufthäuschen« erlaubt waren, hielten sich viele KleingärtnerInnen nicht an diese Vorschrift, weil keine Sanktionen bei widerrechtlicher Errichtung von Gebäuden erfolgten, wie auch der Verband der Kleingärtner zugab: »Wie wir alle wissen, wurden während der Kriegsjahre und in den folgenden Jahren der Nachkriegszeit mit ihrer Not die Baulichkeiten in den Kleingärten zum großen Teile ganz regellos, mit meistens minderwertigen Materialien, von den Kleingärtnern selbst, so gut oder schlecht sie es eben verstanden, errichtet.«[112] KleingärtnerInnen hatten Übernachtungsmöglichkeiten geschaffen, um im Sommer auch morgens Gartenarbeit verrichten zu können.

108. Kleingärtner September 1934, S. 2 f.
109. Siedler und Kleingärtner Februar-März 1924, S. 1; auch März 1926, S. 3, und 1.2.1930, S. 2; 1937 wurde seine Grabstätte am Neustifter Friedhof per Erlass von Bürgermeister Richard Schmitz kostenlos auf Friedhofsdauer verlängert, siehe Kleingärtner Juli 1937, S. 1
110. Weinberger, NS-Siedlungen in Wien, S. 25, sowie Novy/Förster, Genossenschaftliche Selbsthilfe nach der Jahrhundertwende, S. 43
111. Tschuppik, Wege zur Architektur im Kleingarten, S. 13
112. Kleingärtner 1.2.1927, S. 5

Das Bauregulativ teilte die kleingärtnerisch genutzten Flächen in zwei Kategorien ein: Laubhüttengebiet (offene Lauben bis 10 m^2), Sommerhüttengebiet und Siedlerhüttengebiet (erweiterte Baumöglichkeit).[113] Diese Regelung bedeutete, dass Gartenhütten, die größer als 10 m^2 gebaut wurden, nachträglich sanktioniert wurden, da sie nun unter den Begriff »Sommerhüttengebiet« fielen. Ganz ähnlich wurde 1976 mit zu groß gebauten Häusern verfahren, indem man die Widmung »Gartensiedlungsgebiet« einführte (vgl. das Kapitel »Gesetzliche Regelungen in der Zweiten Republik«).

Laubhüttenwidmung bedeutete, dass fünf Prozent der Gartenfläche für die Hütten reserviert waren, also bei einem 200 m^2 großen Garten etwa 8 bis 10 m^2. Über die Gestaltung gab es sonst keinerlei Vorschriften außer der Empfehlung, dass die Hütten einfach und praktisch gebaut und nach außen gefällig sein sollten. Größtmögliche Freiheit für den Einzelnen bei der Ausgestaltung der Hütte, aber einheitliche Vorgangsweise der ganzen Kolonie nach außen hin war die weitere Richtschnur.[114]

Angesichts von Wohnungsnot und Arbeitslosigkeit war Wohnen im Kleingarten schon in den 1920er-Jahren ein Thema: »Die Kleingartenhütte bedeutet für weite Kreise der Arbeiterschaft und des Mittelstandes ebensoviel und mehr wie für die Reichen die Sommerfrische in Ischl oder Gastein. (...) Als dann nach Beendigung des Krieges die ungeheure Wohnungsnot entstand, da lag es für manchen Wohnungslosen nahe, die Wände des Sommerhäuschens etwas fester und dichter auszubauen und auch den Winter in der Kleingartensiedlung zu verbringen.«[115] Gegner des Übernachtens waren AnrainerInnen: »Starke Gegnerschaft fand das Uebernachten bei den benachbarten Villenbesitzern und Sommerwohnungsvermietern, die gegen diese beabsichtigte Erlaubnis Sturm liefen.«[116]

Ebenfalls 1924 wurden auf Grund der Verordnung vom 17. April (Schrebergartenverordnung) die Pachtzinse neu festgelegt, »und zwar auf 1 Groschen für den Quadratmeter im Jahre 1925, 1,5 Groschen im Jahre 1926 und 2 Groschen im Jahre 1927.«[117] Der Wert eines Schillings im Jahr 1925 betrug umgerechnet Euro 3,55. Durch diese Verordnung wurden die KleingärtnerInnen sowohl gegen einen übermäßigen Pachtzins als auch gegen willkürliche Kündigungen geschützt.

VerpächterInnen durften nur einen nach den Umständen des Falls angemessenen Pachtzins verlangen. Pachtzinserhöhungen mussten sechs Monate vor Beginn des Pachtjahres angekündigt werden und konnten im Falle von Streitigkeiten von Seiten des Pächters beim Bezirksgericht auf Angemessenheit eingeklagt werden. Diese Regelung betraf vor allem KleingartenpächterInnen privater Grundstückseigentümer, die dadurch

113. Kral, Das Wiener Kleingartenwesen, S. 28 f.
114. Siller/Schneider, Wiens Schrebergärten, S. 37 f.
115. Kampffmeyer, Siedlung und Kleingarten, S. 5 f.
116. Festschrift 25 Jahre Rosental, S. 36
117. Kampffmeyer, Siedlung und Kleingarten, S. 9, bzw. BGBl. 124/17. April 1924 (Schrebergartenverordnung)

wesentlich gestärkt wurden, denn als Maßstab für den Pachtzins (»angemessen«) galt der Pachtzins der Gemeinde Wien.[118]

Kündigungen konnten mit Inkrafttreten dieser Verordnung nur wegen nachteiligem Gebrauch des Pachtgrundstücks, Nichtbezahlung des Pachtzinses und Absicht des Verpächters zu bauen ausgesprochen werden. Sie mussten gerichtlich zu Jahresende erfolgen. Die Klausel mit der Bauabsicht sollte sich freilich für viele Kleingartenvereine als Bumerang erweisen, wie im Kapitel »Verschwundene Kleingärten« ausgeführt wird.

Die KleingärtnerInnen waren trotz erheblicher Verbesserungen mit dem neuen Pächterschutz nicht zufrieden. Am 18. Jänner 1925 fand eine Massenversammlung von KleingärtnerInnen und ErwerbsgärtnerInnen in der Volkshalle des Rathauses statt, in der ein noch strengerer Pächterschutz verlangt wurde. Die Bautätigkeit der Gemeinde Wien betraf neben Kleingartenvereinen auch Erwerbsgärtnereien.[119]

Am 16. August 1925 verfassten die Kleingartenvereine des 13. und 16. Bezirks eine Resolution an die Gemeinde Wien, in der sie die Dauerpacht als Lebensfrage für die KleingärtnerInnen postulierten. Am 17. August hielten die großen Ottakringer Kleingartenvereine »Waidäcker« und »Gartenfreunde« zwei Versammlungen zum selben Thema ab.[120] Die Gemeinde reagierte, lud die Verbandsfunktionäre und Obmänner aller Kleingartenvereine zu einer Aussprache ins Rathaus ein und stellte klar, dass sie trotz aller Sympathie mit dem Kleingartenwesen Baugründe für das Wohnbauprogramm benötigt.[121]

Kleingartenordnung 1928

Abb. 25: Blick auf den KGV »Straßenbahner Kagran« (1920er-Jahre)

Trotz Kleingartenordnung 1920 und Bauregulativ 1924 wurde in den Kleingärten an Baupolizei und Grundeigentümern vorbei weiterhin Dauerwohnraum geschaffen. Diesem Zustand versuchte die Kleingartenordnung vom 11. Mai 1928 Einhalt zu gebieten. Ziel war es ein weiteres Mal, die Kleingartenbewegung in geordnete Bahnen zu lenken. Der Eisenbahngewerkschafter Adolf Müller (1884–1940)[122] und der

118. Vgl. Jahrbuch 1932, ed. Verband der Kleingärtner, Siedler und Kleintierzüchter, Wien 1931, S. 51 ff.
119. Siedler und Kleingärtner Jänner 1925, S. 1
120. Siedler und Kleingärtner September 1925, S. 7
121. Siedler und Kleingärtner Oktober 1925, S. 1 f.
122. Adolf Müller war auch Abgeordneter zum Nationalrat (1923–1934). Von 1908 bis 1922 war er in der Zentrale der Eisenbahnergewerkschaft tätig.

Sozialdemokrat Johann Pölzer (1872–1934)[123] hatten den Antrag eingebracht. Der Text stammt von Senatsrat Ing. Theodor Jäger, der im Verbandsorgan das neue Gesetz erläuterte. Der Verband der Kleingärtner, Siedler und Kleintierzüchter hielt sich zugute, dass durch seine Lobbyarbeit dieses Kleingartengesetz zustande kam.[124]

Die Wiener Kleingartenordnung unterschied Kleingärten nach der zulässigen Bauführung: Laubengebiete (nur unbewohnte Kleingärten waren erlaubt) und Sommerhüttengebiete (bewohnbare Kleinbauten waren erlaubt, aber die Benutzung war nur von 15. April bis 15. Oktober jeden Jahres erlaubt).[125]

Die verbaute Fläche in Laubengebieten betrug maximal 15 m² (6 m² Laube, Anbau einer Veranda maximal 4 m² und Kleintierstall 5 m²), in Sommerhüttengebieten waren maximal 40 m² erlaubt (25 m² Haus zuzüglich 10 m² Veranda und 5 m² Kleintierstall). Die zulässige Gesamthöhe war 4,5 m für Lauben (Dachfirst) bzw. 6,5 m für Sommerhütten. Die Kleintierstallungen durften maximal 5 m² groß und 2 Meter hoch sein. Mit dieser Regelung wurde offenbar der mittlerweile von vielen KleingärtnerInnen geschaffenen Realität Rechnung getragen, andererseits aber auch eine klare Abgrenzung zur Wohnform Siedlung getroffen. Während Siedlungsgrund zur Errichtung eines Hauses mit Garten bestimmt war, diente der Kleingarten der Erholung und nur der Ergänzung zum Wohnen.

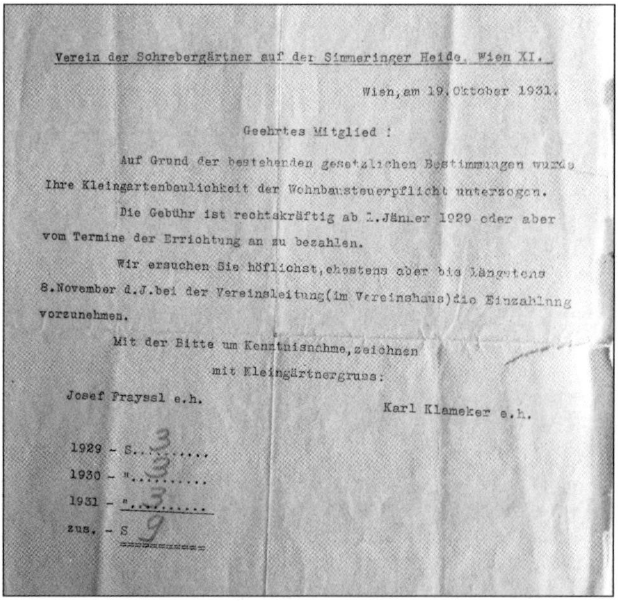
Verein der Schrebergärtner auf der Simmeringer Heide, Wien XI.

Wien, am 19. Oktober 1931.

Geehrtes Mitglied!

Auf Grund der bestehenden gesetzlichen Bestimmungen wurde Ihre Kleingartenbaulichkeit der Wohnbausteuerpflicht unterzogen.

Die Gebühr ist rechtskräftig ab 1. Jänner 1929 oder aber vom Termine der Errichtung an zu bezahlen.

Wir ersuchen Sie höflichst, ehestens aber bis längstens 8. November d.J. bei der Vereinsleitung (im Vereinshaus) die Einzahlung vorzunehmen.

Mit der Bitte um Kenntnisnahme, zeichnen mit Kleingärtnergruss:

Josef Frayssl e.h. Karl Klameker e.h.

1929 – S. 3
1930 – " 3
1931 – " 3
zus. – S 9

Abb. 26: Brief vom 19.10.1931 an den KGV Simmeringer Haide (Wohnbausteuerpflicht)

1928 tauchte in der Verbandszeitschrift die Forderung nach einem Enteignungsgesetz (wieder) auf. Die Gemeinde Wien, die ihr Wohnbauprogramm vielfach auf vormals kleingärtnerisch genutzten Flächen umsetzte, möge private Grundbesitzer gegen Entschädigung enteignen, wodurch so mancher Kleingarten von Räumung verschont bliebe.[126]

1929 wurde eine Bauordnung erlassen, in der auch der Begriff Kleingartengebiet eingeführt wurde. Sie trat am 1. Mai 1930 in

123. Zu Pölzer vgl. Fritz Keller, Die Pölzers. Eine sozialdemokratische Familien-Saga, Wien 2014
124. Kleingärtner 1.3.1928, S. 1, und 1.6.1928, S. 3
125. Schmidt, Der Schrebergarten als kultureller Faktor, S. 131; vgl. auch Kleingärtner 1.6.1930, S. 6
126. Kleingärtner 1.2.1928, S. 1

Kraft. Praktisch bedeutete dies, dass Kleingärten als Element der Flächenwidmung anerkannt wurden.[127]

Eine Belastung für KleingärtnerInnen war die 1923 eingeführte Wohnbausteuer, die gestaffelt nach verbauter Fläche vorgeschrieben und in Kleingärten seit 1931 rückwirkend für drei Jahre auch eingehoben wurde. Nur Objekte im Ausmaß von weniger als 8 m^2 (Gerätehütten) waren davon ausgenommen.[128] Folgerichtig wurde im Verbandsorgan regelmäßig die Abschaffung der Wohnbausteuer für Kleingärten gefordert.

Wirtschaftskrise, Arbeitslosigkeit und die KleingärtnerInnen

Im Zuge der einsetzenden Massenarbeitslosigkeit Anfang der 1930er-Jahre forderte der Verband der Kleingärtner eine Bodenreform: »Arbeitsloser Bruder, notleidende Schwester, du wirst nie verstehen, warum die Bundesregierung, die Landes- und Gemeindeverwaltungen brachliegenden Grund und Boden diesem Zwecke nicht zuführen, warum nicht zeitgerecht Vorsorge getroffen wird, daß auf allen diesen Flächen den ansonst zur Untätigkeit verurteilten fleißigen Händen die Möglichkeit geboten wird, für sich und die Volksgemeinschaft Lebensmittel zu produzieren, um dem Hunger einen starken Wall entgegenzustellen.«[129] An den Bundespräsidenten, die Bundesregierung, Landeshauptleute, und Vertreter der politischen Parteien wurden 1931 »Denkschriften« mit den Forderungen der KleingärtnerInnen übermittelt.

Ein Problem war die hohe Arbeitslosigkeit unter den KleingärtnerInnen. Beispielsweise stellte die Bezirksorganisation Hernals 1932 fest, dass rund 25 Prozent ihrer Mitglieder arbeitslos wären. Viele KleingärtnerInnen hatten Schwierigkeiten, die Pacht zu zahlen oder waren überhaupt zahlungsunfähig.[130] Leider existieren keine Unterlagen darüber, wie vielen KleingärtnerInnen auf Grund von Nichtbezahlung der Pacht gekündigt wurde.

Eine andere Forderung des Kleingartenverbands in den Krisenjahren war die Zuweisung von verbilligten Futtermitteln für die Kleintierzucht.

127. Gesetz vom 25. November 1929 (Landesgesetzblatt für Wien 11/1930)
128. Vgl. z. B. Mitteilungen des Vereins der Schrebergärtner Wasserwiese 15.1.1930, S. 2
129. Kleingärtner 1.8.1933, S. 1
130. Kleingärtner 1.2.1932, S. 7

Kleingärten im Austrofaschismus (1934–1938)

Nach dem Bürgerkrieg 1934 wurden viele Kleingartenvereine vorübergehend aufgelöst, um anschließend in anderer Form weitergeführt zu werden. Aus mehrheitlich sozialdemokratisch ausgerichteten Vereinen entstanden den neuen Machthabern genehme Einrichtungen. Deren Vermögen wurde beschlagnahmt. Ein Vereinsname wie »St. Marx« war nicht mehr tragbar. So musste sich der seit 1928 bestehende KGV St. Marx 1935 in KGV Lebnergasse umbenennen. So heißt er auch heute noch.

Der Verein » Österreichischer Verband der Kleingärtner, Siedler und Kleintierzüchter« wurde auf Grund der Verordnung vom 3. März 1934 aufgelöst und ein Nachfolgeverband eingerichtet, nämlich der »Österreichische Hauptverband für das Siedlungs- und Kleingartenwesen«. Er wurde unter kommissarische Verwaltung gestellt und der Vaterländischen Front, der Einheitsorganisation der Diktatur, eingegliedert.[131] Alle Funktionäre des alten Verbands waren ihrer Funktion verlustig gegangen, die Büroräume wurden von der Polizei geschlossen und versiegelt.

Die Mitglieder des neuen Verwaltungsausschusses stellte man im Verbandsblatt groß vor: Ministerialrat Josef Otto Krammer, Dr. Ing. Eduard Brabenec und Gemeinderat Franz Ullreich.[132] Krammer und Brabenec waren für die Kleingärten zuständig, Ullreich, der aus der Siedlerbewegung kam, mit Krammer für Baurechtsangelegenheiten.

Josef Otto Krammer (1880–1971) war seit 1921 Obmann des Kleingartenvereins Wasserwiese in Wien-Leopoldstadt und beruflich seit 1910 im Rechnungshof tätig (1915 Rechnungsrat, nach dem Ersten Weltkrieg Hofvizesekretär, Hofsekretär, Sektionsrat, Hofrat und schließlich 1929 Ministerialrat). 1938 wurde er aus politischen Motiven in den dauernden Ruhestand versetzt, am 1. Mai 1945 wieder rehabilitiert und in den Dienst aufgenommen. Mit 31. Dezember 1945 ging er ordnungsgemäß in Pension.[133] Obergeometer Ing. Dr. Eduard Brabenec (1889 – ?) war Leiter des Wiener städtischen Kleingartenamtes in Nachfolge des verstorbenen Franz Siller.

Abb. 27: Hofrat Krammer-Weg im KGV Wasserwiese

131. Bundesgesetzblatt 130/3. März 1934 sowie Kleingärtner August 1934, S. 1
132. Kleingärtner März-April 1934, S. 3
133. E-Mail von OR Dr. Leopold Mayr (Rechnungshof) vom 3.5.2017

Der bekannteste von den dreien war der gelernte Tapezierer und christlichsoziale Gewerkschafter Franz Ullreich (1881–1958). Er lenkte seit 1911 die Geschicke der Baugenossenschaft Heim. Sein Lebenswerk war die Siedlung Starchant in Ottakring, wo sich viele prominente Christlichsoziale ansiedelten. Ullreich war auch im Verband der Kleingärtner, Siedler und Kleintierzüchter tätig, »bis der Verband als sozialdemokratische Kulturorganisation erklärt und das Verbandsblatt ein Parteiblatt wurde.«[134] 1935 trat er – vermutlich aus Solidarität mit dem entlassenen Brabenec (siehe weiter unten) – aus dem Verwaltungsausschuss aus.[135]

Krammer und Brabenec verstanden sich nicht. Brabenec verlor einen durch ihn angestrengten Prozess gegen Krammer und wurde daraufhin vom Bundesminister für Land- und Forstwirtschaft seines Amtes enthoben. Nachfolger und neuer Leiter der Kleingartenamtes wurde Magistratsrat Dr. Friedrich Schubert.[136] Als neue Stellvertreter von Otto Krammer fungierten der leitende Angestellte und Obmann des KGV Montleart, Anton König, und der Hauptschuldirektor und Obmann des KGV Lebergasse, Josef Rupprecht sowie Franz Schmied, Hauptschuldirektor und Vorsitzender der Zentralarbeitsgemeinschaft der Kleintierzüchter des Verbandes.[137]

Ein Vergleich der Jahrbücher 1932 und 1936 des »Verbandes der Kleingärtner, Siedler und Kleintierzüchter Österreichs« mit dem Nachfolgeverband »Allgemeiner Verband der Siedler und Kleingärtner« zeigt, dass 1934 ein kompletter Personalwechsel erfolgte. Neuer Vorsitzender des Allgemeinen Verbandes der Siedler und Kleingärtner wurde der pensionierte Verwaltungsbeamte Dr. Amand Vejborny (gest. 1944). Er war Ministerialrat im Bundesministerium für soziale Verwaltung und langjähriger Vorstand des Bundes-, Wohn- und Siedlungsamtes gewesen (zuletzt 1932 Leiter) und erhielt anlässlich seiner krankheitsbedingten vorzeitigen Pensionierung mit 1. November 1932 den Titel eines Sektionschefs. Im noch nicht gleichgeschalteten Verbandsorgan wurde er seiner fachlichen Kompetenzen wegen Anfang 1933 lobend erwähnt.[138]

Der Sitz des Verbands wurde in den achten Bezirk in die Pfeilgasse 30 verlegt, der interne Aufbau geändert: Aus den Sektionen – ein Begriff, der aus der Sozialdemokratie entlehnt und nach 1934 nicht mehr tragbar war – wurden Kreise.

Am 24. März 1934 fand eine Versammlung »vaterländisch gesinnter Kleingärtner« statt, an der zahlreiche Funktionäre teilnahmen. Prominentester Funktionär war der Gewerbetreibende Kommerzialrat Johann Krist (1869–1935), seit 1934 christlichsozialer Bezirksvorsteher von Favoriten. Er war Mitbegründer und später Obmann der 1915

134. Kleingärtner März-April 1934, S. 2
135. Kleingärtner März 1935, S. 1
136. Kleingärtner November 1935, S. 1
137. Kleingärtner Dezember 1935, S. 1
138. Kleingärtner 1.2.1933, S. 3, sowie Kleingärtner August 1934, S. 1, und Andreas Suttner, Das schwarze Wien. Bautätigkeit im Ständestaat 1934–1938, Wien 2017, S. 131

entstandenen Kleingartenanlage »Schrebergartenverein Favoriten«. Krist hatte im Verband der Kleingärtner, Siedler und Kleintierzüchter mitgearbeitet, zog sich aber »nach Eingliederung des Verbandes in die marxistische Parteiorganisation« zurück.[139] Die städtische Kleingartenstelle wurde in ein selbstständiges Kleingartenamt umgeformt, Eduard Brabenec deren Leiter.

Eine der ersten Maßnahmen des von der autoritären Regierung eingesetzten neuen Wiener Bürgermeisters Richard Schmitz (1885–1954, Bürgermeister 1934–1938)[140] war die Aufhebung der Bodenwertabgabe. Für Kleingärten unter 400 m² gab es bis dahin bereits eine Befreiung, die neue Verordnung vom 15. März 1934 (LGBl. 26.3.1934) erließ eine Abgabenbefreiung unabhängig von der Größe. Dies sollte nicht unwichtig werden, zumal mit der 1936 erlassenen Kleingartenverordnung große Gärten bis 600 m² forciert wurden.

Bürgermeister Schmitz, der mit seiner Frau einige Zeit einen Kleingarten im KGV Wasserwiese gepachtet hatte – dem Verein von Otto Krammer – besuchte im Sommer 1935 mehrere Kleingartenanlagen. Im Verbandsorgan erschienen darüber ausführliche Berichte.[141] Schmitz, der in der Ersten Republik gegen die Gemeindebauten des Roten Wien geeifert hatte, machte aus seiner positiven Einstellung zu den Kleingärten kein Hehl: »Ich trage mich auch mit dem Gedanken, die Erfahrungen des Wiener Kleingartenwesens auf das Wohnungswesen anzuwenden, denn die Zeit der Zinskasernen und Massenbauten ist endgültig vorbei.«[142]

Die Schreibweise des Verbandsorgans wurde konservativer und dem Regime angepasst. Grußformeln wie »Gott zum Gruß« und »Heil Österreich«, die ab 1934 in der Verbandszeitschrift regelmäßig auftauchen, waren vorher unbekannt gewesen.

War schon unter sozialdemokratischer Ägide die Rolle der Frau im Kleingartenwesen konservativ bzw. auf Haushalt und Gartenarbeit fixiert (»Eine Frau, die ihren Mann draußen im Betrieb weiß, um für Weib und Kind zu schaffen, wird gern im Garten nachdenken, um den Heimkehrenden einen freundlichen Empfang zu bereiten«[143]), so wird sie im Austrofaschismus nur noch als Hausfrau gesehen. Im Verbandsorgan erschien regelmäßig die Rubrik »Für die Hausfrau«. Als verantwortlicher Redakteur scheint der Obmann des KGV Ferdinand Hanusch, Josef Reißberger, auf. Er wurde auch Vorsitzender des Verwaltungsausschusses für den 19. Bezirk.[144] Dazu weiter unten mehr.

Der Februar 1934 (partieller Aufstand des sozialdemokratischen Republikanischen Schutzbundes gegen den Faschismus) wurde im Verbandsorgan im Sinne des

139. Kleingärtner März-April 1934, S. 2 sowie Mai 1935, S. 1
140. Schmitz kam 1938 ins Konzentrationslager und wurde erst zu Kriegsende 1945 befreit. In der Zweiten Republik war er Direktor des katholischen Herold-Verlags.
141. Kleingärtner August 1935, S. 1
142. Kleingärtner Oktober 1935, S. 1
143. Kleingärtner 1.8.1928, S. 3
144. Kleingärtner Oktober 1934, S. 10

Austrofaschismus kommentiert: »Ein schweres Gewitter ist in den Februartagen dieses Jahres über unser Vaterland hinweggebraust. Böse Stunden sind geschlagen, Gärten sind vernichtet, Existenzen sind zerstört worden. (…) Und dieses Gewitter hat eine reinigende Kraft. Selbstlose Führer hat uns der Herr über alles (…) zur rechten Zeit in Stadt und Land gegeben. Namen wie Bundeskanzler Dr. Dollfuß und der Wiener Bürgermeister Schmitz werben durch sich selbst um Vertrauen.«[145]

Nach der Ermordung von Dollfuß durch NS-Putschisten fand am 8. Dezember 1934 unter Beteiligung von Verbandsfunktionären ein Requiem für Dollfuß in der Dollfuß-Seipel-Gedächtniskirche – heute Pfarrkirche Neufünfhaus – statt.[146]

Kleingärtner Siedler und Kleintierzüchter

Organ des Oesterreichischen Verbandes der Kleingärtner, Siedler und Kleintierzüchter

Wien, XV., Moeringgasse 7
Telephon Nr. U-33-1-46

Unverlangt eingesendete Manuskripte werden nicht retourniert

14. Jahrgang | August 1934 | Nummer 8

Bundeskanzler Dr. Dollfuß †

Vereinigungen und Verbände nur im Wege des genannten Hauptverbandes der Vaterländischen Front angehören können.

Das vorstehende Kommuniqué der Vaterländischen Front beweist zunächst, daß die Bundesleitung der Vaterländischen Front an der großen Bewegung nicht achtlos vorübergehen, dieselbe vielmehr führen, beraten, fördern und schützen will.

Abb. 28: Nachruf auf Bundeskanzler Dollfuß in der Verbandszeitschrift

Der schon erwähnte Vejborny legte ein Bekenntnis zu Dollfuß ab: »Zu den Dingen, die den toten Kanzler besonders am Herzen lagen, gehörte das Siedlungsproblem. In der Nacht vor dem 25. Juli, da sein kostbares Leben dem ruchlosen Mordanschlag zum Opfer fiel, saß er zusammen mit einem seiner Freunde und erörterte auch die Frage der Siedlungsförderung durch seine Regierung.«[147] In der Augustausgabe der Verbandszeitschrift wurde Dollfuß als Märtyrer und Freund der Siedler und Kleingärtner gewürdigt.

Kleingartenverordnung 1936

Die Kleingartenverordnung von Bürgermeister Richard Schmitz beinhaltet zwei interessante Aspekte. Einerseits kann man dem Text entnehmen, dass Kleingärten de facto für viele Familien als Sommeraufenthalt (mit Übernachtung) fixer Bestandteil der

145. Kleingärtner März-April 1934, S. 1
146. Kleingärtner Jänner 1935, S. 1
147. Kleingärtner September 1934, S. 1

Lebensweise geworden waren, und andererseits wurde die Mindestgröße der Baulichkeiten in den Kleingärten deutlich angehoben, um längeres Wohnen in den Gärten zu begünstigen. Kernstück der Verordnung war die Unterscheidung zwischen Kleingärten gegen Widerruf und Kleingärten ohne Widerruf. Letztere waren in Gebieten zu bewilligen, die im Flächenwidmungsplan als Kleingärten ausgewiesen waren. Voraussetzungen waren eine Versorgung mit Grundwasser und ein Zugang von mindestens 2,5 Meter Breite zu den Parzellen.

Die Mindestgröße von neuen Kleingärten wurde mit 500 m^2 deutlich angehoben (bis dahin waren Flächen in der Größenordnung von 200-250 m^2 üblich). Das Gesamtausmaß der Baulichkeit sollte maximal 10 Prozent der Gartenfläche betragen, höchstens jedoch 50 m^2. Erstmals wurde auch eine Unterkellerung der Kleingartenhäuser erlaubt.

Die Benutzung der Baulichkeiten blieb wie bisher auf 15. April bis 15. Oktober beschränkt. Dies ließ sich insofern recht gut kontrollieren, als dass es damals – in der Regel – keine Winterwasserleitungen gab. Im April wurde das Wasser von den Vereinen zentral aufgedreht, im Oktober abgedreht.

Ferner finden sich in der Verordnung Regelungen zu Fluchtlinien, Bauhöhen, Aborten, Einfriedungen etc. Interessant ist die Bestimmung über Einfriedungen: Musste 1928 der Einblick in die Gärten gegeben sein, so ist 1936 nur noch die Rede von »dürfen in der Regel den freien Durchblick nicht hindern«. Offenbar hatten sich die KleingärtnerInnen schon bald – so wie heute weitgehend üblich – hinter geschlossenen Thujenhecken oder Bretterzäunen versteckt.[148] Die Errichtung von Kleingartenanlagen im Wald- und Wiesengürtel sowie in Parkschutzgebieten wurde verboten.

Fazit: Im Austrofaschismus wurden Kleingärten als »werdende Siedlungen« betrachtet: »Auf diese Weise wurde der Wolfersberg weiter verbaut, es entstand die Kleingartensiedlung Am Rosenberg, eine weitere Anlage am Flötzersteig, die Kleingartenkolonie auf der Heubergkuppe, die Anlagen auf dem Paulinensteig in Ottakring, beim Cobenzl im 19. Bezirk und an der alten Donau.«[149]

Die Kleingartenverordnung 1936 »löste einen Trend in Richtung Dauersiedeln und übergroß dimensionierte Gärten aus, der nach dem Zweiten Weltkrieg, als das Kleingartenwesen neu organisiert werden mußte, große Probleme verursachte.«[150] Oder andersrum: Diese Verordnung ist der Grund, warum es nach 1945 in Kleingärten unterschiedliche Hausgrößen in ein und derselben Anlage gab.

148. Verordnung des Bürgermeisters vom 1. August 1936, mit welcher Bestimmungen für die Herstellung von Kleingärten und Baulichkeiten in solchen erlassen werden (Kleingartenverordnung) – LGBl. 37; vgl. auch »Der österreichische Kleinwirtschafter« September 1936, S. 2

149. Renate Machat, Land in der Stadt. Kleingärten und Siedlungen in Wien. In: Karl Brunner/Petra Schneider (Hg), Umwelt Stadt. Geschichte des Natur- und Lebensraumes Wien, Wien 2005, S. 495 (Die genannte Heubergkuppe ist nicht ident mit dem heutigen Verein, sondern ist heute Teil des KGV Ferdinand Hanusch)

150. Helmut Wimmer, Raumwirtschaftliche Aspekte des Wiener Kleingartenwesens. Eine aktuelle Bestandsaufnahme, Dipl.-Arbeit Wien 1996, S. 44

Am 17. Februar 1937 fand eine Enquete des »Österreichischen Verbandes der Kleingärtner, Siedler und Kleintierzüchter« in Wien statt. Ein Forderungskatalog wurde publiziert, in dem die Förderung des Kleingarten- und Siedlungswesens sowie die Errichtung von Nebenerwerbssiedlungen als zentrale Anliegen der KleingärtnerInnen dargestellt wurden. Für dieses Jahr existiert auch eine Statistik: Es gab 346 Kleingartenanlagen auf städtischem Grund mit 5,096.618 m^2 sowie 70 Kleingartenanlagen auf sonstigem Grund mit 3,517.500 m^2.[151]

Die Kleingartenverordnung 1936 passte in das Entproletarisierungskonzept des Austrofaschismus. Das Siedlungshaus wurde als Arbeiterwohnung der Zukunft angesehen, Eigentum und Kleinwohnungen wurden gefördert,[152] und Kleingärten sollten in Zukunft an das Siedlungshaus herangeführt werden.

151. Kleingärtner Oktober 1937, S. 1, bzw. Amtsblatt der Stadt Wien 36/4.9.1937
152. Dazu generell Andreas Suttner, Das schwarze Wien. Bautätigkeit im Ständestaat 1934–1938, Wien 2017

Kleingärten im Nationalsozialismus (1938 bis 1945)

Für Juni 1938 existiert eine Aufstellung der Wiener Kleingartenanlagen. Auf *städtischem* Grund gab es 347 Kleingartenanlagen mit insgesamt 17.140 Kleingärten. Die Gesamtfläche betrug 5,024.418 m^2. Darüber hinaus gab es noch 189 Einzelpächter, die eine Grundfläche von 5670 m^2 innehatten. Detail am Rande: Für den fünften Gemeindebezirk wurde 1938 eine Kleingartenanlage mit elf Kleingärten (2.515 m^2)[153] ausgewiesen, im 15. Bezirk noch sechs. Heute gibt es in Margareten keine Kleingärten, im 15. Bezirk nur eine Kleingartenanlage.

Auf *privaten* Grund entfiel eine Fläche von 3,517.500 m^2. Über Kleingartenanlagen und Vereine existieren keine Angaben, es wurden nur die Grundflächen in den einzelnen Bezirken ausgewiesen. Für den fünften Bezirk wurden 2000 m^2 und für den 15. Bezirk 113.100 m^2 genannt; also muss es in diesen beiden Bezirken weitere Kleingartenanlagen gegeben haben. Ohne die von den Nationalsozialisten eingemeindeten Gebiete (»Groß-Wien«) gab es in Wien daher insgesamt 8,541.918 m^2 Kleingartenflächen.[154]

Die Nationalsozialisten enthoben die Funktionäre des austrofaschistischen Verwaltungsausschusses ihres Amtes. Gemäß Verfügung des Reichskommissars für die Wiedervereinigung Österreichs mit dem Deutschen Reich wurden die österreichischen KleingärtnerInnen im Mai 1938 als »Landesverband Donauland« zusammengefasst, am 20. August 1938 in den »Deutschen Siedlerbund« und ab 1. Oktober 1938 in den »Reichsbund Deutscher Kleingärtner« eingegliedert.[155]

Im Oktober 1938 wurde die Satzung im Verbandsorgan publiziert. Der Verband hieß ab da offiziell »Landesbund Donauland der Kleingärtner im Reichsbund Deutscher Kleingärtner e.V.«. Der Landesbund war Mitglied des Reichsbundes, alle Vereine waren Mitglieder des Landesbundes.

Die gesetzliche Grundlage für diese Maßnahme war das »Gesetz über die Überleitung und Eingliederung von Vereinen, Organisationen und Verbänden« (Gesetzblatt für das Land Österreich Nr. 136/17.5.1938) bzw. als ausführendes Organ die Einsetzung des »Stillhaltekommissars für Vereine, Organisationen und Verbände«. Eine weitere gesetzliche Maßnahme bestand darin, dass alle Kleingärten, welche in ihrem Vereinsnamen das Wort »Schrebergarten« führten, dieses Wort durch »Kleingartenverein« zu ersetzen hatten.[156]

153. Im Kleingärtner vom 1.1.1930, S. 6, wurde für den fünften Bezirk noch kein Kleingarten ausgewiesen.
154. Das Kleingartenwesen in Wien. Denkschrift. Herausgegeben vom Siedlungs- und Kleingartenamt der Stadt Wien, Juni 1939 S. 12
155. Schmidt, Der Schrebergarten als kultureller Faktor, S. 154
156. Vgl. 85 Jahre. 1923–2008 Bezirksorganisation der Kleingartenvereine Floridsdorf BO XXI, Wien 2008, S. 29

Mit Robert Reznicek wurde ein politischer Kommissar in den »Landbund Donauland« eingesetzt. Die fachliche Führung des Verbandes hatte das NSDAP-Mitglied Otto Julius Morgeneyer inne. Ministerialrat Josef Otto Krammer wurde nicht nur als Mitglied des Verwaltungsausschusses abgesetzt, sondern auch als Obmann des KGV Wasserwiese.[157]

Im Verbandsorgan wurde der »Anschluss« enthusiastisch gefeiert: »Ein Wendepunkt in der Geschichte Österreichs ist eingetreten. Wir gehören nun dem großen deutschen Vaterland an und damit einem Wirtschaftskörper, dessen Richtlinien seit jeher Friede, Brot und Arbeit für seine Volksgenossen waren. Wir Kleingärtner, Siedler und Kleintierzüchter haben alle Ursache, diese Wende auf das freudigste von ganzem Herzen zu begrüßen.«[158]

Abb. 29: 1938 fand das Hakenkreuz Einzug in die Kleingartenvereine

Im Blatt wurden die neuen Verantwortlichen für Kleingärten, insbesondere der Minister für Land- und Forstwirtschaft und Landesbauernführer Ing. Anton Reinthaler, vorgestellt.[159] Der Sitz des Verbandes war nach wie vor 1150 Wien, Moeringgasse 7. Kommissarischer Leiter des Landesverbandes war der Architekt und NSDAP-Funktionär Wilhelm Bolek (1893–1987).[160] Er war mit der Leitung aller Siedler- und Kleingartenverbände betraut. Geschäftsführer war der schon erwähnte Robert Reznicek.

Abb. 30: F. Schubert

Drei personelle Kontinuitäten sind interessant: Als verantwortlicher Redakteur des Verbandsorgans scheint der Obmann des KGV Ferdinand Hanusch, Josef Reißberger, auf. Er blieb in dieser Funktion bis zur Einstellung des Verbandsorgans im Oktober 1944.[161] Ebenso war Magistratsrat Dr. Friedrich Schubert weiter Vorstand des Siedlungs- und Kleingartenamtes der Stadt Wien.[162] Er schrieb regelmäßig im

157. Mitteilungen des Vereins der Schrebergärtner Wasserwiese 22.3.1938, S. 1
158. Kleingärtner April 1938, S. 2
159. Ing. Anton Reinthaller (1895–1958), Gutsbesitzer, SS-Brigadeführer, Träger des goldenen NSDAP-Parteiabzeichens, nach 1945 zu Kerkerhaft und Vermögensverlust verurteilt, 1956 erster Bundesparteiobmann der FPÖ
160. Vgl. Würdigung zu seinem 50. Geburtstag im Ostmärkischen Kleingärtner Februar 1943, S. 18. Bolek wurde am 11.12.1948 im Volksgerichtsverfahren wegen Verbrechens des Hochverrates zu 15 Monaten Haft und Vermögensverfall verurteilt (LG Wien VgV r 4413/47, Urteil vom 14.12.1948). 1974 erhielt er die Verdienstplakette in Gold der Stadt Wien für besondere Leistungen auf dem Gebiet des Siedlungs- und Kleingartenwesens. 1970–1976 war er Obmann des Siedlervereins Friedensstadt.
161. Ostmärkischer Kleingärtner. Mitteilungsblatt der Landbünde der Ostmark im Reichsbund Deutscher Kleingärtner e.V., Ausgabe Oktober 1938 und Oktober 1944 (jeweils Impressum); ursprünglich war Josef Reißberger Mitglied der Schafberg-Siedlung; vgl. Unser Schafberg März-April 1934, S. 2
162. Ostmärkischer Kleingärtner November 1938, S. 3

»Ostmärkischen Kleingärtner«. Franz Schmied von den Kleintierzüchtern blieb eifriger Mitarbeiter der Verbandszeitschrift. Anlässlich seines 60. Geburtstages 1942 erschien eine ausführliche Würdigung.[163]

Aus dem Kleingärtnerverbandsblatt wurde ein Propagandablatt der NSDAP. Die Anrede hieß nun nicht mehr Kollege, sondern Kamerad/Kameradin, und aus Vereinsobmännern wurden Vereinsführer. Breiten Raum nahm die Berichterstattung aus dem »Reich« ein. Fahrten von KleingärtnerInnen nach Berlin wurden organisiert, worüber ausführlich berichtet wurde. Dass der Verbandssitz wegen eines Parteitags in Nürnberg für einige Tage verwaist war, passt in dieses Bild.[164]

Im Oktober 1938 wurde das Verbandsorgan in »Ostmärkischer Kleingärtner« umbenannt, mit einer klaren Zielsetzung: »Unser Ostmärkischer Kleingärtner ist das Sprachrohr einer machtvollen Volksbewegung und wird stets der aufrechte Berater und getreue Weggefährte aller Kleingärtner der Ostmark sein.«[165]

Seit 1939 galten für Kleingärten die entsprechenden deutschen Vorschriften: Kleingarten- und Kleinpachtlandordnung vom 31.7.1919 und alle Kleingartenverordnungen aus späteren Jahren.[166] In der Präambel heißt es: »Die Kleingarten- und Kleinlandpachtordnung verfolgt nicht nur ernährungspolitische, sondern vor allem staats-, wehr-, bevölkerungs- und sozialpolitische Zwecke. Sie will der Verstädterung des deutschen Volkes entgegenwirken und gleichzeitig dem Kleingärtner die Möglichkeit bieten, sich ein zusätzliches Einkommen zu erarbeiten.«[167]

Die Größe der Kleingärten wurde auf maximal 625 m^2 festgelegt. Verschärfter Kündigungsschutz war den Nationalsozialisten ein besonderes Anliegen. Allfällige Räumungen durften nur zum Ende der Saison stattfinden. Ersatzland musste in Form eines Dauerpachtkleingartens in diesem Falle zur Verfügung gestellt werden. Vor der Räumung musste eine Entschädigung gezahlt werden.

Am 27.9.1939 wurde eine Kündigungsschutzverordnung erlassen, welche die Kündigung von Kleingärten (von Belangen der Reichsverteidigung abgesehen) generell untersagte. Diese Verordnung wurde 1944 erneuert mit der Erweiterung, dass befristete Pachtverträge nur auf unbestimmte Zeit verlängert werden durften.[168]

Als großes Ereignis wurde der vierte Reichskleingärtnertag gefeiert, der vom 28. Juni bis 2. Juli 1939 in Wien stattfand. Im Wiener Stadion hielt man eine Großkundgebung ab. Reichsarbeitsminister Franz Seldte (1882–1947) hielt die Hauptrede, in der er die

163. Ostmärkischer Kleingärtner November 1942, S. 163; er schrieb regelmäßig unter F. Schmied in der Zeitschrift und bekam das goldene Verdienstzeichen des Landesbundes.
164. Vgl. Kleingärtner September 1938, S. 1
165. Ostmärkischer Kleingärtner Oktober 1938, S. 1
166. RGBl. I Seite 321, Gültigkeit ab 28. Februar 1939; vgl. Ostmärkischer Kleingärtner April 1939, S. 98 und alle Verordnungen im Detail, S. 99
167. Ostmärkischer Kleingärtner September 1939, S. 1
168. Die Verordnung ist vollständig abgedruckt im Ostmärkischen Kleingärtner November 1939, S. 338

gesundheitspolitische und ernährungspolitische Bedeutung der Kleingärten hervorhob.[169] In der Sonderausgabe Juli 1939 schrieben vom Gauleiter abwärts alle zu diesem Zeitpunkt relevanten Funktionäre.

Abb. 31: 4. Reichskleingärtnertag in Wien (1939)

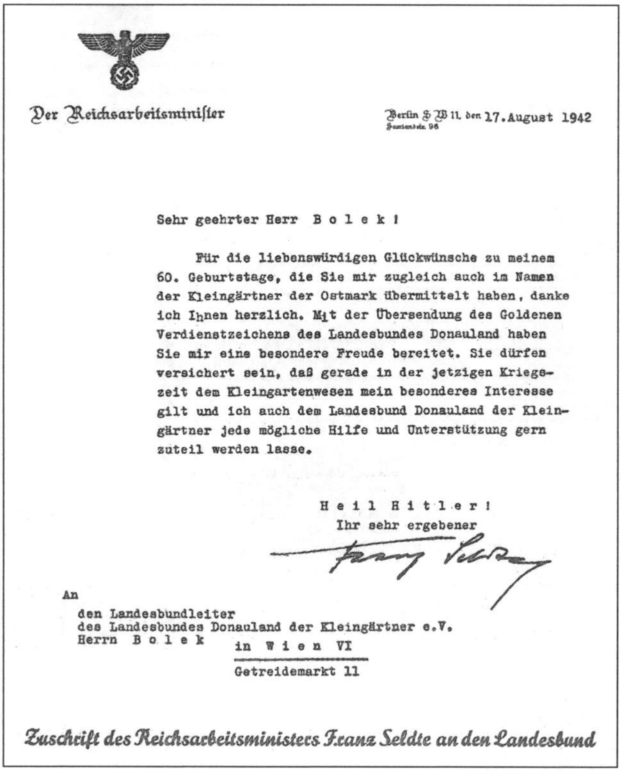

Der Reichsarbeitsminister

Berlin SW 11, den 17.August 1942

Sehr geehrter Herr B o l e k !

Für die liebenswürdigen Glückwünsche zu meinem 60. Geburtstage, die Sie mir zugleich auch im Namen der Kleingärtner der Ostmark übermittelt haben, danke ich Ihnen herzlich. Mit der Übersendung des Goldenen Verdienstzeichens des Landesbundes Donauland haben Sie mir eine besondere Freude bereitet. Sie dürfen versichert sein, daß gerade in der jetzigen Kriegszeit dem Kleingartenwesen mein besonderes Interesse gilt und ich auch dem Landesbund Donauland der Kleingärtner jede mögliche Hilfe und Unterstützung gern zuteil werden lasse.

H e i l H i t l e r !
Ihr sehr ergebener

An
den Landesbundleiter
des Landesbundes Donauland der Kleingärtner e.V.
Herrn B o l e k
in W i e n VI
Getreidemarkt 11

Zuschrift des Reichsarbeitsministers Franz Seldte an den Landesbund

Abb. 32: Dankschreiben von Reichsarbeitsminister Franz Seldte

Nachdem mittlerweile auch für das »angeschlossene« Österreich die Nürnberger Rassengesetze galten, wurden mit Erlass des Reichsarbeitsministers vom 8. Dezember 1938 alle jüdischen KleingärtnerInnen gekündigt. Auch erbkranke Personen waren von diesem Erlass betroffen.[170]

In der Praxis dürfte es aber da und dort Widerstand gegen die Kündigung jüdischer KleingärtnerInnen gegeben haben. Einem Aufruf der Vereinsleitung des Kleingartenvereins Windmühlhöhe in Währing entnimmt man: »Letzte Warnung! Es gibt noch immer Kameradinnen und Kameraden, die die neue Zeit nicht begreifen wollen und meine Verfügung, daß den Juden der Zutritt in unsere Gärten restlos verboten ist, kritikastern. Ich mache ausdrücklich darauf aufmerksam, daß ich in Zukunft die Betreffenden zur Verantwortung ziehen werde. (...) Sollte bei den periodischen Revisionen ein jüdischer Besucher wahrgenommen werden, wird der betreffende Parzelleninhaber aus dem Verein ausgeschlossen und verpflichtet, seine Parzelle – ohne Ablöse – sofort zu räumen.«[171]

Der Verein Windmühlhöhe gehörte damals zu Währing, wo Otto Julius Morgeneyer im Auftrag der NSDAP mit der fachlichen Führung der Verbandsagenden in diesem

169. Die Rede ist abgedruckt im Ostmärkischen Kleingärtner August 1939, S. 1
170. Abgedruckt z. B. in: 85 Jahre Kleingartenverein Wasserwiese, S. 47
171. Mitteilungen der Kleingärtner, Siedler und Kleintierzüchter Währings 20.8.1938, S. 3.

Bezirk beauftragt worden war. Vorher war er Bezirksführer der Vaterländischen Front in Währing gewesen. 1938 legte er ein Bekenntnis zum Führer ab: »Die Kleingärtner Währings, sie sind einen bitteren Leidensweg gegangen (...). Gläubigen frohen Herzens leisten wir den Treueeid: dem Führer, dem Vaterland, überzeugt geschützt zu sein nach deutscher Art und deutschem Brauch.«[172]

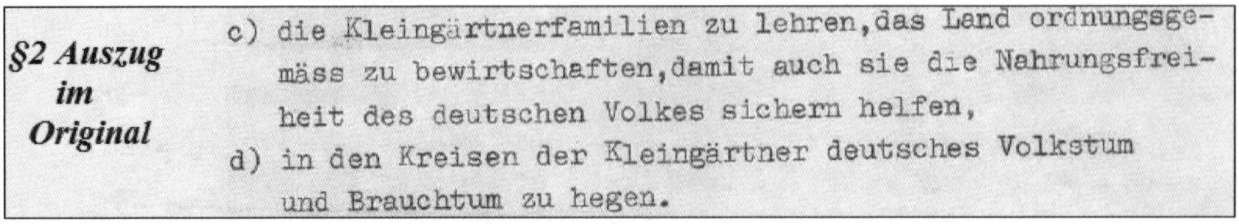

§2 Auszug im Original

c) die Kleingärtnerfamilien zu lehren, das Land ordnungsgemäss zu bewirtschaften, damit auch sie die Nahrungsfreiheit des deutschen Volkes sichern helfen,

d) in den Kreisen der Kleingärtner deutsches Volkstum und Brauchtum zu hegen.

Abb. 33: Satzungsänderung in Vereinen 1938

Die zum Zeitpunkt des Interviews 93-jährige Edith Meindl berichtet vom Widerstand gegen die Nationalsozialisten. Ihr Vater, Obmann im Verein Alt-Klampfelberg, habe einer Jüdin geholfen, ihren Garten behalten zu können.

Die Nationalsozialisten verknüpften die Kleingartenfrage mit der »Rassenfrage« und ihrer (rückwärtsgewandten) Agrarideologie. Kleingärten gehören im weiteren Sinn zur Landwirtschaft, und diese sei – wie aller Grundbesitz – vom NS-Staat zu kontrollieren.[173]

Nach der NS-Ideologie waren KleingärtnerInnen Erhalter bäuerlich-deutschen Blutes »Der Kleingarten ist eine Stätte, wo der erbgesunde deutsche Stadtmensch mit dem Boden in Verbindung gebracht wird, wo er sein bäuerliches Denken erhält und somit das städtische Leben mit seinem bäuerlichen Denken beeinflusst (...). Daher ist das Kleingartenwesen im nationalsozialistischen Staate von ungeheurer völkischer Bedeutung.«[174]

Ähnlich argumentierte Magistratsrat Friedrich Schubert vom Siedlungs- und Kleingartenamt der Stadt Wien. Kleingärten wären »ein Schutzbollwerk gegen die zerstörenden Kräfte der großstädtischen Umwelt gegen die drohende Verstädterung des deutschen Volkes (...). Wenn es einmal gelungen sein wird, daß jeder vierte arbeitende Volksgenosse im Besitz eines Kleingartens ist, dann werden die Großstädte nicht mehr die Mühle sein, in der unaufhaltsam kostbarstes Volksgut, das gesunde Blut des erbgesunden starken, bäuerlichen Menschen, zermahlen, verbraucht und vernichtet wird, sondern sie werden in gänzlicher Neugestaltung, zerteilt in geschlossene Bauzonen und bis ins Stadtinnere sich hereinziehende Grünflächen mit Kleingartenanlagen besser imstande sein, die den Großstädten heutzutage drohenden Gefahren zu begegnen als bisher.«[175] Und nicht zu

172. Ebda., 20.3.1938, S. 1
173. David Schoenbaum, Die braune Revolution. Eine Sozialgeschichte des Dritten Reichs, Köln 1968, S. 205 ff.
174. Hermann Steinhaus, Grundsätzliche Kleingartenfragen, Berlin 1938, S. 24; der deutsche Diplomlandwirt Steinhaus schrieb auch regelmäßig im »Ostmärkischen Kleingärtner«.
175. Das Kleingartenwesen in Wien. Denkschrift, S. 18

vergessen wäre die Rolle der KleingärtnerInnen »im Kampf um die Nahrungsfreiheit des deutschen Volkes.«[176]

Die Nationalsozialisten förderten die Errichtung von neuen Kleingärten durch zinsenlose Darlehen, weil sie wehrpolitische Vorteile sahen: »Da außerdem Kleingartenanlagen im Weichbild der Stadt bessere Entlüftungsmöglichkeiten und dadurch einen stärkeren Schutz gegen Luftangriffe bilden, sowie die Versorgung eines Teiles der Bevölkerung mit Nahrungsmitteln sichern helfen, wenn die Zufuhr vorübergehend gefährdet sein sollte, ist die Förderung des Kleingartenwesens von großer wehrpolitischer Bedeutung.«[177]

Diese Nummer ist 16 Seiten stark.
OSTMÄRKISCHER
Kleingärtner
Mitteilungsblatt des Landesbundes Donauland, Südmark u. Alpenland der Kleingärtner e. V.
im Reichsbund Deutscher Kleingärtner e. V.
Bezugspreis ganzjährig RM. 1.20
Einzelnummer . . . . . RM. –.15
Folge 7 • Juli 1942
22. Jahrgang
Erscheinungsort: Wien VI./56, Getreidemarkt 11, Fernsprecher B 23 4 74
Aufgaben und Pflichten der Kleingärtnerfrau

Abb. 34: Ostmärkischer Kleingärtner Juli 1942

Neben gesundheitlichen, wehrpolitischen und wirtschaftlichen Aspekten wiesen die Nationalsozialisten auf die ernährungspolitische Bedeutung des Kleingartens hin: »Aus der Tatsache, daß Deutschland bestrebt sein muß, sich so weit wie möglich aus der eigenen Erde zu versorgen und damit wirtschaftlich wie auch politisch freier und unabhängiger vom Ausland zu werden, erwächst die unbedingte Notwendigkeit, das deutsche Kleingartenwesen nachhaltig zu fördern.«[178] Angekündigt wurde die Schaffung von 50.000 neuen Kleingärten.[179]

Siegesparolen (»Der Krieg im Westen ist beendet«)[180] und später Durchhalteparolen und »Heldengedenken« ziehen sich wie ein roter Faden durch das Verbandsblatt. Eine Serie »Kleingarten in der Erzeugungsschlacht«[181] wechselt mit Siegesmeldungen wie »Jetzt erst recht! – Unser der Sieg!«[182] oder Parolen wie »Der Kleingarten – das Bollwerk der Heimat«[183] ab. Mit Fortdauer des Krieges erschienen Nachrichten von gefallenen Kleingärtnern.

Gegen Ende des Krieges ist von »feindlichen Terrorfliegern«, die auch die Kleingärten nicht verschonen, oder auch von Terrorbanden, denen man sich nicht beuge, die Rede.[184]

176. Ebda., S. 14
177. Steinhaus, Grundsätzliche Kleingartenfragen, S. 40
178. Ebda., S. 25
179. Vgl. Ostmärkischer Kleingärtner Dezember 1939, S. 1 und April 1940, S. 78
180. Ostmärkischer Kleingärtner Juli 1940, S. 1 (»Dankbar blickt das 80-Millionen-Volk zu seinem Führer auf, und heißer Dank strömt aus unserem Herzen für die siegreiche Armee, die unsere Heimat vor Vernichtung, Elend und Verzweiflung schützte.«)
181. Beginnend Ostmärkischer Kleingärtner Jänner 1940, S. 2; ähnlich auch der Leitartikel »Die Front des Spatens« im Ostmärkischen Kleingärtner Oktober 1939, S. 1
182. Ostmärkischer Kleingärtner Mai 1940, S. 58
183. Ostmärkischer Kleingärtner August 1940, S. 174
184. Ostmärkischer Kleingärtner August 1944, S. 1 und Oktober 1944, S. 1

Das missglückte Attentat vom 20. Juli 1944 auf Adolf Hitler wurde als »feiger und heimtückischer Mordanschlag« bezeichnet, und: »Aus übervollen Herzen beglückwünschen auch die deutschen Kleingärtner den Führer zu seiner Rettung aus Todesgefahr.«[185]

Wie auch schon im Ersten Weltkrieg rückte die Versorgungsfrage mit Fortdauer des Krieges immer mehr in den Vordergrund. Geändert hatte sich nur die Terminologie. Statt von Kriegsgemüsegärten wie im Ersten Weltkrieg sprach man nun von Grabeland (Grabelandparzellen) oder Ernteland.

Anders als im Ersten Weltkrieg kam der Krieg in die Stadt. Ausgebombte KleingärtnerInnen bauten ihre Gartenhütten mit Bewilligung und Förderung öffentlicher Stellen zu ganzjährig bewohnbaren Häusern aus. Freilich wurden viele Gärten neuerlich ausgebombt. Kleingärten waren aber mitunter auch Zufluchtsort für politisch Verfolgte.

Eine besondere Rolle war den Kleingärtnerinnen zugedacht: »Unsere Kleingärtnerfrauen helfen mit zum Sieg.«[186] An der ersten Tagung der neu eingeführten Frauenfachberaterinnen nahmen 200 Frauen teil.[187] Aufgabe von Frauenfachberaterinnen war es, jeder Hausfrau beizustehen, »damit jedes Mißlingen beim Kochherd ausgeschlossen bleibt und jeder Nachteil, der durch unsachgemäße Behandlung unserer Erntevorräte entstehen kann, vermieden wird«. Frauenfachberaterinnen erhielten Schulungen und besuchten Kleingärtnerinnen, um »den Sieg der inneren Front zu sichern«.[188]

185. Ostmärkischer Kleingärtner August 1944, S. 1
186. Ostmärkischer Kleingärtner August 1941, S. 194
187. Ostmärkischer Kleingärtner Juni 1940, S. 126
188. Ostmärkischer Kleingärtner Juli 1942, S. 1

Die Zweite Republik (1945 bis zur Gegenwart)

Rechtslage in der Nachkriegszeit

Im Kleingärtnerverband (Landesbund Donauland) wurde ein öffentlicher Verwalter eingesetzt, ehe sich am 3. November 1946 der »Österreichische Verband der Kleingärtner, Siedler und Kleintierzüchter« konstituieren konnte. Sitz des Verbandes war der Getreidemarkt 11 in Wien-Mariahilf.[189] Zum öffentlichen Verwalter wurde Karl Hofbauer bestellt.

Ende 1945 stellten die Wiener Kleingärtner in einer Obmännerkonferenz Forderungen an den Wiener Gemeinderat (Landtag) und den Nationalrat: Freimachung von größeren städtischen Grundflächen für Dauerkleingärten und ein Zwangspachtgesetz, um auch private Grundstücke kleingärtnerischem Nutzen zuführen zu können. Eine alte Forderung aus der Ersten Republik, nämlich die Heranziehung des Wald- und Wiesengürtels für neue Kleingartenanlagen, tauchte wieder auf. Vom Nationalrat verlangte man ein Bundeskleingartengesetz.[190]

Auf Grund der Wohnungsnot der Nachkriegszeit und dem Ernährungsproblem wurde, wie schon in der Ersten Republik, an ein »Enteignungsgesetz« gedacht. Der Gemeinde sollte ein Vorkaufsrecht auf zum Verkauf stehenden Grund und Boden eingeräumt werden. Um Boden beweglich zu machen, wurde auch eine Bodenwertabgabe diskutiert.[191]

Im Mai 1946 wurden Vereins-Schiedskommissionen zur Kündigung von »Nazigärten« im Sinne des § 17 Verbotsgesetz (Staatsgesetzblatt 13/1945) eingerichtet. Der »nazistische Geist, von dem unsere Vereine während des Hitler-Regimes politisch beherrscht wurden«, sollte zum Verschwinden gebracht werden: »Dabei kommt es uns nicht auf den kleinen, einfachen Mitläufer an, der aus Angst oder unter Zwang ein unverdautes Programm nachplärrte, sondern auf jene Kreise, die oft nicht einmal der NSDAP angehörten, aber viel schlimmer und gefährlicher den imperialistischen nazistischen Geist, den autoritären Geist einer Sonderklasse, vertreten haben.«[192] Schließlich sei auch das Zusammenleben in Kleingartenanlagen mit Ex-Nazis noch unerträglicher als in Mietshäusern, da man in Kleingärten mit den Nachbarn häufiger in Kontakt kommt.

§ 17 Verbotsgesetz löste Pachtverträge mit ehemaligen Nationalsozialisten (»Registrierungspflichtige«) auf. Gartengeräte und Mobiliar durften nicht mitgenommen

189. Die Adresse Getreidemarkt 11 war seit 1939 Sitz des Landesverbandes Donauland gewesen. An die Adresse Moeringgasse 7 war der Siedlerverband gezogen. 1954 wurde das Haus abgerissen.
190. Die Scholle 1.12.1945, S. 9
191. Die Scholle 3.1.1948, S. 6
192. Die Scholle 1.2.1946, S. 19

werden. Die betroffenen Personen erhielten einen Teil des Schätzwertes vergütet, der Rest ging an den Wiedergutmachungsfonds. Eigentumsgrundstücke innerhalb einer geschlossenen Kleingartenanlage mussten für zehn Jahre anderen KleingärtnerInnen zur Pacht überlassen werden.[193]

In der Praxis führte dies zu Problemen, weil manche Parzellen nach 1938 von Unbefugten illegal in Besitz genommen wurden, und diese mussten erst wieder zum Ausziehen bewogen werden. Es kam auch vor, dass »Nazigärten« devastiert waren; zurückgekehrte rechtmäßige Eigentümer ließen sich mitunter die Gärten ablösen, weil sie nicht wieder neu beginnen wollten. Die Folge waren auch Gerichtsverfahren, die sich mitunter über Jahre hinzogen. Der Kleingartenverein Unterer Gaisberg z. B. berichtet von Verfahren, die erst 1958 abgeschlossen werden konnten.[194]

Aus dem KGV Waidäcker ist ein Arisierungsfall bekannt. Nach 1945 kam es zu einer Gartenrückforderung. Der neue Garteninhaber weigerte sich, die Parzelle herauszugeben; der Streitfall endete 1949 vor Gericht. Die Entscheidung, die schlussendlich beide Parteien akzeptierten, war, dass der Garteninhaber seine Parzelle behalten konnte, aber der jüdische Vorpächter einen anderen Garten im Verein erhält sowie eine Entschädigung von 1100 Schilling.[195]

Aus den Sillergärten ist bekannt, dass mehreren Mitgliedern in der NS-Zeit ihre Gärten weggenommen »und dafür an NS-Parteigenossen weitergegeben wurden. Erst nach dem Zweiten Weltkrieg wurden einigen Mitgliedern ihre Gärten wieder zurückgegeben.«[196]

Die rechtlichen Rahmenbedingungen wurden mit dem Rechtsüberleitungsgesetz einstweilen fortgesetzt. Die deutschen Kleingartengesetze galten weiter, soweit sie mit dem österreichischen Recht kompatibel waren. Diese Regelung war unbefriedigend, zumal für Kleingärten auch das ABGB, das Vereinsrecht aus 1867 und noch andere Normen anzuwenden waren. Daher forderte der Zentralverband über Jahre hinweg eine Zusammenfassung der Rechtsmaterien in Form eines Kleingartengesetzes, welches aber erst im Jahr 1959 verwirklicht werden sollte.[197] Als »Verhinderer« eines Kleingartengesetzes galt die ÖVP.[198]

1957 wurde das NS-Problem mit dem Amnestiegesetz (»Schwerbelastetenamnestie« BGBl. 82/1957) endgültig geregelt. De facto gab es – gesetzlich gesehen – keine ehemaligen Nationalsozialisten mehr. Für die Kleingärten existierte ein eigener Artikel IV, welcher

193. Vgl. Die Scholle 1.3.1947, S. 6
194. Festschrift 80 Jahre Kleingartenverein Unterer Gaisberg, Wien 2013, S. 19
195. Ferry Kovarik: 100 Jahre Kleingartenverein Waidäcker. 1917–2017, Wien 2017, S. 22
196. Festschrift 90 Jahre Kleingartenverein Sillergärten. Ein Kleingartenverein im Wandel der Zeit (1917–2007), Wien 2007, S. 10 (an anderer Stelle ist konkret von 14 Gärten die Rede).
197. Z. B. bereits im Kleingärtner 1.6.1948, S. 2, oder 1.8.1950, S. 1 (»Erste und oberste Aufgabe, die zu lösen uns gestellt ist, ist es, die Gesetzwerdung eines österreichischen Kleingartengesetzes herbeizuführen.«)
198. Kleingärtner 1.1.1953, S. 2

die Pachtverhältnisse neu regelte. Das Regelwerk war komplex und wurde ausführlich in der Verbandszeitschrift erläutert.

Pachtverträge, die auf Grund des NS-Gesetzes (BGBl. 25/1947) aufgelöst worden waren, mussten auf Verlangen des damaligen Pächters neu abgeschlossen werden, sofern »a) der gegenwärtige Pächter den Pachtvertrag nach Auflösung des vorangegangenen Pachtvertrages entweder als erster Nachfolger oder nach dem 1. November 1953 abgeschlossen hat, b) der damalige Pächter nicht nach dem 1. November 1953 auf alle Ansprüche aus einem früheren Pachtvertrag verzichtet hat, c) nicht ein früherer Pächter dieses Grundstückes während der deutschen Besetzung Österreichs aus einem der im § 1 des Gesetzes vom 10. Mai 1945, StGBl. Nr. 10, über die Erfassung arisierter und anderer im Zusammenhang mit der nationalsozialistischen Machtübernahme entzogenen Vermögenschaften genannten Gründe auf die dort angegebene Weise an der Ausübung dieses Pachtrechtes behindert worden ist.«[199]

§ 18 des Gesetzes bestimmte, dass Pachtverträge, welche auf Grund des NS-Gesetzes 1947 abgeschlossen wurden, mit 31. Oktober 1957 erloschen. § 19 bestimmte, dass Pachtverträge, welche auf Grund des Verbotsgesetzes mit 27. April 1945 aufgelöst worden waren, auf Verlangen des damaligen Pächters wieder rückzustellen sind.

Anders herum: Arisierte Gärten mussten vom Pächter nicht zurückgestellt werden, wobei es keinen Unterschied machte, ob der damalige Pächter (der Nationalsozialist) der unmittelbare Nachfolger des rassisch oder politisch Verfolgten war oder nicht. Offen blieb allerdings, ob und wann der Wert des Gartens ersetzt werden musste.

Allfällige Vergleiche, die vor dem 1. November 1953 geschlossen wurden, mussten rückabgewickelt werden. Die damaligen PächterInnen oder ihre Erben erhielten ihren Garten zurück. Bereits bezahlte Entschädigungen mussten rückerstattet werden. Beträge, die vor Inkrafttreten des Währungsschutzgesetzes 1947 bezahlt wurden, wurden mit 25 Prozent abgewertet. Das Gesetz räumte dem neuen alten Pächter zur Sicherheit auch ein Klagerecht auf Räumung der Parzelle ein.

Ungeregelt blieb die Frage, was mit Investitionen, welche die alten PächterInnen getätigt hatten, passiert: »Daß gerade in diesem wichtigen Punkt die gesetzliche Regelung so dürftig geblieben ist, ist bedauerlich, dies um so mehr, als die Bestimmungen des Allgemeinen Bürgerlichen Gesetzbuches über den Ersatz des an einer fremden Sache gemachten Aufwandes nicht sehr klar und übersichtlich sind.« [200] Der Zentralverband empfahl daher, auftretende Streitigkeiten durch gegenseitiges Nachgeben zu bereinigen, denn Prozesse kosten viel Geld. Und Prozesse um den Ersatz eines gemachten Aufwandes wären eine Angelegenheit der Beweise, die nicht immer leicht zu führen wären.

199. Gesetzestext, RIS, Zugriff 23.6.2017
200. Kleingärtner April 1957, S. 2 f. (auch die folgenden Zitate)

Mit der Abwicklung wurden Zentralverband und Vereine beauftragt: »Dem Verband (beziehungsweise dem Verein, wo dieser selbst Generalpächter ist) werden damit wichtige und schwerwiegende Entscheidungen anvertraut. Er muß, was sonst Behörden tun müssen, selbständig und unparteiisch prüfen, ob die Voraussetzungen für die Rückgabe der Kleingärten vorliegen oder nicht.« Im Falle einer Rückgabe des Gartens musste der Zentralverband neue Pachtverträge ausstellen, die frühestens mit 1. November 1957 wirksam wurden.

Der Kleingarten als Nahversorger

Die Kleingärten waren – wie auch im Krieg – weiterhin für die Nahrungsmittelversorgung wichtig: »In Zeiten wirtschaftlicher Not ist und wird der Kleingarten die Rettung für viele Tausende, die sich durch die Tätigkeit der eigenen Hände ein Maximum an Existenzmöglichkeit durch Gartenbau und Kleintierzucht schaffen.«[201] Kleintierhaltung war ebenso üblich wie Kleintierausstellungen. Nicht vergessen darf man aber, dass kriegsbedingt 1945 ein Großteil der Obstbäume und Beerensträucher in den Kleingärten vernichtet war und auch die Kleintierzucht großen Schaden erlitten hatte.

Abb. 35: Obstablieferung (Sagedergasse 1955)

Laufend hob das Verbandsorgan die volkswirtschaftliche Bedeutung der Kleintierzucht hervor. Eine Kleintiersektion mit den Untergruppen Geflügelzucht, Kaninchenzucht und Ziegenzucht wurde im Verband eingerichtet, und im Verbandsorgan gab es eine ständige Rubrik »Kleintierzucht«.[202] In den Anfangsjahren wurde der Kleintierzüchterverein des KGV Wasserwiese im zweiten Bezirk ob seiner Leistungen häufig gelobt.[203] Um 1949 gehörten 3500 Mitglieder der Sparte Kleintierzucht an.[204]

1948 spendete die protestantische Church oft the Bethren (USA) 96 Zuchtziegen und vier Böcke. Die trächtigen Ziegen stammten aus der Schweiz und hatten einen Wert von damals 200.000 Schweizer Franken. Jeder, der eine Ziege übernahm, verpflichtete sich, ein Jungtier nach dem ersten Wurf abzugeben, »damit eine größtmögliche Anzahl von

201. Kleingärtner 1.8.1948, S. 1
202. Z. B. Kleingärtner 1. Juni 1948, S. 1 f.
203. Z. B. Die Scholle 15.6.1947, S. 7, oder 28.2.1948, S. 6
204. Kleingärtner 1.12.1949, S. 1

geeigneten Ziegenzüchtern in Wien und der Provinz Gelegenheit haben, zur weiteren Aufzucht der nach allen Weltteilen versandten Schweizer Rassen auch in Österreich beizutragen.«[205] Sozial bedürftige oder kinderreiche KleingärtnerInnen konnten sich für die Überlassung der Ziegen bewerben. In den 1950er-Jahren las man laufend über »Neuigkeiten aus der Kleintierzucht«, etwa Beiträge zur Fellsortierung und Fellverwertung. Ein Thema war immer wieder auch die Angorawolle.[206]

Bürgermeister Theodor Körner gab die Losung aus: »(…) jeder Einzelne kann auf kleinstem Fleckchen eine Ernte erzielen, die wenigstens ihm und seiner Familie eine Zubuße an Gemüse und Kartoffeln liefert. Es bedeutet dies einen Gewinn an Vitaminen, an denen unsere Nahrung seit Jahren besonders arm ist. Die MA 53 Siedlungs- und Kleingartenwesen wird auch heuer wieder Saatkartoffel und Gemüsepflänzchen beschaffen und an die Gartenbesitzer ausgeben. Kein Fleckchen Erde darf in unserer Stadt ungenützt bleiben.«[207]

Trotz dieser vor dem Hintergrund der Nachkriegsnot stehenden Erfordernisse wurde aber nicht darauf vergessen festzuhalten, dass der Kleingarten mehr ist: »Die Kleingartenbewegung ist ein Kulturfaktor, keine reine Wirtschaftssache. (…) Ein Sympathieverband von gleichfühlenden Menschen ist ein Kleingartenverein und kein reiner Zweckverband zur Ergänzung von Nahrungsmitteln.«[208]

Die Entwicklung bis 1960

Im Mai 1948 erschien erstmals die Verbandszeitschrift »Der Kleingärtner«, bis heute Zentralorgan des Dachverbandes, das alle KleingärtnerInnen monatlich erhalten. In den Anfangsjahren war Josef Großschopf (1884–1956), Beamter der MA-69 (Kleingartenwesen) verantwortlicher Redakteur.[209] Für das Jahr 1951 wurde eine Auflage von 50.000 angeführt.[210] In der Anfangszeit war der Umfang auf Grund des allgemeinen Papiermangels in der Nachkriegszeit auf acht Seiten beschränkt. Die Jubiläumsausgabe 1953 (fünf Jahre Verbandsorgan) umfasste bereits 16 Seiten schwarz/weiß.[211] 1967 wurde die Zeitung umgestaltet und mit einem zweifärbigen Titelkopf und besserem Papier versehen.[212] Die letzte grundlegende Umgestaltung stammt aus 1992, neue Layouts datieren aus 1999 bzw. 2019.[213]

205. Die Scholle 31.1.1948, S. 6, oder 27.3.1948, S. 6
206. Beispielsweise Kleingärtner Jänner 1954, S. 5
207. Rathauskorrespondenz 4.3.1946
208. Kleingärtner 1.2.1950, S. 1
209. Vgl. Kleingärtner 1.10.1950, S. 7; nach ihm wurde 1963 der Großschopfplatz in Floridsdorf benannt. Großschopf war auch Gründungsmitglied des KGV Wasserwiese im Prater.
210. Kleingärtner 1.8.1951, S. 2
211. Kleingärtner 1.5.1953, S. 2
212. Kleingärtner Februar 1967, S. 2
213. Kleingärtner Mai 1992, S. 2 (Kommentar von Redakteur Friedrich Hauk zum neuen Layout)

Wie schon nach dem Ersten Weltkrieg so gab es unter den KleingärtnerInnen den Wunsch nach Einführung der Sommerzeit. Die Ablehnung der Wiedereinführung der Sommerzeit im Ministerrat war für die KleingärtnerInnen »eine kalte Dusche«.[214]

Im Wahljahr 1949 stellte die Verbandszeitschrift die zentralen Anliegen der Kleingartenbewegung vor: Kleingartengesetz, Bodenreform, Pächterschutzgesetz.[215] Um mehr Druck auf den Gesetzgeber ausüben und geeinter auftreten zu können, wurde mit den EisenbahnerkleingärtnerInnen, dem Ernteland und dem Siedlerverband eine Arbeitsgemeinschaft gebildet.[216] Über ein neues Kleingartengesetz wurde jahrelang debattiert, ehe es schließlich 1959 in Kraft trat.

Eine längere Diskussion ging um die Frage eines Besatzungskostenbeitrages im Sinne des Besatzungskostendeckungsgesetzes vom 19. Mai 1949. Der Zentralverband sprach beim Finanzminister vor, welcher den Kleingärtnern (und auch Siedlern) die Steuer vorerst stundete: »Dank der Zähigkeit und Beharrlichkeit der Verbandsleitung, verbunden mit einer wirksamen Argumentation, ist es zu diesem Erfolg gekommen, und der Wert einer schlagkräftigen Organisation hat sich neuerlich wieder erwiesen.«[217]

Am 22. November 1950 wurde im Nationalrat das Gesetz dahingehend abgeändert: Gebäude auf fremdem Grund (Superädifikate) mit einem Einheitswert von nicht mehr als 5000 Schilling wurden von der Bemessungsgrundlage – rückwirkend für 1949 und 1950 – befreit. Zukünftig war ein fixer Betrag von 120 Schilling nur noch für Einheitswerte ab 10.000 Schilling zu bezahlen: »Durch das Zusammenwirken der beiden Verbände – Siedlerverband und Kleingärtnerverband – und durch die wertvolle Mithilfe politischer Mandatare ist es uns gelungen, diesen schönen Erfolg zu erringen.«[218]

1950 erschien ein Nachruf auf den verstorbenen Bürgermeister Karl Seitz (1869–1950, Bürgermeister 1923–1934): »Dieser treue Freund aller Kleinwirtschafter ist nicht mehr, und wenn wir alle dankerfüllt heute das Gelöbnis ablegen, stets in seinem Sinne zu arbeiten, dann wird es um die Sache der Kleingärtner in Zukunft nicht schlecht bestellt sein.«[219]

In den 1950er-Jahren liest man in der Verbandszeitschrift, dass viele Kleingartenanlagen elektrifiziert wurden. Was uns heute als selbstverständlich vorkommt, war damals ein laufender Prozess.[220] Die Elektrifizierung von Kleingartenanlagen zog sich bis weit in die 1960er-Jahre hinein.

Mitte der 1950er-Jahre wurde der Wert der Kleingartenanlagen nach wie vor nach der Nutzung eingeschätzt. So zählte man 1953 eine Million Obstgehölze, »welche einen

214. Kleingärtner 1.4.1949, S. 1
215. Kleingärtner 1.1.1949, S. 7
216. Kleingärtner 1.9.1948, S. 1
217. Kleingärtner 1.10.1950, S. 1
218. Kleingärtner 1.12.1950, S. 1
219. Kleingärtner 1.3.1950, S. 2
220. Vgl. z. B. Kleingärtner 1.4.1951, S. 2

geschätzten Ertrag von rund 16,000.000 Kilogramm Obst ergaben, das heißt mit anderen Worten, daß zum Beispiel 34.000 Wiener Kleingärtner, mit ihren Familien mehr als 100.000 Menschen, vom Obstmarkt unabhängig sind.«[221]

Als dringliche Aufgabe des Zentralverbandes und der angeschlossenen Landesverbände wurde die Schaffung neuer Grünflächen für kleingärtnerische Nutzung angesehen sowie neue generelle langfristige Pachtverträge.[222] Zu den Nationalratswahlen am 22. Februar 1953 gab der Zentralverband eine versteckte Wahlempfehlung für die SPÖ ab.[223] Anlässlich 35 Jahre Zentralverband gab es vom 26.9. bis 4.10.1953 in der Volkshalle des Wiener Rathauses eine große Jubiläumsausstellung zu bestaunen.[224]

Abb. 36: Jubiläumsausstellung 1953 im Rathaus

Die Hochwasserkatastrophe von 1954 – weite Teile Wiens waren überschwemmt, der Pegelstand bei der Reichsbrücke betrug über 8 m – betraf 4275 Kleingartenparzellen auf einer Fläche von 1,478.910 m².[225] An einer Spendenaktion für die Betroffenen beteiligten sich alle Wiener Kleingartenvereine. Unter »Bittere Stunde!« fand sich im September 1954 ein ausführlicher Bericht in der Verbandszeitschrift.[226]

Mitte der 1950er-Jahre tauchte die Idee eines Selbsthilfefonds auf. Alle Vereinsmitglieder, aber auch die Vereine selbst, sollten jährlich einen geringen Beitrag in einen Fond einzahlen, aus dem die Vereine mit geringem Zinssatz Mittel für Investitionen tätigen oder auch Pachtgründe ankaufen konnten. Und: »Darüber hinaus könnten eventuell, falls mehr Leihgelder, als für einen Mindestgrundstock erforderlich sind, einfließen sollten, Kreditmittel auch zum Erwerb eines länger bestehenden Kleingartens mit höherem Ablösewert bereitgestellt werden, wodurch ein langjähriger Herzenswunsch des Zentralverbandes erfüllt werden würde!«[227]

Abb. 37: Illustration zum Selbsthilfefonds

221. Kleingärtner Juli 1955, S. 4
222. Kleingärtner 1.8.1951 S. 2
223. Kleingärtner 1.2.1953, S. 1. Aus diesem Grund wurde dem Verband auch Parteilichkeit vorgeworfen, vgl. Kleingärtner 1.3.1953, S. 2
224. Bericht im Kleingärtner 1.11.1953, S. 1
225. Zentralverband der Kleingärtner, Festschrift, S. 59
226. Kleingärtner September 1954, S. 1
227. Kleingärtner April 1958, S. 2

Hintergrund war der Kampf vieler Kleingartenanlagen gegen laufende Absiedlungen. Der Fonds wurde 1957 verwirklicht.

Abb. 38: Tag der Blume 1957

Jährlich im Juni wurde der »Tag der Blume« und der »Tag des Gartens« (in allen Bundesländern) gefeiert.[228] In den Vereinen hielt man ein Fest ab, und die schönsten Gärten wurden prämiert. Traditionell brachte an diesem Tag eine Abordnung von KleingärtnerInnen Blumen zum Bundespräsidenten.[229] Diese Tradition wurde bis weit in die 2000er-Jahre fortgeführt.

In diesem Jahr fanden auch Bundespräsidentenwahlen statt. Der Zentralverband gab eine Wahlempfehlung für Adolf Schärf, selbst Kleingärtner, ab,[230] und zu seinem 70. Geburtstag erschien 1960 eine ausführliche Würdigung im Verbandsblatt.[231] Auch 1963 unterstützte der Zentralverband die Wiederwahl des Bundespräsidenten.[232]

Als nach dem Ableben von Schärf der Wiener Bürgermeister Franz Jonas zur Bundespräsidentenwahl kandidierte, hieß es unter »Wieder ein Kleingärtner ...«: »So glauben wir uns im Recht, wenn wir alle unsere Mitglieder, Freunde und Leser einladen, dem Kleingärtner Franz Jonas, Bürgermeister der Stadt Wien, anläßlich der Bundespräsidentenwahl ihre Stimme geben zu wollen.«[233]

Die 1960er- und 1970er-Jahre

Die Motorisierung Anfang der 1960er-Jahre machte vor den KleingärtnerInnen nicht halt; Debatten über das Einstellen von Kraftfahrzeugen in Kleingartenanlagen begannen. Entsprechende gesetzliche Regelungen gibt es seit 1958. Obwohl das Einstellen von Autos (Ausnahme: Behindertenfahrzeuge) in Kleingartenparzellen verboten war (und ist), wurden da und dort eifrig Autos illegal in den Parzellen geparkt. Der Zentralverband sah sich genötigt, in einem Grundsatzartikel auf die Problematik aufmerksam zu machen: »Das Garagieren von Motorfahrzeugen aller Art innerhalb von Kleingartenanlagen ist

228. Z. B. Kleingärtner Juni 1954, S. 1, Juni 1955, S. 1 usw.
229. Vgl. Kleingärtner Februar 1957, S. 2
230. Vgl. Zentralverband der Kleingärtner, Festschrift, S. 61, sowie Kleingärtner Mai 1957, S. 2
231. Kleingärtner Jänner 1960, S. 7
232. Kleingärtner April 1963, S. 1
233. Kleingärtner Mai 1965, S. 2; anlässlich seines Todes 1974 erschien im Kleingärtner eine große Traueranzeige, vgl. Kleingärtner Juni 1974, S. 3

grundsätzlich nicht gestattet. Motorfahrzeuge sind auf den vorgesehenen Park- beziehungsweise Abstellplätzen abzustellen.«[234]

Der Verbandstag 1960 sah die sozialen und ethischen Ziele der Kleingartenbewegung auf Grund fehlender Stadt- und Landesplanung in Gefahr und beschloss ein Memorandum, in dem ein Bodenbeschaffungsgesetz gefordert wurde und weiters gesetzliche Grundlagen, damit ungenützte land- und forstwirtschaftliche Flächen zum Zweck kleingärtnerischer Nutzung gepachtet werden können.[235]

Stadtplaner und Architekt Roland Rainer forderte 1961 »Kleingartenparks«, also öffentliche Parks, in denen auch Kleingärten quasi eingestreut sind.[236] Dieser Forderung schloss sich der Zentralverband in seinem Memorandum von 1960 an und berichtete ausführlich im Verbandsblatt. Vorbild war ein Kleingartenpark in Dortmund (»Am Segen«), der anlässlich der deutschen Bundesgartenschau geschaffen wurde, zu der eine große Delegation des Zentralverbandes gereist war.[237]

Unter Kleingartenparks verstand man kleinere Gruppen von Parzellen (20-30), die in einem öffentlichen Erholungsgebiet liegen und für die Allgemeinheit zugänglich sein sollten: »Man muß den Eindruck haben, als Spaziergänger durch eine schön angelegte Grünanlage zu gehen. Den Sicherheitsbedürfnissen dieser Gruppe ist durch eine das Landschaftsbild nicht störende Umzäunung mit Toren, die nachts geschlossen werden, Rechnung zu tragen.«[238] Eine Idee, die sich nicht durchsetzte.

Mit dem Einsetzen der Hochkonjunktur in den 1960er-Jahren tritt der Aspekt der Nahrungsmittelversorgung der Kleingärten für die Bevölkerung endgültig in den Hintergrund.

Der Zentralverband beklagte mangelnde Solidarität und Gemeinschaftsgefühl unter den Mitgliedern. In vielen Vereinen seien die Funktionäre und Funktionärinnen altersmäßig weit fortgeschritten, könnten ihre Funktion jedoch mangels Nachfolge nicht übergeben: »Die Menschen sind zu Materialisten geworden, sie haben nicht viel Interesse an der Gemeinschaft, wenn sie überhaupt eines haben. Und dies ist der wichtigste Grund der mangelnden Bereitschaft zur Zusammenarbeit in den Vereinen.« Die Arbeit in den Vereinen werde von den Mitgliedern als selbstverständlich vorausgesetzt, aber nicht anerkannt: »Wenn dann noch Mitglieder in dem Verein sind, denen es nicht darum geht, den Notwendigkeiten einer Gemeinschaft nachzukommen, nur ihre persönlichen Wünsche erfüllt sehen wollen und bei jeder Gelegenheit der Vereinsleitung Schwierigkeiten bereiten, ist es kein Wunder, daß Funktionäre mißmutig werden und jeder, der

234. Kleingärtner Jänner 1972, S. 2
235. Kleingärtner August 1960, S. 2, sowie September 1961, S. 1 (»Städtebauliches Grundkonzept für Wien«)
236. Swoboda/Lattinger, Die große Welt der Wiener Kleingärten, S. 30, sowie Kleingärtner Februar 1963, S. 1
237. Kleingärtner Mai 1959, S. 4
238. Kleingärtner Februar 1967, S. 3; ähnlich auch Kleingärtner Jänner 1968, S. 2

für eine Funktion geeignet wäre, sich hütet, eine solche anzunehmen.«[239] Angesichts des Funktionärsmangels in manchen Vereinen ist dieser Befund nach wie vor aktuell.

Auf der Wiener Internationalen Gartenschau 1964 im Donaupark nahm der Zentralverband teil. Die WIG 64 zählte über zwei Millionen BesucherInnen.[240] Die Berichterstattung über dieses – aus kleingärtnerischer Sicht – zentrale Ereignis des Jahres 1964 zog sich als roter Faden durch das ganze Jahr; eingesetzt hatte sie schon im Juli 1963 (»Die größte Gartenschau Europas in der Musikstadt Wien«).

Die Einführung einer Grundsteuer für verbaute Grundflächen belastete die KleingärtnerInnen erheblich. In der Verbandszeitschrift wurde kritisiert, »daß man leichter den kleinen Mann zu einer ihn schwer belastenden Steuerleistung verurteilt, als diejenigen, welche aus der Bodenspekulation Millionengewinne erzielen, zu einer entsprechenden Abgabe ihres Übergewinnes zu veranlassen«.[241]

1966 fand in der Volkshalle des Wiener Rathauses nach 13 Jahren wieder eine große Ausstellung über Kleingärten unter dem Motto »Garten – Stätte unserer Gesundheit« statt. Im Zusammenspiel mit dem Siedlerverband und der Österreichischen Gartenbaugesellschaft hielt der Zentralverband eine Leistungsschau ab. Auch die Kleintierzucht war nach wie vor ein Bestandteil der Ausstellung.[242] Mit 90.000 Besuchern war sie ein großer Erfolg.

Zum Jahresausklang 1966 beklagte der Zentralverband die Neufestsetzung der Einheitswerte: »Bis zum 50fachen wurden die Einheitswerte erhöht und haben bei manchen Grundstücken eine Höhe erreicht, die fraglich erscheinen läßt, ob die Bewirtschaftung der Gartenparzelle weiterhin überhaupt noch möglich ist.«[243]

Mit Auslaufen des Selbsthilfefonds wurde dieser in Form eines Solidaritätsfonds weitergeführt: »Durch die Schaffung dieses Solidaritätsfonds wird es weiterhin möglich sein, auch nach dem Erlöschen des Selbsthilfefonds im gleichen Maße wie bisher die notwendigen Mittel zu größeren Vereinsvorhaben bereitzustellen.«[244] Der Beitrag zum Fonds pro KleingärtnerIn betrug jährlich drei Schilling.

1968 waren im Landesverband Wien 270 Anlagen mit einer Fläche von 5, 824.000 m^2 zusammengefasst.[245] Der damalige Wiener Planungsstadtrat Ing. Fritz Hofmann (1928–2018), der selbst in einem Kleingarten aufgewachsen war, betonte 1970 die Bedeutung der Kleingärten für Wien. Gemeinsam mit Dipl.-Ing. Alfred Hintschig als für das Liegenschaftswesen der Gemeinde Wien verantwortlicher Stadtrat entwickelte er ein Kleingartenkonzept für die 1970er-Jahre: Der Kleingartenbewegung sollte ein ihr gebührender

239. Kleingärtner Juni 1961, S. 1
240. Kleingärtner November 1964, S. 3
241. Kleingärtner Mai 1966, S. 1
242. Kleingärtner Juni 1966, S. 1, und Oktober 1966, S. 1
243. Kleingärtner Dezember 1966, S. 2
244. Kleingärtner Dezember 1962, S. 2
245. Zentralverband der Kleingärtner, Festschrift, S. 68

Platz im Stadtgebiet gesichert werden »und wo dies nicht der Fall sein kann, (seien) Kleingartenanlagen als Zwischennutzung anzulegen, wobei in den letztgenannten Gebieten nur Lauben mit maximal 16 Quadratmeter errichtet werden dürfen.«[246]

Vor allem in den Bezirken 10, 22 und 23 sollten neue Flächen für Kleingärten geschaffen werden. Aus diesem Konzept heraus entstanden die Musteranlagen »Löwygrube« in Favoriten und »Lannesstraße« in der Donaustadt. Manko des Konzepts war der fehlende Blick auf die Sanierung bestehender Anlagen.[247]

1971 trat die bis dahin im »Zentralverband« verankerte ÖBB-Landwirtschaft aus Kostengründen aus dem Verband aus.

In den 1960er- und 1970er-Jahren wurden Kleingärten von der Gemeinde Wien als Baulandreserve betrachtet, und demgemäß fielen viele Kleingärten Bauvorhaben zum Opfer (Wohnbau, Straßenbau, vgl. das entsprechende Kapitel dazu). Der Kleingartenbestand verringerte sich um 27 Prozent.[248] Der »Zentralverband« trat 1960 mit einem Memorandum an die Öffentlichkeit. Gefordert wurden ein Bodenbeschaffungsgesetz, welches auf die Notwendigkeiten der Kleingartenbewegung Bedacht nimmt, die Schaffung gesetzlicher Grundlagen, um land- und forstwirtschaftlich nicht genutzte Flächen in Kleingärten umwandeln zu können, und die Erhaltung eines Kleingartenparks in der Stadt.[249]

Gegen die »Versteinerung der Stadt« machte der Kleingartenverband laufend mobil: »Die Gemeindeverwaltung benötigt die Flächen, um Industrien anzusiedeln, die Steuergelder bringen. Damit hat man sich das fadenscheinige moralische Mäntelchen umgehängt. Das Bauen kann losgehen, die Versteinerung der Stadt nimmt wieder ein Stück zu, und ein Stück Landschaft in

● ● ●

Leider haben wir Ihnen wieder einmal über Räumungen im Wiener Raum zu berichten.

Mitglieder des Vereines „Frohe Zukunft", in Wien 16, müssen der Spitzhacke den Einzug gewähren. Ersatzgründe für die bedauernswerten Kollegen wurden in Ottakring gefunden.

Der Kleingartenverein „Am Sandberg", in Wien 18, wird leider ebenfalls seinen Bestand verlieren. Ersatzgründe sind am Kolbeterberg, in Wien 14, gesichert.

Ebenso sind die Parzellenbesitzer im Verein „Kulturfreunde 16", im 16. Wiener Gemeindebezirk, von der Absiedlung bedroht.

Der „Erste Simmeringer Kleingartenverein" wird nun zum zweiten Mal einer Kündigung entgegensehen. Der Kündigungsgrund: Es soll ein Wohnhaus des „Volkswohnungswerkes" errichtet werden.

Dank den Verhandlungen des Wiener Landesverbandes und des Zentralverbandes ist es möglich, sämtlichen Absiedlern einen Ersatzgrund zu bieten. Möge dies ein kleiner Trost zu solch einem Verlust sein.

Abb. 39: Bericht im »Kleingärtner«

246. Kleingärtner November 1971, S. 2, bzw. Beitrag Ing. Hofmann im Kleingärtner Oktober 1971, S. 2
247. Vgl. 85 Jahre. 1923–2008 Bezirksorganisation der Kleingartenvereine Floridsdorf BO XXI, Wien 2008, S. 13 f.
248. Vgl. Kral, Das Wiener Kleingartenwesen, S. 37, sowie das Kapitel »Verschwundene Kleingärten«
249. Vgl. Stephanie Letzbor-Kalusch, Die Selbstversorgung im heutigen Kleingarten – eine Bestandsaufnahme zum Obst- und Gemüsebau, Wien 2013, S. 19

der Großstadt ist wieder verschwunden.«[250] Auf der Verbandstagung 1972 wurde ein Vertreter der Gemeinde Wien eingeladen, der gegenteilige Zahlen auflistete. Die Zahl der Kleingärten hätte sich vergrößert; allerdings zählte der Gemeindevertreter auch neue Kleingartenlose z. B. in Schwechat hinzu.[251]

Als Gegenstrategie zur laufenden Absiedlung von Kleingärten begann der Zentralverband Grundstücke anzukaufen; 1973 wurde erstmals eine neue Kleingartenanlage aufgeschlossen.

Das Jahr 1974 stand ganz im Zeichen der WIG 74 im Kurpark Oberlaa. Der Zentralverband hatte mit dem Veranstalter, der Österreichischen Gartenbaugesellschaft, eng zusammengearbeitet.[252]

Mit Jahresbeginn 1975 wurde im Verbandsorgan eine regelmäßige Rubrik »Aktuelles für den Kleingärtner« eingerichtet, wo auch aus den Bundesländern berichtet wurde. Insbesondere wurde diese Rubrik auch für Rechtsberatung genutzt: Informationen über neue gesetzliche Regelungen Kleingärten betreffend oder aber auch Erbfälle (Was tun nach dem Tod eines Unterpächters?). Auf Wunsch der Vereine wurde ab 1976 auch regelmäßig über das Thema Kündigungen von Kleingartenparzellen berichtet.[253]

1979 gründete der »Zentralverband« einen »Sozialfonds« zur Unterstützung von in Not geratenen KleingärtnerInnen. Im selben Jahr entstand in Floridsdorf die Kleingartenanlage An der Thayagasse, ein Jahr später wurde der Kleingarten Allissen mit 301 Parzellen errichtet.

Der zunehmende Wohlstand entzündete sich auch an der Frage, ob Fernsehzweitgeräte im Kleingarten bewilligungspflichtig sind. Auf Grund einer Intervention des Zentralverbandes wurde bei vorübergehender Nutzung in den Sommermonaten von einer Bewilligungspflicht und damit entsprechenden Kosten abgesehen.[254]

Trendwende in den 1980er-Jahren

Mit dem Aufkommen der »Grünbewegung« in den 1980er-Jahren fand ein Umdenken in der Bevölkerung statt. Kleingärten wurden als grüne Lungen der Stadt betrachtet und KleingärtnerInnen nicht mehr als schrullige Existenzen angesehen.

In den Kleingärten hielt der biologische Gartenbau Einzug. Biologische Mittel ersetzten Spritzmittel und Kunstdünger, eine entsprechende Artikelserie in der Zeitschrift »Kleingärtner« diente der Aufklärung der eigenen Klientel.[255]

250. Der Präsident des Zentralverbandes, Ing. Hans Spannbauer, im Kleingärtner Februar 1973, S. 2
251. Kleingärtner Juli-August 1972, S. 2
252. Kleingärtner September 1974, S. 2
253. Kleingärtner Jänner 1976, S. 2
254. Kleingärtner Februar 1981, S. 2
255. Kleingärtner April 1987

Ing. Wohatschek bekannte sich auf der Jahresversammlung des Zentralverbandes im Jahr 1990 ebenso zu den ökologischen Werten wie Landesverbandsobmann Wilhelm Janda auf der Jahreshauptversammlung des Landesverbandes Wien.[256] Im *Kleingärtner* erschien eine Serie »Ökologie im Garten«, ausgearbeitet vom Ludwig-Boltzmann-Institut im Auftrag der MA-22.[257] Ein ähnliches Thema war umweltbewusstes Heizen im Kleingarten. Durch die Möglichkeit ganzjährigen Wohnens fand diese Frage in den 1990er-Jahren verstärkt Eingang in die Berichterstattung, aber auch in den Inseratenteil des Verbandsorgans.

Seit 1983 wurden im Zuge der Aktion 2000, auf die noch zu sprechen kommen wird, seit langem wieder neue Flächen für Kleingärten erschlossen. Auf einer Tagung des Wiener Landesverbandes konnte man von Aufschließungen (z. B. Heubergkuppe in Dornbach) berichten.[258]

Der Wandel von der Funktion eines reinen Nutzgartens hin zur Erholungsfunktion entwickelte sich mit dem Kleingartengesetz 1978, welches den Bau von Kleingartenhäusern bis 35 m^2 erlaubte. Vor allem aber in neu aufgeschlossenen Kleingärten konnte man bereits in den späten 1980er-Jahren von einem »reduzierten Wohnen im Grünen« sprechen.[259]

Eine heftige Debatte entzündete sich im Wahlkampf 1987 um das Thema Kleingärten. Die Wiener ÖVP unter Obmann Dr. Erhard Busek und Gemeinderat Hermann Glück verlangten in einer Aussendung die Privatisierung von Kleingärten. Der Zentralverband wies den Privatisierungsvorstoß mittels einer Resolution zurück: »Wogegen wir uns zu verwahren haben, ist der Verkauf von Kleingärten als politischer Gag, bei dem der sozial Schwache unter die Räder kommen muß. Es soll aber auch den politisch Verantwortlichen der Stadt zeigen, daß sie bei diesem Thema auch zukünftig in unseren Reihen keinen Befürworter finden werden.«[260]

Bürgermeister Dr. Helmut Zilk schaltete sich ein und schrieb einen Brief an den Zentralverband, der im Verbandsorgan abgedruckt wurde. Prinzipiell stand der Bürgermeister einem Eigentumserwerb von Kleingärten offen gegenüber, wies jedoch auf die Steuerpflicht hin sowie auf die Baubeschränkungen, die sich auch durch Eigentum nicht verändern, und darauf, dass in Kleingärten auch bei Eigentum kein ganzjähriger Wohnsitz begründet werden kann. Dies sollte sich freilich schon fünf Jahre später ändern.

Aber auch die bei den Wahlen 1987 erstarkte FPÖ sorgte für Aufregung. Der Baumeister und FPÖ-Gemeinderat Walter Prinz aus der Donaustadt monierte 1988 »aufklärungsbedürftige Vorfälle beim Bau einer Kleingartensiedlung in Aspern«. Es ging um den Bau

256. Kleingärtner Juli 1990, S. 10 und 15
257. Kleingärtner September 1994, S. II
258. Kleingärtner Juli-August 1982, S. 3
259. So Zentralverbandspräsident Ing. Wilhelm Wohatschek im Kleingärtner, Juli-August 1989, S. 4
260. Aus der Rede von Verbandspräsident Wohatschek, Kleingärtner Oktober 1987, S. 2 und S. 6 (Resolution)

einer Kanalanlage in der Hausfeldsiedlung, die auf Grund eines fehlenden Straßenkanals nicht möglich war und daher zu Gunsten einer Senkgrubenlösung verworfen wurde.[261]

Im selben Jahr versuchte ÖVP-Gemeinderat Anton Fürst aus der Missachtung von Bauvorschriften (in der Kleingartenanlage Allissen hatten 43 von 301 KleingärtnerInnen die verbaute Fläche von 35 m^2 wesentlich überschritten) politisch Kapital zu schlagen. Um die Bausünden zu sanktionieren, dachte er an eine Umwidmung in eine Gartensiedlung. Dagegen verwehrte sich der Zentralverband, da gleiches Recht für alle gelte. Außerdem bringe eine Umwidmung in eine Gartensiedlung im Falle einer Kündigung erhebliche Nachteile für die KleingärtnerInnen, was im Detail ausgeführt wurde (unter anderem Eigentumserwerb als Pflicht). Aufgabe des Verbandes wäre es, sozial schwache KleingärtnerInnen, die sich Grundeigentum nicht leisten können, vor derartigen Zwängen zu schützen.[262] Pikanterweise stellte sich heraus, dass einer der Bausünder in der Kleingartenanlage Allissen das Mitglied der Bezirkskleingartenkommission, ÖVP-Bezirksrat Josef Antl (Bezirksrat 1978–1991), war.[263]

Ein anderes Kapitel, das die Gemeinde bis in die 1990er-Jahre beschäftigte, waren nicht widmungskonform errichtete Kleingärten: »Ohne Rücksicht auf Besitzverhältnisse oder auf Bauverbote im Grünland wurden viele der Kleingärten in bestehenden Landschaftsschutzgebieten (…) errichtet. Viele Jahrzehnte wurde dieser Zustand auf gemeindeeigenem Boden geduldet.«[264]

Nicht gewidmete Kleingärten wurden im Sinne des Kleingartenkonzepts »saniert«, wie der Terminus hieß, also nachträglich anerkannt. Häufig handelte es sich um seit Jahrzehnten vorhandene Siedlungen, die irgendwann einmal »wild« errichtet wurden. Als Kompromiss wurde die Widmung »Gartensiedlung« geschaffen. Während das Kleingartenkonzept 1988 Zweit- oder Hauptwohnsitze in Kleingärten verhindern wollte, kam nur vier Jahre später mit dem Kleingartengesetz 1992 eine radikale Wende. Die Einführung des ganzjährigen Wohnens und die Möglichkeit des Eigentumserwerbs von Kleingartenparzellen sollten das Kleingartenwesen grundlegend verändern.

Die 1990er-Jahre bis zur Gegenwart

1991 wurde der erste europäische Tag des Gartens mit Seminaren in Wien abgehalten. 1993 findet man im »Kleingärtner« einen Artikelserie »Ökologie im Garten«, initiiert vom damaligen Stadtrat für Umwelt und Sport, Dr. Michael Häupl. Der Europarat sponserte

261. Kleingärtner März 1988, S. 2
262. Details nachlesbar im Kleingärtner Oktober 1988, S. 2
263. Kleingärtner November 1988, S. 8
264. Schindelar, Kleingärten in Wien, S. 16. Die Autorin spricht von einem Anteil von 45 Prozent nicht widmungskonform gegründeter Kleingärten, gibt aber keinen Beleg an.

1996 die Broschüre »Ideale Bewirtschaftungsweise der Kleingärten aus ökologischer Sicht«. Die Broschüre wurde in mehrere Sprachen übersetzt und zu den zehn besten Publikationen im Rahmen des Naturschutzjahres 1996 gekürt.[265]

Laufend gab es in den 1990er-Jahren im Verbandsorgan Beiträge von der BOKU und von Dr. Helmut Pechlaner, 1992–2007 Tiergartendirektor von Schönbrunn. Der Umweltgedanke, der schon seit den 1980er-Jahren Eingang in den Kleingarten gefunden hatte, wurde konsequent fortgesetzt. Laufend wurde auf die Möglichkeit, etwas für die Umwelt, wenn auch nur im kleinen Rahmen Kleingarten, zu tun, hingewiesen. Pflanzen, die nicht in unserem Lebensraum heimisch sind, sollten ebenso wenig gepflanzt wie Pflanzenschutzmittel verwendet werden. Aufklärung über einen naturgemäßen Garten, natürliche Schädlingsbekämpfung statt Abtötung von Nützlingen und Verseuchung des Grundwassers und anderes mehr findet sich in vielen Beiträgen der Kleingärtnerzeitschrift.[266]

Im »Kleingärtner« erschienen Beiträge der Ernährungswissenschaftlerin Andrea Jungwirth über »urban gardening«, Müllvermeidung im Garten oder ökologische Hecken.[267] Erntehinweise (Was tun mit der Ernte?), natürliche Schädlingsbekämpfung oder Beiträge zur Bienenzucht rundeten das Thema ökologischer Garten ab. Die Fachgruppe für Obst- und Gartenbau im Zentralverband gab Hilfestellung beim Umdenken zum biologischen Gartl'n. Ziel war ein naturnahes und giftfreies Wirtschaften.[268] Für die Durchführung allfälliger Pflanzenschutzmaßnahmen benötigte man gemäß § 4 Pflanzenschutzmittelgesetz einen Sachkundenachweis (Besuch eines Kurses der Obstbaufachgruppe). Laufend finden sich in der Verbandszeitschrift Artikel über Herkunft, Verbreitung und Kultivierung von Obstsorten.

Die Obst- und Gartenbaufachgruppe litt aber Anfang 2000 unter Mitgliederschwund. Im Kleingärtner findet sich ein dringender Appell zur Mitarbeit in der Ottakringer Fachgruppe.[269] Die Fachgruppen dürften sich erst um 2005 wieder stabilisiert haben, wie aus einem Bericht des Verbandsorgans hervorgeht.[270]

Die Absicherung von Kleingärten, insbesondere die Unkündbarkeit, war Schwerpunkt der Tätigkeit des Zentralverbandes zu Beginn der 1990er-Jahre. Präsident Ing. Wohatschek schrieb dazu mehrere Grundsatzartikel im Zentralorgan.[271] 1993 erzielte der Zentralverband mit der Stadt Wien ein Übereinkommen betreffend Kündigungsverzicht von 50 Jahren für Ekl-gewidmete Anlagen und von 80 Jahren für Eklw-gewidmete Anlagen. Einziger Kündigungsgrund blieb ein Rückstand des Pachtzinses länger als drei Monate

265. Kleingärtner September 1997, S. II
266. Beispielsweise Kleingärtner Jänner 1998, S. 28 f. (»Mit Giften bewußter – oder, noch besser, gar nicht – umgehen«)
267. Kleingärtner Jänner 2015, S. 55, Februar 2015, S. 57, Oktober 2015, S. 39
268. Kleingärtner September 1998, S. V
269. Kleingärtner Februar 2000, S. 43
270. Kleingärtner Juli-August 2005, S. 61
271. Kleingärtner Juli-August 1992 oder März 1993, S. 20 f.

von Seiten des Zentralverbandes als Generalpächter. Retrospektiv stellte Präsident Wohatschek fest, dass der Abschluss erfolgte, zumal – obwohl sich viele in Sicherheit wiegten – niemand garantieren könne, wie zukünftige politisch Verantwortliche zur Kleingartenbewegung stehen: »Da von dieser Vereinbarung mehrere Generationen profitieren werden, war es Pflicht einer verantwortungsbewußten, in die Zukunft blickenden Verbandsleitung, diese Verträge abzuschließen.«[272]

1997 beschloss der Zentralverband, den Ankauf neuer Grundstücke zu forcieren, um der gestiegenen Nachfrage nach Kleingärten gerecht zu werden. Konkret wurden 1997 in den Bezirken 21 und 22 insgesamt 94 Parzellen – voll aufgeschlossen mit Strom, Wasser, Kanal, Gas, Einfriedung, Wege etc. – um insgesamt 50 Millionen Schilling angekauft. Die Finanzierung erfolgte über Bankkredite, die Schuldtilgung durch Pachteinnahmen der neuen UnterpächterInnen, Zuführung eines Teiles der Pachteinnahmen von Zentralverbandsgrundstücken und durch Kapitalzuführung durch Eigentumserwerb von Kleingärten auf Zentralverbandsgrund.[273] Die Ankäufe beschränkten sich nicht nur auf Wien, sondern erfolgten österreichweit ausgewogen.[274]

Als Beispiel eine andere Zahl aus dem Jahr 1997: Neben den Grundstücken Montleart und Maulwurf (siehe weiter unten) kaufte der Zentralverband für den KG Simmering von Privaten Grundstücke im Wert von öS 435.656,- und für den KG Breitenlee ebenfalls von Privaten um öS 15, 598.715,- für neue Gärten. Der Wert der verbandseigenen Grundstücke wurde mit öS 106,939.160,41 beziffert.[275]

Interessant sind die Kosten für vom Zentralverband angebotene Gärten. Im Verbandsorgan wurden z. B. im Jahr 2003 über den Zentralverband 33 Parzellen in Eigentum (KGV Hausfeld) angeboten. Bei einer Widmung Eklw und Grundstücksgrößen zwischen 347 m^2 und 434 m^2 wurden Aufschließungskosten von Euro 21.801,- (für Strom, Wasser, Kanal, Gas, Telefon, Telekabel, Einfriedung, Weg) als Fixum angeführt sowie ein Kaufpreis von Euro 181,68 pro m^2.[276]

Die neu aufgeschlossenen Parzellen im KGV Agavenweg wurden im Jahr 2006 wie folgt angeboten: Widmung GS (Gartensiedlung), daher Bebauungsmöglichkeit 80 m^2; Aufschließungskosten Euro 24.000,-, Pachtzins 0,97 m^2 für Parzelle; Eigentumserwerb Euro 290,- pro Quadratmeter.[277]

2008 findet man im Verbandsorgan den Hinweis, dass der Zentralverband einige Grundstücke im Westen Wiens (Am Heuberg, Kolonie Blöckinger) ankaufte, weil die Eigentümer die Flächen verkaufen wollten. Als Kaufsumme wurde 1,360.000 Euro

272. Kleingärtner September 1998, S. I
273. Kleingärtner Dezember 1997, S. I
274. Grundsätzliche Stellungnahme im Kleingärtner September 2007, S. 58
275. Kleingärtner September 1998, S. I
276. Kleingärtner Mai 2003, S. 51, und Jänner 2004 (Erweiterung Hausfeld)
277. Kleingärtner Juni 2006, S. 54

genannt. Um 1,639.255 Euro kaufte man der Firma Beiersdorf in Favoriten Grundstücke ab, um die Anlage Laxenburger Allee abzusichern. Bis zu diesem Zeitpunkt stand der Kleingartenverein auf Firmengelände mit dem Damoklesschwert der Absiedlung.[278]

Abb. 40

Abb. 41

Manchmal war es zur Absicherung von Anlagen auch erforderlich, dass der Zentralverband den KleingärtnerInnen helfend zur Seite stand. So waren etwa die Kleingartenanlagen Montleart und Maulwurf in Ottakring im Besitz der Republik Österreich. Diese bot die Flächen zum Verkauf an; der Zentralverband erwarb die Anlage im Einverständnis mit den Vereinen um 53 Millionen Schilling.[279] Anschließend verkaufte der Zentralverband die Parzellen an die bisherigen PächterInnen, so sie es wollten: »Für die meisten Kleingärtner, die sich aus sozialen Gründen die Finanzierung nicht leisten können, konnte eine entsprechende Soziallösung gefunden werden, mit dem Ziel, daß sie, solange sie können oder wollen, ihre Parzelle weiter auf Basis eines Nutzungsvertrages nutzen können, obwohl der Verband diese Flächen bereits gekauft hat. Wir sind stolz, daß den wirklich sozial Schwachen somit der Parzellenerhalt gewährleistet werden konnte.«[280]

Um die Kleingartenanlage »Sport- und Erholungszentrum Breitenlee« zu retten – mit dem damaligen Grundeigentümer konnte der Verein keinen Konsens erzielen –, gründete der Zentralverband eine Tochtergesellschaft (Zentralverband der Kleingärtner Projektentwicklungs-GmbH) und erwarb das Areal nach zweimonatigen Verhandlungen vom Grundeigentümer.[281] 2015 hatten 74 UnterpächterInnen ihre Parzelle gekauft, womit einer Kreditsumme von Euro 12,821.196,60 eine Ankaufssumme von Euro 8,049.314,80 gegenüberstand.[282]

Um den Eigentumserwerb von Zentralverbandsflächen kam es zu einer öffentlichen Kontroverse. Mitglieder, die derartige Grundstücke im Eigentum erwerben wollten,

278. Kleingärtner September 2008, S. 58
279. Kleingärtner September 1996, S. III f. (ursprünglich war von 55 Millionen die Rede, was später korrigiert wurde; vgl. Kleingärtner September 1998, S. I)
280. Kleingärtner September 1997, S. I
281. Kleingärtner Juli-August 2016, S. 5, und September 2016, S. 55
282. Kleingärtner September 2015, S. 52

pochten auf eine Kostenreduzierung analog dem Angebot der Gemeinde Wien bei Ankauf von Gemeindepachtgründen (45 Prozent Nachlass auf den Kaufpreis) und gingen an die Öffentlichkeit. Der Zentralverband argumentierte auf Grund eines Gutachtens, dass er nicht Grundstücke unter dem Wert verkaufen könne, da ihn sonst jedes Mitglied wegen Untreue verklagen könne und: »Wer glaubt denn, daß ein späterer Eigentümer bereit wäre, sein Grundstück mit Nachlaß zu verkaufen.«[283] Abgesehen davon würden mit dem Erlös von Verkäufen neue Grundstücke für sozial Schwache angekauft.

Vor dem Hintergrund ganzjähriges Wohnen/Eigentumserwerb in Kleingärten erschienen in der Verbandszeitschrift Inserate (Informationen) von Banken über Förderungen des Landes Wien betreffend Sanierungsmaßnahmen und Errichtung von Kleingartenwohnhäusern.[284] Der Zentralverband half den Mitgliedern, was die Besicherung der Wohnbaukredite betrifft. Den Kreditgebern wurden für die Kleingartenfinanzierung bei Vorliegen der Voraussetzungen die geforderten Sicherheiten gegeben.[285]

1998 wurde erstmals der Wiener Kleingartenpreis verliehen. Er sollte eine Anerkennung für besondere ökologische Leistungen sowie für alle Kleingärtner Anreiz für die umweltschonende Nutzung des Gartens sein. Insgesamt wurden Geldpreise im Wert von Schilling 100.000 vergeben.[286] In späteren Jahren wurden Themen vorgegeben, wie zum Beispiel 1999 »Leben im Garten«. Der Kleingartenpreis 2024 stand unter dem Motto »Mein Kleingarten – hier bin ich zuhause«.

1999 fand im Rathaus die Ausstellung »Der Kleingarten – Wohnen im Grünen« statt.[287] Im selben Jahr präsentierte der Zentralverband die »Kleingärtner Mitglieds- und VorteilsCard«, die jedes Mitglied erhält. Sie beinhaltet diverse Vergünstigungen beim Einkauf in verschiedenen Geschäften. Zu beziehen war (und ist) sie über den jeweiligen Verein.[288]

Vor dem Hintergrund der neuen Kleingartengesetze (Widmung Eklw, ganzjähriges Wohnen) initiierte die MA-19 das Handbuch »Kleingarten(wohn)haus«, welches über den Zentralverband vertrieben wurde. Es informierte über die aktuellen Gesetze, Finanzierungen von Bauvorhaben, Behörden, Beratungsstellen, Firmen etc.[289] Laufend gab (und gibt) der Zentralverband Zahlen über den Solidaritätsfonds und den Katastrophenfonds bekannt. Sie können der jährlich im Kleingärtner veröffentlichten Bilanz entnommen werden.[290] Zusätzlich wurde 1999 auf Initiative von Bank Austria und Städtischer Versicherung mit Unterstützung der Kronen-Zeitung ein Sozialfonds eingerichtet,

283. Kleingärtner Oktober 1997, S. I sowie auch September 1997, S. I
284. Als Beispiel etwa Kleingärtner Jänner 1998, S. 44
285. Kleingärtner September 1998, S. I
286. Kleingärtner November 1998, S. I
287. Kleingärtner April 1999, S. I
288. Kleingärtner Juli-August 1999, S. I
289. Kleingärtner Jänner 1999, S. 31, sowie Juli-August 1999, S. V
290. Jährlich in der Regel in der September- oder Oktoberausgabe der Zeitschrift Kleingärtner

der vom Zentralverband verwaltet wird. Er war vorerst mit Schilling 100.000 dotiert.[291] Die offizielle Gründung erfolgte am 31. Jänner 2000. In Not geratene Mitglieder konnten sich über die Vereine an den Sozialfonds wenden.[292]

Ein konkretes Beispiel wurde im Verbandsorgan publiziert: Ein 78-jähriger Unterpächter im KGV Predigtstuhl hatte aus ungeklärten Gründen einen Wasserverbrauch von 2382 m³. Die Rechnung hierfür betrug Schilling 86.000. Üblicherweise wurde ihm ein Wasserverbrauch von 82 m³ vorgeschrieben. Über den Sozialfonds bekam er einen entsprechenden Zuschuss.[293]

In den 2000er-Jahren trat das Problem der Überhänge in den Fokus der Aufmerksamkeit der KleingärtnerInnen. Die rechtliche Problematik des § 422 ABGB wurde ausführlich erläutert (überhängende Äste oder hineinwachsende Wurzeln können vom Nachbarn entfernt werden, so sachgerecht vorgegangen wird).[294] Dieses Thema ist häufiger Konfliktstoff im Kleingarten. Das Zivilrechtsänderungsgesetz 2004 betraf auch Kleingärten.

Eine große Erleichterung für viele Kleingartenanlagen war der Einzug der Funkablesung für die Wasserschächte. Die Wasserablesungen vor Einführung dieser Neuerung waren beschwerlich. Man musste den Eisendeckel vom Wasserschacht abheben, mitunter Gerümpel aus dem Schacht entfernen und dann hinunterklettern, um die Ablesung vorzunehmen. Die Funkablesung brachte den Vorteil, dass keine Deckel mehr gehoben werden müssen und nur eine Person für die Ablesung benötigt wird. 2005 hatten zehn Vereine die Funkablesung eingeführt[295], heute ist sie mehrheitlich vertreten. Nur wenn ein Funkzähler nicht funktioniert, ist händische Ablesung erforderlich.

2001 wurde im Festsaal des Wiener Rathauses das 85-jährige Bestandsjubiläum des Verbandes gefeiert, und der Verein »Wienerberg-Zwillingsee« erhielt anlässlich des »Europäischen Tags des Gartens« in München ein Diplom für naturgerechtes Gärtnern.

Der Zentralverband kaufte weiterhin Grundstücke an, ließ diese parzellieren und aufschließen. 2001 wurde beispielsweise der KGV Ödenburger Straße neu angelegt.[296] Wohnbaustadtrat Werner Faymann versicherte im Verbandsorgan den Willen der Stadt zur Aufschließung von Kleingärten, allerdings sollten die Anlagen anders ausgeführt sein: »Wir wollen nicht einfach einen Raster über Grundstücke legen und gleich große, quadratische Parzellen schaffen, sondern Ziel ist es, eine aufgelockerte, teilweise auch häuserzeilenähnliche Bebauung, die mehr Möglichkeiten für Gemeinschaftsgrünflächen,

291. Kleingärtner Juli-August 1999, S. IV, sowie Kleingärtner Juli-August 2000, S. 51
292. Kleingärtner März 2000, S. 47
293. Kleingärtner Juni 2001, S. 49
294. Kleingärtner Februar 2003, S. 37
295. Kleingärtner Juli-August 2005, S. 61
296. Kleingärtner März 2001, S. 57

Kinderspielplätze etc. bietet. Die zukünftigen Nutzer sollen wählen können, ob sie das Grundstück unbebaut, mit Rohbau oder fertig übernehmen wollen.«[297]

Im selben Jahr fand die Abschlussveranstaltung des Projekts Bodenuntersuchung des Landesverbandes Wien statt. Den Mitgliedern sollte bewusst gemacht werden, wie sie ihre bewirtschafteten Gründe ökologisch einwandfrei nutzen bzw. sollten belastete Böden für die nachkommenden Generationen wieder in Ordnung gebracht werden. Deshalb waren flächendeckend Bodenproben aus allen Wiener Kleingärten entnommen worden, um gezielt Sanierungsmaßnahmen setzen zu können. Ergebnis der Bodenproben war unter anderem, dass zwei Drittel der Bodenproben erhöhte Phosphatwerte zeigten, was auf übermäßige Düngung zurückzuführen ist.[298]

2002 beschloss der Nationalrat das »Vereinsgesetz 2002«, welches Folgen für die Kleingartenvereine zeitigte: RechnungsprüferInnen und Schlichtungseinrichtungen mussten installiert und damit die Vereinsstatuten angepasst werden. Im selben Jahr kam es zu Hochwasserkatastrophen in Oberösterreich und Niederösterreich – Wiener Kleingartenvereine zeigten sich solidarisch und spendeten für betroffene Vereine in diesen Bundesländern.[299]

Abb. 42: Postkasten vor dem KGV An der Strebersdorfer Straße

Abb. 43: Abholboxen im KGV Wasserwiese

Auf Initiative des österreichischen Gartenbaumuseums wurde im Schulgarten Kagran der MA-42 eine Kleingartenhütte aus dem Jahr 1916 aufgestellt. Sie stand gut erhalten im KGV Wasserwiese.[300] Zudem eröffnete man 2007 im Schulgarten Kagran die Sonderausstellung »Mein kleines grünes Paradies – Kleingärten in Österreich«.[301]

Im Zuge einer neuen EU-Vorschrift mussten in allen Vereinen im Jahr 2004 neue Gemeinschaftsbriefkastenanlagen installiert werden, was eine Belastung für die Vereine mit sich brachte.

297. Interview mit Werner Faymann im Kleingärtner März 2001, S. 58
298. Kleingärtner Jänner 2002, S. 35
299. Ausführliche Berichte im Kleingärtner Oktober und November 2002
300. Kleingärtner Juli-August 2002, S. 45 (vgl. Abbildung im Farbteil des Buches)
301. Kleingärtner Juni 2007, S. 41

Waren Kleingärten lange Zeit »Symbol des Überlebens«, so haben sie heute Freizeit- und Erholungsfunktion. Analog zum Wandel der Kleingärten von der Selbstversorgung zum Hobbyanbau wandelte sich auch die Verbandszeitschrift zu einem Ratgeber für Gartenfreunde. Nebst Informationen, Terminen und Neuigkeiten aus den Vereinen nehmen Tipps für den Obst- und Gemüseanbau, Pflanzenschutz und Kulinarisches breiten Raum in der Zeitschrift »Kleingärtner« ein. Insbesondere wird dem Thema »naturnah gärtnern« laufend Raum bereitgestellt.[302]

Auch der Untertitel der Zeitschrift »Die österreichische Zeitung für die Gartenpraxis« drückt den Wandel aus. Seit 2001 wird die Zeitschrift von der Tochtergesellschaft Zentralverband der Kleingärtner GmbH betrieben.

2008 installierte der Zentralverband auf Grund neuer Regelungen auf dem Gebiet des Versicherungswesens eine gewerberechtliche Geschäftsführerin (Mag. Sylvia Wohatschek), weil Versicherungen (wie die Kollektivversicherung des Zentralverbandes) nur mehr von zugelassenen Agenturen abgeschlossen werden durften.[303]

Für Menschen mit geistiger und mehrfacher Behinderung wurde auf Wunsch des Vereins KoMit im KGV Ödenburger Straße ein Therapiegarten im Ausmaß von rund 1200 m^2 mit Gartenhaus errichtet. Freiwillige HelferInnen und finanzielle Unterstützung von einigen Firmen hatten diese Initiative ermöglicht. Die feierliche Eröffnung fand am 3. Juni 2005 statt.[304]

Einem aktuellen Trend folgend bietet der Zentralverband in Leopoldau Öko-Erntelandparzellen an. Auf den vom Zentralverband gepachteten Flächen im Ausmaß von 27.000 m^2 kann man rund 70 m^2 große Gemüseparzellen oder rund 115 m^2 große Kombiparzellen (Gemüse mit Beerensträuchern, sogenanntes »Naschland«) bewirtschaften. Da auf den Parzellen keine Baulichkeiten errichtet werden dürfen, wurden mobile Toiletten und Gemeinschaftshütten zur Aufbewahrung von Geräten aufgestellt. Bei großer Hitze werden die Felder je nach Bedarf zentral bewässert.[305] Das Öko-Ernteland ist ein großer Erfolg, 2016 wurden weitere Parzellen aufgeschlossen.[306] 2024 bilanzierte Präsident Ing. Wilhelm Wohatschek: »Auch im zwölften Bestandsjahr ist das Öko-Ernteland des Zentralverbandes (…) eine Erfolgsgeschichte. Insgesamt werden 231 fertig bepflanzte Parzellen an Interessierte vergeben, die diese dann pflegen und die Früchte ernten können. Die Bewirtschaftung erfolgt rein biologisch nach dem Drei-Felder-Rotationsprinzip. Die Nachfrage ist so groß, dass nie alle Anmeldungen berücksichtigt werden können.«[307]

302. Vgl. zum Beispiel Kleingärtner, Jänner 2014
303. Kleingärtner September 2008, S. 59
304. Kleingärtner Juli-August 2005, S. 62
305. Vgl. Website des Verbandes (abgerufen 10.3.2017) sowie Kleingärtner März 2017, S. 51, und September 2015, S. 52
306. Kleingärtner September 2017, S. 59
307. Kleingärtner September 2024, S. 48

2011 errichtete man in Floridsdorf einen Schulobstgarten unter der Leitung von DI Peter Modl. Rund 80 Obstbäume sowie Beerensträucher dienen zur Schulung der FachberaterInnen. Ursprünglich war die Anlage offen zugänglich, musste jedoch wegen Hundeproblemen und auch wegen Diebstahls eingezäunt werden.[308]

Ein weiteres Projekt ist die Imkergruppe des Zentralverbandes (Bienenstände des Zentralverbandes). Sie wurde anlässlich des Bienensterbens 2012 ins Leben gerufen. Die Bienenstöcke sind in Vereinen aufgestellt, in welchen Personen, die den Imkerkurs des Zentralverbandes besucht haben, eine fachgerechte Betreuung übernehmen.[309] Die Aktion »Obstbaum statt Nadelbaum« des Landesverbandes erbrachte mit Stand 2017 einen Austausch von 250 Bäumen.[310] Ökoernteland, Obstversuchsgarten und das Bienenland des Zentralverbandes standen bis ca. 2020 unter Aufsicht von Vizepräsident Friedrich Hauk.[311] Seither gibt es unterschiedliche Zuständigkeiten.

Die Ausbildung der SchätzmeisterInnen, FachberaterInnen sowie der Funktionäre und Funktionärinnen erfolgt in der »Kleingärtner Akademie des Zentralverbandes«.[312] 2015 wurde auch speziell ein Obleutehandbuch aufgelegt.

Ein Dämpfer für die KleingärtnerInnen war die Einführung der Immobilienertragssteuer: »Dies bedeutet, dass nun Kleingärtner, die ihr Pachtverhältnis (...) beenden, den im § 16 festgelegten Aufwandersatz versteuern müssen.« Das Gesetz unterscheidet zwischen Grundstücken und Gebäuden, welche vor 2002 und welche danach erworben bzw. errichtet wurden. Vor 2002 galt ein Steuersatz von 3,5 %, für danach gelten 25% . So keine Änderung der Gesetzeslage eintritt, nimmt der Zentralverband einen Pächterwechsel daher gemäß § 14 Bundeskleingartengesetz vor, »der vorsieht, dass die neuen Pächter in die Pachtrechte des vorherigen Pächters eintreten. Es erfolgt somit keine Beendigung und Neugründung des Pachtverhältnisses«.[313] Als angenehmer Nebeneffekt entfällt in diesem Fall auch die Vergebührung der Pachtverträge nach dem Gebührengesetz.

Seit 2016 engagiert sich der Zentralverband verstärkt in den sozialen Medien (Facebook, Instagram, YouTube, Twitter). Die Themen auf Facebook reichen von Tier- und Pflanzenschutz über Kochrezepte bis zu allgemeinen Informationen über die Kleingartenbewegung. Auf YouTube kann man Videos von der Grünen Internationale sehen.

Mit 1. September 2017 startete mit großer Ambition der Sender kleingartentv.at. Das Motto „Von Kleingärtnern für Kleingärten“ kam sehr gut an, aber mit Einführung der

308. Kleingärtner Jänner 2012, S. 51, und September 2013, S. 63
309. Kleingärtner September 2013, S. 62, und September 2024, S. 48
310. Kleingärtner Juli 2017, S. 55
311. Kleingärtner September 2016, S. 51 bzw. Telefonat am 26.11.2024 mit Herrn Hauk
312. Kleingärtner September 2010, S. 52
313. Kleingärtner September 2013, S. 61

Datenschutzgrundverordnung musste der Sender ein Jahr später eingestellt werden. Unisono bedauern dies der Betreiber Ernst Berger und Präsident Wilhelm Wohatschek.[314]

2019 wurde der Internetauftritt des Zentralverbandes einem Relaunch unterzogen, vorab bereits ein neues Logo vorgestellt.[315]

Zu Redaktionsschluss 2024 wird die Verbandszeitschrift digitalisiert, weil die Papierqualität auf Grund des hohen Alters schon sehr gelitten hat.[316]

314. Gespräch mit Wilhelm Wohatschek am 27.5.2024 und Telefonat mit Ernst Berger (Juni 2024)
315. Kleingärtner September 2019, S. 56 und Kleingärtner, Juni 2019, S. 55
316. Kleingärtner September 2024, S. 46

Von der Freizeitfunktion zum ganzjährigen Wohnen

Anfangs waren Kleingärten nur als sinnvolle Ergänzung zum Wohnen gedacht. In Stadtteilen mit schlechter Wohnqualität dienten Kleingärten in den Sommermonaten der Verbesserung der Wohnsituation: »Das ständig wachsende Wohnungselend in den Großstädten trug ebenfalls nicht wenig dazu bei, die in den Mietskasernen Eingepferchten nach Luft und Licht lechzen zu lassen.«[317] Kleingärten waren ausschließlich für die Freizeit gedacht.

Bis in die 1980er-Jahre wurde als typischer Kleingarten »ein individuell gestalteter – je nach Bedarf auch wirtschaftlich genutzter – Freizeit- und Erholungsraum von durchschnittlich etwa 300 Quadratmetern innerhalb einer Gartenkolonie« betrachtet.[318] Und die Gartenhütten wären, so die Einschätzung, zumeist im Selbstbau hergestellt: »Der Kleingärtner baut und konstruiert aus den Gegebenheiten heraus. Er paßt seine Idee dem gerade vorhandenen Material an. Daß er mit unzulänglichen und zweckfremden Materialien funktionierende Teile baut, zeigt von Phantasie und Aufgewecktheit, sich im gerade vorhandenen Rohmaterial die gewünschte Konstruktion in veränderter, angepaßter Form vorzustellen.«[319] Vielleicht rührt von daher auch der Spruch: »Alles, was größer ist als eine Laus, nimmt der Schrebergärtner mit nach Haus.«

Im Handbuch für Wiener Kleingärtner, welches im Auftrag des Magistrates der Stadt Wien 1986 herausgegeben wurde, hieß es klipp und klar: »Ein Kleingarten ist, wie schon der Name besagt, ein kleines Stück Land in der Stadt, das gärtnerisch gestaltet ist.«[320]

Bei nicht ganzjährig bewohnbaren Parzellen sind die Häuser (meist) kleiner, und der Garten steht im Mittelpunkt, zumal man ja im Sommer hauptsächlich die Zeit im Freien verbringt und daher der Garten größer sein kann. Und noch 2001 liest man, »daß architektonische Interventionen (…) zuweilen das Dasein eines ungeliebten Fremdlings führen«. 15 Jahre später stellt man fest, dass in vielen Kleingartenanlagen unter Ausnützung aller Bauvorschriften »Architektenhäuser« entstanden.[321]

Der Prozess zum ganzjährigen Wohnen vollzog sich schleichend über Jahrzehnte: War in den Anfangsjahren der Kleingartenbewegung von kleinen Hütten, 8-10 m^2, die Rede, so wurde im Wiener Kleingartengesetz 1959 eine Größe von 25 m^2 erlaubt. Wurde lange Zeit der Fokus ausschließlich auf die Versorgungsfunktion gelegt (Wohnen war nebensächlich), kam mit dem Gesetz von 1959 die Erholungsfunktion dazu.

317. Siller/Schneider, Wiens Schrebergärten, S. 5
318. Schmidt, Der Schrebergarten als kultureller Faktor, S. 8
319. Ebda., S. 191
320. Maria Auböck/Roland Hagmüller, Handbuch für Wiener Kleingärtner, Wien 1986, S. 9
321. Tschuppik, Wege zur Architektur im Kleingarten, S. 4 f.

Das Kleingartengesetz 1978 erlaubte bereits Hausgrößen von 35 m^2 und eine verbaute Fläche von 15 Prozent der Parzelle. 1992 wurden 50 m^2 bzw. 25 Prozent an verbauter Fläche erlaubt. Mit der Vergrößerung der Wohnflächen wuchs auch die Attraktivität ganzjährigen Wohnens. In manchen Kleingärten war ganzjähriges Wohnen durchaus üblich. Von den Behörden wurde es toleriert.

Durch die Widmungskategorie Eklw (Erholungsgebiet Kleingarten ganzjähriges Wohnen) im Bebauungsplan wurde 1992 die Möglichkeit geschaffen, den Hauptwohnsitz in den Kleingarten zu verlegen. Dies war wohl der gravierendste Einschnitt in der Geschichte des Kleingartenwesens. Ein langjähriger Wunsch der KleingärtnerInnen war in Erfüllung gegangen. Mitte 1996 waren bereits 12.400 Kleingartenparzellen durch Eklw-Widmung dauerhaft gesichert, 1870 Parzellen durch die Widmung Gartensiedlung.[322] Der Umwidmungsprozess schritt zügig voran. 2009 berichtete Landesverbandsobmann Janda, dass 60 % der Wiener Kleingärten eine Eklw-Widmung haben, 10% Ekl und 18 % GS; nur der kleine Rest von 12 % habe noch unsichere Widmungen.[323]

Die langfristigen Veränderungen für das Kleingartenwesen waren wohl auch jenen, welche diese Entscheidung mitgetragen oder getroffen haben, nicht ganz klar. Einerseits waren durch die Umwidmungen auf Eklw die Kleingärten kein Platzhalter mehr für andere Widmungen (wie Wohnbau), andererseits fand mit der Einführung des ganzjährigen Wohnens ein Paradigmenwechsel statt. Die Versorgungsfunktion der Kleingärten hat nur noch hobbymäßigen Charakter. Wohnen steht im Mittelpunkt. Alte Gartenhütten sind rar geworden.[324]

Nicht übersehen werden darf der Unterschied zwischen »gewachsenen« und neu errichteten Kleingartenanlagen. In alten Anlagen gibt es Mischformen, nur ein Teil der Häuser ist neu und auf ganzjähriges Wohnen ausgerichtet. Das hat den Grund darin, dass Kleingartenanlagen sowohl in der Erschließung als auch in der Ver- und Entsorgung nicht auf ganzjähriges Wohnen ausgerichtet waren. Die Aufschließung älterer Kleingartenanlagen ist mitunter recht kostspielig. Einzelne Parzellen sind manchmal schwer mit Baufahrzeugen zugänglich. Eine gewisse Vielfalt bleibt erhalten. Alte kleine renovierte oder auch renovierungsbedürftige individuelle Gartenhäuser stehen mitunter neben den nach aktueller Bauvorschrift errichteten oft wenig differenzierten Häusern.

In neu errichteten Kleingartenanlagen sind die Häuser meist nur durch die ausführende Baufirma unterscheidbar. Derartige Anlagen gleichen eher einer Reihenhaussiedlung als einer klassischen Kleingartenanlage. Die Monotonie von Fertigteilhäusern dominiert. Abgesehen davon entsteht der Eindruck einer Verhüttelung (»Landschaftsfresser«).

322. Der Wiener Landesverbandsobmann Wilhelm Janda im Kleingärtner Juli-August 1996, S. I
323. Kleingärtner September 2009
324. Vgl. auch Renate Machat, Kleingärten und Siedlungen in Wien, S. 491

Kleingartenmessen mit ihren spezifischen Angeboten stützen den Weg zur Konformität. Andererseits muss man die KleingärtnerInnen auch verstehen: Ein Hausbau ist teuer, und daher greift man auf Baufirmen zurück, die schon reichlich Erfahrung im Kleingarten haben. Und das ist nur eine Handvoll. Die Bebauung befindet sich also stets im Spannungsfeld zwischen Bauvorschriften, finanziellen Möglichkeiten der KleingärtnerInnen und Individualität. In der Verbandszeitschrift inserieren regelmäßig auf Kleingarten(wohn)häuser spezialisierte Baufirmen.

Da für einen großen Teil der Bevölkerung das »eigene Haus mit Garten« nach wie vor ein Wunschziel und vor allem im städtischen Raum ein Haus für den Durchschnittsverdiener unerschwinglich ist, bleibt »Wohnen im Kleingarten« als vergleichsweise kostengünstige Alternative.

Baulichkeiten, welche nur dem saisonalen Bedarf unterliegen, haben naturgemäß einen geringeren Anspruch zu erfüllen. Sanitäre Einrichtungen, ein Schlaf- und Essplatz genügen in der Regel. Baulichkeiten, die auf ganzjähriges Wohnen ausgerichtet sind, erfordern weiterreichende Ansprüche. Die Ausnutzung der Bebauungsvorschriften hat neben dem schon erwähnten Reihenhauscharakter eine weitere Versiegelung der Böden zur Folge.

Ein Umstand darf nicht außer Acht gelassen werden: Viele Parzellen haben eine Größe von 200-250 m^2. Standen auf diesen Flächen ursprünglich nur kleine Gartenhäuser, so stehen dort nun 50m^2-Häuser, das heißt die Baulichkeiten rücken einander näher und die umliegenden Grünflächen werden verschattet. Der Garten wird schmuckes Beiwerk, erweitertes Wohnzimmer, und häufig ist ein Schwimmbecken oder Teich gestaltendes Element. Die Natur findet nur in geordnetem Ausmaß Platz.

Abgesehen davon ist es vor allem in Hanglagen schwierig, die vorgeschriebene Gesamtkubatur von 250 m^3 (über dem anschließenden Gelände) einzuhalten, zumal der oberste Gebäudeabschluss 5,5 m nicht überschreiten darf: »Eine simple Multiplikation zeigt auf, daß demnach eine zweigeschossige ›Kiste‹ nur mit Vorbehalt zu realisieren ist. Jedoch darf ein Keller errichtet und im Sinne eines Aufenthaltsraumes genutzt werden, welcher sich überdies auch unterhalb der bis zu 25 m^2 großen Terrasse ausbreiten darf.«[325] Erfordernissen der Wiener Bauordnung betreffend Wärme-, Schall- und Brandschutz müssen nicht entsprochen werden.

Ein großes Problem stellen Bausünden dar. Der Zentralverband nahm dazu bereits 1981 klar Stellung: »(…) wir können und werden niemandem helfen, Bausünden zu legalisieren. Es sind in Wien bereits 27 Ersatzvornahmen, das heißt auf gut Deutsch Abbruchaufträge, rechtskräftig. Es lohnt sich nicht mehr, wenn man die Bauvorschriften mißachtet.«[326] Die in Kleingärten beliebten Wintergärten bzw. Terrassenüberdachun-

325. Tschuppik, Wege zur Architektur im Kleingarten, S. 24
326. Kleingärtner Juni 1981, S. 3

gen sind dann verboten, wenn bereits 50 m^2 verbaut wurden. Darauf musste in der Verbandszeitschrift mehrmals hingewiesen werden.[327]

Eine weitere Folge ganzjährigen Wohnens ist die Energiefrage. Kamine im Kleingarten sind seit dem Kleingartengesetz 1959 verboten, mit Ausnahme jener Kamine, welche vor Inkrafttreten dieses Gesetzes errichtet und seither nicht mehr verändert wurden. In einigen älteren Anlagen findet man noch solche Ausnahmen. Für Heizzwecke bleibt Gas, elektrische Energie oder eine Solaranlage. Mit Solarenergie im Kleingarten beschäftigten sich zahlreiche Beiträge im Verbandsorgan. Außerdem gab es Förderungen für Solaranlagen in der Höhe von 30 %.[328]

Und zuletzt darf man nicht übersehen, dass durch die Möglichkeit des ganzjährigen Wohnens im Kleingarten ein starker Impuls für die Bauwirtschaft und ihre Beschäftigten geschaffen wurde, denn Voraussetzung für den Erhalt einer Eklw-Widmung war und ist eine entsprechende Infrastruktur. Frostsichere Wasserleitungen, Kanalanschluss und andere Investitionen belebten das Baunebengewerbe. Aber auch Baumärkte profitier(t)en von der geänderten gesetzlichen Lage im Kleingarten.

In Vereinen, wo die genannte Infrastruktur bereits vorhanden war, brauchte es übrigens keinen Generalversammlungsbeschluss, weil sich für Mitglieder, welche die Widmungskategorie Eklw nicht in Anspruch nehmen, nichts ändert: »Fehlt die geforderte Infrastruktur, ist sehr wohl ein Generalversammlungsbeschluß notwendig, da mit Beschluß der Widmung finanzielle Belastungen zur Schaffung der Infrastruktur (Wasser und Kanal) erfolgen.«[329]

327. Beispielsweise im Kleingärtner Juli-August 2008, S. 67
328. Kleingärtner Juli-August 2004, S. 52
329. Kleingärtner September1994, S. I, sowie auch September1996, S. II

Eigentumserwerb

Der Zentralverband hatte sich lange Zeit kritisch zum Eigentumserwerb geäußert: »Wir haben uns gegen den Verkauf von städtischen Grundstücken, die kleingärtnerisch genutzt werden, ausgesprochen, da durch diese Maßnahmen der Fall entstehen kann, daß Kleingärtner aus finanziellen Gründen ihres Gartens verlustig werden.«[330] Später stellte er sich nicht grundsätzlich dagegen, aber: »Ich mache jedoch aufmerksam, daß wir sehr wohl darauf achten werden, daß Kleingärtner, denen die finanzielle Basis fehlt, nicht von einer Lobby Kaufinteressierter mit sanfter Gewalt gezwungen werden, ihre Gärten aufzugeben.«[331]

Abgesehen davon besaß der Zentralverband durch Ankäufe (Grundstücksanteile von Privaten) Mitte der 1990er-Jahre Anlageflächen im Wert von 62,097.218,49 Schilling (auf ganz Österreich bezogen).[332]

1993 beschloss der Wiener Gemeinderat die Möglichkeit des Erwerbs von Kleingartenparzellen. Voraussetzung hierfür ist eine Widmung Eklw (Erholungsgebiet Kleingarten ganzjähriges Wohnen). Weitere Beschlüsse in späteren Jahren betrafen Kaufpreisermäßigungen.

Die anteiligen Kosten der gemeinsamen Anlage und der Einrichtungen müssen auch von den neuen EigentümerInnen getragen werden. Die Umwidmung von Kleingärten im Sinne des ganzjährigen Wohnens sowie die Möglichkeit des Eigentumserwerbs führten zu einer Wertsteigerung der Parzellen. Die Stadt Wien gewährte eine Ermäßigung von 45 Prozent vom jeweiligen Verkehrswert. Diese Ermäßigung reduzierte sich nach einem Jahr auf 30 Prozent, nach einem weiteren Jahr auf 20 Prozent. Ab dem dritten Jahr betrug der Nachlass 10 Prozent, im Jahr 2003 führte der Gemeinderat die 10-Prozent-Ermäßigung auf Dauer ein.[333]

Beispiele: Im KGV Predigtstuhl in Dornbach wurden im März 2004 die Kosten für den Kauf einer Parzelle mit Euro 280,-/m² abzüglich 45 Prozent angeführt. 2017 war der ortsübliche Grundstückspreis rund Euro 600,-/m². Zur Zeit der Umwidmung der Kleingartenanlage Unterer Gaisberg in Favoriten betrug der Verkehrswert der Anlage im Jahr 2007 Euro 200,-/m², 2013 bereits Euro 290,-/m².[334]

Voraussetzung für den Erwerb ist neben der entsprechenden Widmung ein Teilungsplan. Kleingärten sind im Grundbuch als ein ungeteiltes Grundstück eingetragen.

330. Verbandspräsident Ing. Wilhelm Wohatschek 1986, Kleingärtner Jänner 1986, S. 4
331. Verbandspräsident Ing. Wohatschek im Kleingärtner September 1993, S. I
332. Kleingärtner September 1996, S. II
333. Bericht des Rechnungshofes. Ausgewählte Liegenschaftsverkäufe der Stadt Wien – Magistratsabteilung 69. Reihe WIEN 2017/3, S. 74
334. Angebot der MA-69 an den Autor bzw. Festschrift 80 Jahre Kleingartenverein Unterer Gaisberg, Wien 2013, S. 17

Ein Geometer muss die Anlage neu ausmessen (für die Kosten der Vermessung der Außengrenzen kommt die Gemeinde Wien auf, die Kosten für die Vermessung der Innengrenzen müssen die kaufwilligen KleingärtnerInnen aufbringen).

Bis 1998 mussten beim Erwerb der Kleingartenparzellen im Eigentum auch die Gemeinschaftsflächen (anteilig) erworben werden (Abstellplätze für Mistkübel, Parkplätze, Wege etc). Seither werden diese Flächen dem Kleingartenverein bzw. der Kleingartengemeinschaft überantwortet.[335]

Vor Ende der zehnjährigen Spekulationsfrist macht es wenig Sinn, die Parzellen zu verkaufen, weil man im Falle eines Verkaufs die Differenz nachzahlen muss. Allerdings verkauften so manche KleingärtnerInnen nach der Spekulationsfrist ihre Parzellen, was den Zuzug einer betuchteren Klientel zur Folge hatte. Eigentumskleingärten sind auch in schlechten Lagen teuer.

Abb. 44: Parkplatz KGV Blumental

Obwohl EigentümerInnen Mitglieder der Vereine bleiben können, sehen sie meist nur dann einen Sinn darin, wenn es um Parkplätze geht. Parkraum/Carports werden auf Gemeinschaftsflächen errichtet, und daher haben nur Vereinsmitglieder die Möglichkeit, einen Platz anzumieten. Da in den meisten Kleingärten derartige Flächen zur Verfügung stehen, ist dies (oft der einzige) Grund einer Vereinsmitgliedschaft für EigentumskleingärtnerInnen. In den wenigen Vereinen, wo dies nicht der Fall ist, schaut die Sache anders aus.

EigentümerInnen von Kleingärten lesen mitunter ihren Wasserzähler nicht ab bzw. geben die Daten nicht an die Vereinsleitung weiter: »Bei einem Garten ist es jetzt so weit gekommen, dass der Verein auf Grund eines Urteils des Bezirksgerichts ermächtigt ist, die Garten- und Hauswasserleitung des betroffenen Eigentümers von der Gemeinschaftswasserleitung des Vereins abzutrennen, da der Betroffene die Vorschreibung über seinen Wasserverbrauch nicht bezahlt hat.«[336] Dies mag zwar ein extremes Beispiel mangelnden Gemeinschaftsgefühls sein, zeigt jedoch, dass es eine Gruppe von EigentümerInnen gibt, denen offenbar nicht bewusst ist, dass sie die Infrastruktur und Leistungen der Kleingartengemeinschaft in Anspruch nehmen.

335. Feuerbach, Kleingartenwesen, S. 78
336. Kleingärtner Juli 2017, S. 55

Eingesessene PächterInnen, welche ihren Garten im Eigentum erwerben, bleiben meist Vereinsmitglied. Sie sind nach wie vor in das Vereinsleben mehr oder weniger integriert, sie kennen die Strukturen. Neu hinzu gekommene EigentümerInnen sind schwerer für eine Mitarbeit im Verein zu motivieren.

Eine Spätfolge des Eigentumserwerbs sind Satzungen mancher Kleingartenvereine, in denen versucht wird, EigentümerInnen und PächterInnen unterschiedlich zu behandeln, also eine Zweiklassengesellschaft zu schaffen.[337] Es gibt aber auch Stimmen aus der Kleingartenszene, die der Eigentumsfrage eine nicht so große Rolle zumessen, sondern auf die Entsolidarisierung der Gesellschaft vor dem Hintergrund neoliberalen Mainstreams hinweisen.[338] Ein großer Verein in Döbling setzt erfolgreich auf Überzeugungsarbeit.[339] Ähnlich argumentiert der Obmann des KGV Am Anger: Durch geringe Eintrittsgebühren, Überzeugungsarbeit und aktive zeitnahe Kommunikation bleiben die Leute Mitglied im Verein.[340]

Wenig beachtet wird die Möglichkeit, dass Eigentumskleingärten untervermietet werden können – die UntermieterInnen fühlen sich kaum an den Verein und seine Spielregeln gebunden. Aber auch Personengruppen (Familien) können geballt Eigentumsgärten erwerben, sodass mitunter innerhalb einer Anlage sich eigene Gruppen herausbilden.

Ein Gegner von Eigentumserwerb war der damalige Obmann des KGV Waidäcker: »Gegen den Verkauf von Stadteigentum war ich persönlich aufgrund meiner sozialen Einstellung und Gesinnung. (…) Ein begrenzter Personenkreis (…) kann Stadtbesitz zum halben Wert erwerben. So er über die erforderlichen Mittel verfügt. (…) Den Vereinen wird die soziale Berücksichtigung bei der Vergabe genommen, eine Vereinsmitgliedschaft der neuen Eigentümer ist nicht mehr zwingend erforderlich. Gärten stehen leer, dienen als Kapitalanlage. Andere wiederum wurden mit Höchstgewinn (über 100 Prozent sind normal!) verscherbelt, und wieder andere verpachtet bzw. vermietet. Bei uns wurde schon einmal die Nutzung für besondere Zwecke (Rotlichtbereich) angedacht!«[341]

Auch der KGV An der Thayagasse stellt sich auf seiner Website kritisch dieser Entwicklung: »Derzeit werden die meisten Parzellen durch den jeweiligen Parzellenpächter käuflich erworben und gehen in deren Besitz über. Es ist zu hoffen, dass in Zukunft diese Entwicklung den Grundwerten der Kleingartenbewegung nicht entgegenwirkt.«[342]

337. Vergleiche dazu die Kritik von Landesverbandsobmann Helmut Bayer im Kleingärtner Juli-August 2015, S. 61
338. So etwa Ing. Gerhard Chrobak (Obmann KGV Beim Hermestor)
339. Im KGV Hackenberg sind rund 90 Prozent der BewohnerInnen auch Vereinsmitglieder (Gespräch im Vereinshaus am 11.8.2017).
340. Gespräch mit Ewald Lackner (Obmann des KGV Am Anger) am 18.8.2017 im Vereinshaus
341. Ferry Kovarik: 100 Jahre Dauerkleingarten Waidäcker. 1917–2017, Wien 2017, S. 30
342. www.kleingaertner.at/wir/vereine/21/21thay.htm (abgerufen 17.4.2017)

Eine weitere Folge von »Eigentumsanlagen« ist die »Privatisierung« der Kleingärten. Auch wenn die Wege nach wie vor Eigentum des Vereins sind und die Öffnungszeiten gemäß Kleingartengesetz eingehalten werden müssten, so zeigt sich in der Praxis, dass ein Spazierengehen durch diese Anlagen für z. B. BewohnerInnen der Umgebung meist nicht mehr möglich ist, weil die Tore verschlossen sind. In Anlagen mit Mischformen ist dies eher der Fall.

Andererseits ist die »Torfrage« ein ungelöstes Problem. Das Gesetz schreibt vor, dass Kleingartenanlagen von Anfang Mai bis Ende September zwischen 9 und 19 Uhr offen zu halten sind, aber die Einhaltung der Vorschrift wird von Seiten des Gesetzgebers nicht kontrolliert bzw. die Verstöße nicht bestraft. Abgesehen davon ist nirgendwo geregelt, wer – vor allem in größeren Anlagen – die vielen Tore nach 19 Uhr schließt. Ein Spezialproblem sind Kleingartenanlagen mit Badeseen. Hier bleiben die Tore aus Haftungsgründen geschlossen, weil die Vereine keine Badeaufsicht haben (Breitenlee, Schlosssee, Steinsee, Wienerberg-Zwillingsee).[343]

Offen ist, inwieweit Eigentumserwerb in Kleingärten den Wohnungsmarkt entlastete. Die Einführung des ganzjährigen Wohnens im Kleingarten, und das wird heute häufig vergessen, hatte auch den Grund darin, dass die Stadt Wien nach der »Ostöffnung« mit einem Ansturm von Wohnungssuchenden rechnete.[344]

Für die Gemeinde bedeutet langfristig betrachtet Eigentumserwerb einen Verzicht auf laufende Pachteinnahmen. Wenig verwunderlich ist, dass der Beschluss des Gemeinderats zum Verkauf der Gärten vor dem Hintergrund neoliberaler Politik erfolgte. Einmaleffekte für das Budget waren populärer als langfristige Strategien.

Kritik kam seinerzeit von den Grünen, und zwar in der Richtung, »daß es in Zukunft grundsätzlich zwei Arten von Kleingärtnern geben wird, nämlich jene, die immer schon gerne in ihrem Kleingartenhaus ganzjährig wohnen wollten, und jene Kleingärtner, denen der Garten und das Kleingartenhaus eher zum Erholungszweck und zur Ausschöpfung ihrer Erholung am Wochenende und in den Sommermonaten dient.«[345]

Der Autor befragte im Zuge seiner Recherchen für dieses Buch einige Vereinsfunktionäre, die ihm alle ein ähnliches Bild vermittelten. Rund 30-40 Prozent der Parzellen im jeweiligen Verein befinden sich im Eigentum, der Rest sind Pachtgründe (Stand 2017). Mittlerweile hat sich die Sachlage Richtung Eigentum verschoben (siehe Eintrag unter »Ausgewählte Vereinsgeschichten«).

Vorteil von Eigentumserwerb ist eine bessere Absicherung der Kleingartenanlagen. Widmungen können geändert werden, die privatrechtlichen Vereinbarungen zwischen der Gemeinde Wien und dem Zentralverband laufen auch einmal aus, aber eine Mischform

343. Danke für diesen Hinweis an Herrn Wolf-Dieter Brüstl (Obmann KGV Wienerberg-Zwillingsee)
344. »Diese Entwicklung fand aber nicht in dem erwarteten Ausmaß statt«; vgl. Schindelar, Kleingärten in Wien, S. 32
345. Abgeordneter Günter Kenesei, zitiert nach Feuerbach, Kleingartenwesen, S. 137

Eigentum und Pacht schützt die gesamte Anlage vor Absiedlung. Andererseits hört man von Eigentumsanlagen, in denen Immobilienfirmen Kleingartenhäuser ankaufen, oder von Familien mit deren Kindern, die mehrere Eigentumshäuser in einer Anlage besitzen. Rechtlich ist dies zwar gedeckt, aber von der Kleingartenidee bleiben nur die Bestimmungen der Bauordnung übrig.

Einstellung des Kleingartenverkaufs

Wie im Kapitel »Eigentumserwerb« erwähnt, kritisierte der Zentralverband die Spekulationen mit Pachtgründen bzw. den Eigentumserwerb und seine Folgen für die Kleingartenidee, wie z.B. Präsident Ing. Wilhelm Wohatschek im Jahr 2018 die Weitergabe von Kleingärten weit über dem Schätzgutachen: »Ein brennendes Problem stellen die unverschämten Spekulationen mit Pachtgärten dar. Auf Grund der Tatsache, dass die Nachfrage nach Kleingärten in Wien immer größer wird, es aber keine neuen Anlagen aus bekannten Gründen gibt, glauben manche Kleingärtner das große Geld machen zu können.«[346]

Landesobmann Helmut Bayer wies einmal mehr auf die Folgen des Eigentumserwerbs hin, insbesondere die mangelnde Bindung der neuen Eigentümer zum Verein, und resümierte: »Ich persönlich hoffe, dass die Gemeinde Wien den Verkauf von Kleingärten bald einstellt, denn aus meiner Sicht ist diese Vorgehensweise sehr kurzsichtig. Der finanzielle Erfolg ist gemessen am Rahmen des Budgets im Promillebereich, also sicher nicht budgetsanierend und man kann einen Grund nur einmal verkaufen, aber Pacht kann man alle Jahre einnehmen.«[347]

Konkret befanden sich im Jahr 2015 286 Kleingartenanlagen mit einer Fläche von insgesamt 5,45 Mio. m^2 im Eigentum der Stadt Wien. Von 2005 bis 2014 verkaufte die Stadt Wien 2.158 Kleingartenliegenschaften mit einer Fläche von rund 70 ha zu einem Gesamtverkaufspreis von rund 112 Millionen Euro, das waren rund 31 Prozent der gesamten verkaufsfähigen Flächen.[348] Weiters kritisierte der Rechnungshof, dass durch die begünstigten Verkäufe von Kleingartenliegenschaften diese »auch zu Anlegeobjekten« wurden: »So betrug die von der Stadt Wien festgestellte Verkehrswertsteigerung bei Kleingartensiedlungen im 19. Bezirk mehr als 100 % (Verdoppelung) innerhalb von vier Jahren.«[349] Der Rechnungshof merkte aber auch an, dass die Ermittlung der Verkehrswerte bis zum Jahr 2014 nur in wenigen Fällen dokumentiert und nachvollziehbar

346. Kleingärtner September 2018, S. 52
347. Kleingärtner Juli-August 2018, S. 51, ähnlich auch Kleingärtner Juli-August 2019, S. 69
348. Bericht des Rechnungshofes. Ausgewählte Liegenschaftsverkäufe der Stadt Wien – Magistratsabteilung 69. Reihe WIEN 2017/3, S. 71
349. Ebda., S. 71 und auch S. 74f

war und dass der Stadt Wien durch die Nachlässe ein Schaden von bis zu 37 Mio Euro entstanden sei.[350]

Anfang 2021 stoppte die Gemeinde Wien den Verkauf von Kleingärten, welche sich im städtischen Besitz befinden. Argumentiert wurde der Beschluss mit steigenden Bodenpreisen und Spekulation: Die Stadt Wien möchte möglichst vielen WienerInnen die Möglichkeit eines Kleingartens unabhängig vom Sparbuch bieten. Ähnlich wie bei Gemeindewohnungen wolle man bei den Naherholungszentren ein Steuerungsinstrument für niedrige Kosten beibehalten.

Als Übergangslösung wurde der Stichtag 31.1.2021 festgelegt: Wer Ausgaben, die nachweislich in Zusammenhang mit dem Kleingartenkauf getätigt wurden, vor dem Stichtag getätigt hat, konnte noch einen Antrag auf Kauf des Kleingartens stellen. Ferner wurde beschlossen, dass in Kleingartenanlagen, wo bereits mehr als 80 % der Kleingärten verkauft wurden (bemessen an der Anzahl der Kleingärten) noch bis Ende 2021 ein Kaufantrag gestellt werden konnte. Die Kaufpreisermäßigung wurde generell auf 10 % festgesetzt. Für alle vor dem Stichtag 31.1.2021 eingegangenen und in Bearbeitung stehenden Kaufansuchen kam die bisherige Regelung zur Anwendung.

Landesobmann Helmut Bayer zog zufrieden Bilanz: »Ein Wunsch, den viele Obfrauen und Obmänner hatten, wurde damit erfüllt.«[351] Stephanie Drlik erinnerte in der Presse an die politische Fehlentscheidung 1993 »Verwaltungsinternen Zeitzeugen zufolge sah Mayr (gemeint SPÖ Vizebürgermeister und Finanzstadtrat Hans Mayr) keine für die Stadt lukrativen Entwicklungsmöglichkeiten in den Kleingartenanlagen, strategisch zu unwichtig schienen diese meist peripheren Flächen lange vor den explodierenden Immobilienpreisen« und resümierte: »Kleingärten dürfen im 21. Jahrhundert keine Bauland-, sondern müssen Grünlandreserven mit hohem Biodiversitätsfaktor sein.«[352]

Mit Stichtag 1.1.2021 befanden sich 13.805 Kleingärten in städtischem Eigentum (Grundfläche 5.386.311 m²), vormals städtisches Eigentum waren 5.363 Kleingärten (Grundfläche 1.790.669 m²; Summe der Verkäufe von 1993 bis Ende 2020). In sonstigem Eigentum (Privatbesitz, ÖBB, Republik etc.) befanden sich 21.216 Kleingärten (Grundfläche 8.656.426 m²).[353]

Im Zuge der Aktualisierung des Buches befragte der Autor viele Vereinsfunktionäre und Vereinsfunktionärinnen zu diesem Thema. Der Verkaufsstopp wurde mehrheitlich positiv gesehen (siehe im Detail Kapitel Vereinsbeschreibungen).

350. Ebda., S. 75
351. Kleingärtner September 2022, S. 61
352. Die Presse. Spectrum, 6.3.2021, S. VII
353. Auskunft Zentralverband der Kleingärtner (Landesobmann Helmut Bayer) sowie www.wien.gv.at/amtshelfer/bauen-wohnen/grund/kleingarten/kauf.html und Medienberichte (z.B. Die Presse, 1.2.2021, S. 5 »Gegen Spekulationen: Wien stoppt Verkauf von Kleingärten«, www.orf.at/stories/3087805, Kurier, 2.2.2021, S. 16)

Folgen von ganzjährigem Wohnen und Eigentumserwerb: Änderung der sozialen Zusammensetzung der KleingärtnerInnen

In der Frühzeit der Kleingartenbewegung waren es ArbeiterInnen, Arbeitslose und soziale Randgruppen, die – zum Teil illegal – Land absteckten und parzellierten, um überleben zu können. Artikelüberschriften wie »Der Schrebergarten – die Sommerwohnung der Armen«[354] könnte man häufig zitieren. Später kamen kleine Angestellte, Gewerbetreibende und Beamte hinzu.

1978 liest man im Verbandsorgan: »87 Prozent der Kleingärtner sind Mieter; zu 50 Prozent sind es Menschen, die in Kleinwohnungen leben müssen und zu 50 Prozent Menschen, die durch Lärm und Abgase gestört sind, und über 50 Prozent Menschen, die in mehrgeschossigen, nach dem Krieg entstandenen Hochhauswohnungen in Gebieten mit besonders verdichteter Verbauung wohnen müssen.«[355] Der Kleingarten fungierte als Ausgleich für schlechte Wohnverhältnisse.

Abb. 45: Landnahme KGV Frohes Schaffen (1961)

Wollte man im Stadtentwicklungsplan 1984 und im Kleingartenkonzept 1988 noch verhindern, dass aus Kleingärten Einfamilienhäuser werden, so brachte die Kleingartengesetznovelle 1992 mit der Möglichkeit des ganzjährigen Wohnens eine konträre Entwicklung. Seit der Einführung des ganzjährigen Wohnens und vor allem der Möglichkeit, den Pachtgarten im Eigentum zu erwerben, hat – dort, wo dies verwirklicht wurde – ein sozialer Wandel stattgefunden. Hatten die Kleingärten lange Zeit eine soziale Ausgleichsfunktion, so sind sie heute immer öfter Privileg einer situierten Mittelschicht. Der Kleingarten wandelte sich vom »Arbeitergarten« zum »Mittelstandsgarten«. Das Kleingartenwohnhaus wird zum designten Prestigeobjekt. KleingärtnerInnen werden heute als privilegiert eingeschätzt. Kleingartensiedlungen gleichen manchmal Stadtrandsiedlungen.

Die Möglichkeit des ganzjährigen Wohnens und hohe Ablösesummen setzen eine gewisse Liquidität voraus, die sozial schwächer gestellte Gruppen nicht haben: »Freiwerdende Gärten können in den meisten Fällen nur von Familien mit höherem Einkommen in Anspruch genommen werden.«[356] Diese Entwicklung wurde im Verbandsorgan bereits 1976 beklagt: »Es soll hier objektiv nicht unerwähnt bleiben, daß durch Verkäufe, durch Ableben betagter Mitglieder, vor allem aber bei Neuaufschließungen durch die erhöhten

354. Der Gartenfreund Juni 1917
355. Kleingärtner Dezember 1978, S. 2
356. Martina Kral, Das Wiener Kleingartenwesen, S. 114

Weg im KGV Himmelteich, 1220 (oben links)
Nutzgarten im KGV Predigtstuhl, 1170 (oben rechts)
Blick in den KGV Schlosssee, 1230 (unten)

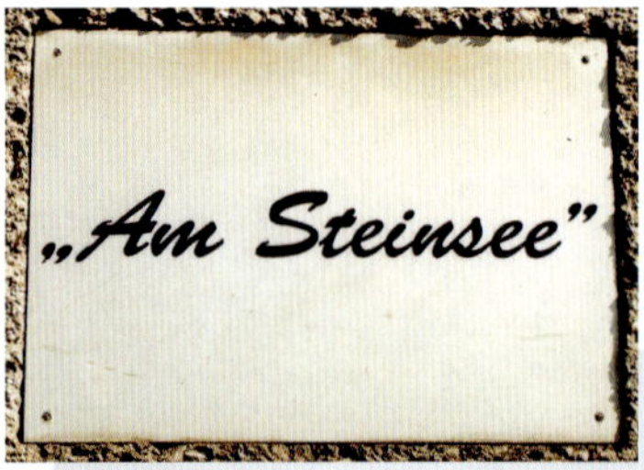

Badeparadies Steinsee, 1232

Wienerberg Zwillingsee

Vereinshaus mit
Victor-Adler-Büste (links)

Schlafendes Nashorn,
Symbol für die Ruhezeit
im Kleingarten (unten)

Idylle im KGV Zur Zukunft auf der Schmelz, 1150

Altes renoviertes Haus im KGV Esparsette, 1120

Kosten langsam, aber sicher ein Personenkreis zu den Kleingärtnern stößt, der mit den Gärtnern der Gründungszeiten nicht mehr viel gemein hat.«[357] Pachtzinse, Vereinsbeiträge und sonstige laufende Kosten dagegen wären auch von schlechter Verdienenden durchaus aufzubringen.

Der Kauf eines Gartens ist für junge Familien oder gar AlleinerzieherInnen schwierig zu managen. Ergebnis einer Befragung unter KleingärtnerInnen ergab, dass die meisten am Kauf ihres Kleingartens Interessierten angaben, »es deshalb zu tun, um Eigentum für ihre Nachkommen zu schaffen, und der Verdacht der Spekulation liegt dann eben nicht mehr weit. Auch der soziale Gedanke des Kleingartenwesens ist bald nur mehr graue Theorie. (…) Für den Kauf eines Kleingartens fehlen ihnen die finanziellen Mittel und durch die geringe Fluktuationsrate bei den städtischen Kleingärten erhöhen sich die Wartezeiten noch zusätzlich.«[358]

Anspielend auf die Maßnahmen der schwarz-blauen Regierung meinte Zentralverbandspräsident Wohatschek 2004, »dass es gerade die Kleingärten sind, in denen sich Menschen mit mittleren Einkommen ihren Traum von einem Stück Grün, von Wohnen im Grünen gerade noch erfüllen können, weil eben die finanziellen Belastungen annähernd ihrem Einkommen entsprechen.«[359]

Die unsichere wirtschaftliche Lage und die prekären Arbeitsverhältnisse – vor allem der unter 30-jährigen – in Zeiten des Neoliberalismus haben zur Folge, dass KleingärtnerInnen – so nicht Kinder in das Pachtverhältnis der Eltern eintreten oder eben Eigentum schon von den Eltern begründet wurde – eine höhere Altersstruktur aufweisen. Leider gibt es keine aktuelle Statistik zu dieser Thematik, aber immerhin einige Hinweise.

In den 1970er-Jahren führte die Gemeinde Wien statistische Erhebungen durch, die das damalige Vorurteil, dass Kleingärten Pensionistenidyllen wären, bestätigten. Nur knapp 10 Prozent der KleingärtnerInnen war unter 30 Jahre, über 60 Prozent über 50 Jahre. Auf Berufsgruppen umgelegt: knapp 50 Prozent Pensionisten, knapp 25 Prozent Angestellte, 15 Prozent Selbstständige und Freiberufler, 7 Prozent Beamte und 6 Prozent ArbeiterInnen.[360] Der Prozentsatz der ArbeiterInnen war auffallend gering, allerdings wurden die früheren Berufe der Pensionisten nicht erfasst, was vermutlich zu einem höheren Anteil an ArbeiterInnen geführt hätte.

Eine neuere Statistik stammt aus 1986: Rund ein Drittel der KleingärtnerInnen waren Angestellte, knapp 10 Prozent Arbeiter, rund 7 Prozent Facharbeiter und knapp 40 Prozent Pensionisten (nach deren ursprünglichen Berufen nicht gefragt wurde).[361]

357. Kleingärtner Februar 1976, S. 3
358. Feuerbach, Das Kleingartenwesen, S. 78
359. Kleingärtner Juli-August 2004, S. 49
360. Schmidt, Der Schrebergarten als kultureller Faktor, S. 205 f.
361. Kral, Das Wiener Kleingartenwesen, S. 117

Der Kleingartenverein Zukunft auf der Schmelz untersuchte 1995 die altersmäßige Zusammensetzung seiner Mitglieder: Die Jahrgänge 1941–1950 stellten 110, die Jahrgänge 1931–1940 100 Mitglieder (bei insgesamt 659 ParzelleninhaberInnen; zu diesem Zeitpunkt durfte nur ein Ehepartner oder Lebensgefährte Mitglied eines Kleingartenvereins sein). Es überwogen also die über 50-jährigen Mitglieder. Das Geschlechterverhältnis waren 286 Frauen und 373 Männer.

Nach Berufen gegliedert hielten sich Angestellte (195) mit Pensionisten (192) die Waage. ArbeiterInnen wurden 81 gezählt, AkademikerInnen lediglich elf. 479 von 659 Mitgliedern stammten aus den Bezirken 15 und 16.[362] Auf Grund der Größe der Anlage kann man vermuten, dass diese Werte für ganz Wien repräsentativ waren. Eine ähnliche Statistik existiert auch aus dem Jahr 2000. Sie brachte keine wesentliche Veränderung.[363]

Kosten eines Kleingartens

Bereits 1926 wurden Schätzkommissionen zur Feststellung der Ablösen im Falle der Weitergabe von Kleingartenparzellen eingeführt. In den 1980er-Jahren wurde im Rahmen der Grünen Internationale das Thema diskutiert. Der Präsident des Zentralverbands, Ing. Wilhelm Wohatschek, stellte klar, dass bei der Übertragung von Kleingärten Investitionen ersetzt werden sollten, jedoch Spekulation zu verhindern sei.[364]

Ohne zu sehr ins Detail zu gehen, kann generell gesagt werden, dass lange Zeit über den Schätzwert hinaus illegale Ablösen für Kleingärten bezahlt wurden (oder besser bezahlt werden mussten),[365] was auch der Zentralverband Mitte der 1990er-Jahre kritisierte: Trotz klarer Verbandsrichtlinien »versuchen immer wieder Kleingärtner aus der Tatsache, daß die Nachfrage nach Kleingärten immer größer und das Angebot immer kleiner wird, Kapital zu schlagen. Es kann doch nicht sein, daß versucht wird, Kleingartenparzellen, die, durch Schätzgutachten belegt, etwa einen Wert von S 300.000,- darstellen, um den drei- bis vierfachen Wert an den Mann zu bringen. Es ist erstaunlich, mit welcher Unverfrorenheit manche Unterpächter, bei Verhinderung dieser übermäßigen Zahlungen, solche Spekulationen zu begründen versuchen.«[366]

Wirksame Gegenmaßnahme wäre die Erweiterung von Kleingartenflächen. Erst in den letzten Jahren scheint das (illegale) Ablöseunwesen eingedämmt worden zu sein.

Die Übernahmekosten für einen Kleingarten in Pacht sind klaren Regeln unterworfen. Der Verkaufswillige muss ein Schätzgutachten erstellen lassen (eine Liste findet sich in

362. 75 Jahre Kleingartenverein Zukunft auf der Schmelz. Eine Festschrift, Wien 1995, S. 35
363. Festschrift zum 80. Jubiläum des Kleingartenvereins Zukunft auf der Schmelz, Wien 2000, S. 35
364. Kleingärtner Dezember 1981, S. 2
365. Johann Muhr hat Anfang der 1990er-Jahre KleingärtnerInnen im Liebhartstal befragt und Ablösesummen genannt bekommen; vgl. Johann Muhr, Die Kleingarten- und Gartenzwergkultur vom Liebhartstal, S. 108
366. Kleingärtner September 1996, S. IV

jeder Ausgabe der Verbandszeitschrift), welches die Basis für den Verkauf darstellt. Es dürfen maximal 10 Prozent auf das Schätzgutachten aufgeschlagen werden.

Der Preis laut Schätzgutachten hängt von der Baulichkeit, der Größe der Parzelle, den Kulturen und der Infrastruktur (Kanal, Winterwasser, Gas etc.) ab. Knackpunkt dieser Vorschrift ist die Kontrolle durch Vereinsverantwortliche bei der Übertragung der Gärten.

Die Vereine führen Vormerklisten für GartenwerberInnen. InteressentInnen schreiben sich als außerordentliche Mitglieder in den Verein ein und werden kontaktiert, wenn ein Pachtgarten frei wird bzw. man an der Reihe ist. Manche Vereine veröffentlichen diese transparente und klare Spielregel auch auf ihrer Homepage. Klar ist aber auch: Je weniger Pachtgärten vorhanden sind, desto geringer sind die Chancen auf das erhoffte Grün. Bei kleinen Vereinen sind die Chancen auf einen Pachtgarten minimal, bei größeren Vereinen hat man kürzere Wartezeiten. So meint etwa der Obmann des kleinen Vereins Beim Hermestor, dass er monatlich zwar rund zehn Anrufe wegen eines Gartens erhält, aber in den letzten Jahren nur ein Garten weitergegeben wurde.[367]

Auf manchen Websites von Vereinen findet man auch den Hinweis, dass auf Grund zu langer Wartelisten keine Vormerkungen mehr entgegengenommen werden. Bevor man sich um einen Kleingarten umsieht, sollte man – so vorhanden – die Websites der Vereine studieren und sich über die Größe der Vereine vor Ort ein Bild machen. Um den Druck auf die Vereine zu mildern bzw. die Nachfrage nach Kleingärten zu befriedigen, versucht der Zentralverband neue Flächenwidmungen für Kleingärten zu erhalten.[368]

Im Falle des Erwerbs einer Parzelle, verbunden mit dem Gedanken einer Bautätigkeit, muss man sich das Gelände und allfällige Zufahrtsmöglichkeiten vorher anschauen. Neben Hanglagen ist häufig – vor allem in älteren Anlagen – das schmale Wegenetz ein Problem, weil es nicht auf Bautätigkeit ausgerichtet ist. Ein Befahren mit schweren Fahrzeugen bzw. Maschinen ist nicht immer möglich. Schwierige Zufahrten erhöhen den Preis für ein Kleingartenwohnhaus beträchtlich, zumal nur mit sehr kleinen Spezialfahrzeugen gearbeitet werden kann. Unter Umständen muss sehr viel händisch transportiert oder Behelfsaufzüge müssen eingerichtet werden. Eine Alternative stellt, so möglich, ein Kran dar. Weitere Kostenfaktoren sind allfällig zu errichtende Anschlüsse (Kanal, Strom, Wasser etc.) und die Kosten für einen Dichtbetonkeller; einschließlich der erforderlichen Erdbewegungen.

Trotzdem ist Wohnen im Kleingarten noch immer billig, wenn man an die häufig sehr guten Lagen der Gärten mitten im Grünen denkt. Angesichts hoher Mieten zahlen viele dieselbe Summe für die Kreditraten von Haus und Grund.

367. Gespräch mit Ing. Gerhard Chrobak am 26.7.2017 im Vereinshaus
368. Kleingärtner September 2023, S. 56

»Raus aus Gas«

Im Zuge der Neuauflage des Buches konnte ich mit einigen Obleuten betreffend dieser aktuellen Thematik sprechen und bekam unterschiedliche Rückmeldung (siehe Kapitel »Ausgewählte Vereinsgeschichten«).

Landesobmann Helmut Bayer hat zum Thema Heizen im Garten bereits im Jahr 2022 in der Verbandszeitschrift die Situation beschrieben:

»Der Krieg in der Ukraine ist auch für das Heizen im Kleingarten ein Thema, da ja bisher nur Strom und Gas möglich waren – und jetzt nur noch die Elektrizität übrigbleibt. Gleich vorweg für alle, die auf Öl, Holz, Briketts oder Pellets hofften: das wird nicht kommen, dafür sind unsere Baulichkeiten ebenso wenig vorgesehen wie es aus Umweltgründen sinnvoll wäre. Was künftig notwendig sein wird und kommen muss, sind Solar- und/oder Photovoltaikanlagen, um die auf uns zukommende Energiekrise und die damit verbundenen hohen Kosten zu mindern. Ich kann Euch berichten, dass es dazu bereits Gespräche gibt, wie und in welcher Form der Umstieg von Gas auf Strom aus eigener Erzeugung mit Förderungen ermöglicht werden soll.«[369]

Abgesehen von unterschiedlichen Baubeständen in den Kleingärten sind bei älteren Kleingartenwohnhäusern bauliche Maßnahmen erforderlich, »die ein Vielfaches des finanziellen Aufwandes der Wärmepumpe ausmachen. Diese baulichen Notwendigkeiten spielen bei den Förderungsbedingungen eine maßgebliche Rolle. Darunter ist unter anderem die Wärmedämmung am Gebäude und der Einbau von Isolierglasfenstern zu verstehen. Dieser Investitionsaufwand ist in den meisten Fällen nur durch Fremdfinanzierung möglich.«[370] Diesbezüglich hapert es mit der Kreditvergabe bei Pachtgründen, weil eine grundbücherliche Sicherstellung des Kredits nicht möglich ist.

369. Kleingärtner September 2022, S. 61
370. Kleingärtner September 2024, S. 46

Gesetzliche Regelungen in der Zweiten Republik

Während das Bundeskleingartengesetz die privatrechtlichen Belange des Kleingartenwesens regelt, werden durch das Wiener Kleingartengesetz die öffentlich-rechtlichen Normen festgelegt, wie z. B. Widmung, Aufschließungen, Baulichkeiten. Ergänzend zum Wiener Kleingartengesetz kommen noch Gesetze wie die Wiener Bauordnung und andere Gesetze wie das ABGB betreffend Superädifikate oder Immissionen, deren Beschreibung den Rahmen des Buches sprengen würde, dazu. Gartenordnungen und Statuten sind keine Gesetze, sondern sie regeln das Zusammenleben in der Anlage bzw. das Innenleben der Vereine.

Die Kleingartengesetze 1958/59 wurden jahrelang diskutiert. Es galten nach 1945 noch die »reichsdeutschen« Gesetze sowie eine Fülle weiterer Bestimmungen. Die gesetzliche Lage für KleingärtnerInnen war unübersichtlich. Viele Fragen waren überhaupt keiner Regelung unterworfen.

Bundeskleingartengesetz 1958 und Wiener Kleingartengesetz 1959

Erstmals wurde das Kleingartenwesen 1958 durch ein Bundesgesetz geregelt (Generalpachtverträge, Unterpachtverträge, Pachtdauer, Kündigung etc). Mit diesem Gesetz wurden alle noch bestehenden gesetzlichen Regelungen aus der Zeit des Nationalsozialismus außer Kraft gesetzt.

§ 1 Bundeskleingartengesetz 1958 definierte den Kleingarten so: »Kleingärten im Sinne dieses Bundesgesetzes sind Grundstücke (Grundstücksteile) im Ausmaße von mehr als 120 m² und höchstens 650 m², die der nicht erwerbsmäßigen Nutzung oder der Erholung dienen. Kleingärten können in oder außerhalb einer Kleingartenanlage liegen.«

Pachtverträge konnten wie gehabt auf unbestimmte Zeit oder befristet, mindestens jedoch auf zehn Jahre ausgestellt werden. Wer bereits PächterIn eines Kleingartens war, konnte keinen weiteren pachten (auch nicht der Ehepartner oder die Ehepartnerin), womit Spekulation mit Kleingartenparzellen ausgeschlossen wurde. Aber auch die Weitergabe von Kleingärten an Dritte sowie die Überlassung von Baulichkeiten an Dritte war verboten bzw. ein Kündigungsgrund.

Als bedeutend sollte sich § 6 des Bundeskleingartengesetzes erweisen: Generalpachtverträge konnten zum Jahresende unter Einhaltung einer halbjährigen Kündigungsfrist aufgekündigt werden, auch wenn die PächterInnen (Vereine) Verträge auf unbestimmte Zeit mit dem Generalpächter abgeschlossen hatten. Die Frist zu Jahresende war gesetzt worden, damit die KleingärtnerInnen noch ihre Ernte einbringen konnten.

Als Begründung für diese Klausel wurde öffentliches Interesse angeführt, insbesondere Bauvorhaben. Kündigungen konnten auch auf einzelne Teile einer Kleingartenanlage beschränkt werden. Beides sollte im Falle von Wohnbauten, Straßenbauten oder U-Bahn-Trassen relevant werden. Der Zentralverband war mit dieser Regelung naturgemäß nicht glücklich: »Nachdem die Errichtung von Wohnungen im allgemeinen Interesse liegt und über die Interessen eines Kleingartens zu stellen ist, mußte dieser Punkt zur Kenntnis genommen werden.«[371]

Die Kündigung musste gemäß § 7 Bundeskleingartengesetz gerichtlich und durfte nicht mehr im Verwaltungsverfahren erfolgen. Der Verpächter musste den Kündigungsgrund plausibel nachweisen. Ersatz für Aufwendungen war vorgesehen. Die übrigen Vorschriften betrafen Unterpachtverträge, die im Grunde auch heute gelten.[372]

Parallel zum Bundesgesetz wurde ein Landesgesetzblatt (Landesgesetzblatt Nr. 11 vom 6. März 1959 über die Schaffung von Kleingärten und deren Nutzung) erlassen. Darin finden sich genaue Vorschriften über die Ausgestaltung der Gärten und Häuser. Im Gegensatz zur Kleingartenordnung 1936, die einen Trend Richtung Dauerbesiedlung förderte, hatte das Gesetz von 1959 eine gegenteilige Intention: Dauersiedeln war unerwünscht.

Mit diesem Gesetz versuchte man, Ordnung in die Kleingartenszene zu bringen. Die Problematik dabei war, dass unmittelbar nach dem Krieg viele Kleingartenhäuser über das erlaubte Ausmaß ausgebaut wurden. Angesichts der Wohnungsnot und der nachkriegsbedingten schlechten Ernährungslage waren die Behörden angewiesen worden, dies zu tolerieren.

Im Kleingartengesetz 1959 wurde die Größe der Parzellen deutlich zurückgenommen: mindestens 120 m^2, maximal 250 m^2 bis 350 m^2, nur in Ausnahmefällen 650 m^2 (etwa bei Hanglagen, wo ein Teil des Hangs für eine Bewirtschaftung nicht möglich ist). Auch die bebaubare Fläche wurde reduziert: Nunmehr durften Sommerhütten maximal 25 m^2 bzw. Lauben max. 16 m^2 groß sein. Ebenso wurden die zulässigen Höhen reduziert: Dachfirst fünf Meter bei Sommerhütten mit Satteldach bzw. bei Sommerhütten mit Zelt- oder Pultdach max. 3,5 m. Bei Lauben war der Dachfirst mit max. 3,2 m Höhe angesetzt. Und was die Einfriedungen betrifft, so wurden neben Draht und Latten erstmals auch lebende Hecken offiziell erlaubt.

Durch die reduzierten Bebauungsvorschriften ergab sich das Problem subjektiv empfundener Ungerechtigkeit bei jenen KleingärtnerInnen, die neu bauen wollten, da in vielen Anlagen bereits größere Baueinheiten standen. Diese wurden zum Teil trotz Vorschriftswidrigkeit im Nachhinein toleriert. Aus diesem Grund findet man noch heute

371. Kleingärtner März 1959, S. 2
372. Abgedruckt bei Maria Auböck/Roland Hagmüller, Handbuch für Wiener Kleingärtner, Wien 1986, S. 125-130.

in (alten) Kleingartenanlagen verschiedene Hausgrößen, da die Bauten ja zu unterschiedlichen Zeiten den jeweiligen Bauvorschriften entsprechend errichtet wurden.[373]

Neu war auch das Verbot von Rauchfängen. Allerdings dürfen Rauchfänge, die vor 1959 in Betrieb genommen und seither nicht mehr verändert wurden, heute noch verwendet werden. In einigen Kleingartenanlagen gibt es derartige Fälle noch.

Im selben Jahr wurde die Wiener Landwirtschaftskammer errichtet, worin auch die KleingärtnerInnen ihre Belange vertraten. Der Obst- und Gartenbau, damals noch dominant im Kleingarten, wurde als landwirtschaftlich genutzt betrachtet.

Der Zentralverband war ob der Neuregelung, die er lobbyiert hatte, sehr erfreut und bedankte sich beim Gewerkschafter und Bundesminister für soziale Verwaltung, Anton Proksch (1897–1975, Bundesminister 1956–1966), für seine tatkräftige Unterstützung bei der Verwirklichung des Gesetzes.[374]

1976: Widmung Gartensiedlungsgebiet (GS)

Die Widmung Gartensiedlungsgebiet ist eine Baulandwidmung. Die Einführung dieser Kategorie diente zur Legalisierung von Siedlungen, die keine kleingärtnerische Nutzung mehr aufwiesen (einfamilienhausähnliche Wohnsitze). Die Mindestparzellengröße für diese Umwidmung betrug 500 m², daher profitierte hiervon nur eine beschränkte Anzahl von KleingärtnerInnen.[375] Grundsätzlich muss angemerkt werden, dass mit dieser Regelung vormals illegal zu groß errichtete Gebäude nachträglich sanktioniert wurden.

Der Zentralverband beteiligte sich aktiv nicht an der Widmung Gartensiedlung, da die Gartensiedlung Bauland war und damit im Widerspruch zur Forderung nach sozialem Grün stand.[376]

Kleingartengesetz 1978

Neuregelung des Wiener Kleingartenwesens im Wiener Kleingartengesetz, LGBl. Nr. 3/12. Dezember 1978. Das Kleingartengesetz 1978 trug dem Umstand Rechnung, dass sich die Freizeitgewohnheiten der KleingärtnerInnen geändert hatten. Insbesondere war man mehr Wohnkomfort gewohnt.

Das Gesetz unterschied zwischen Kleingartenhäusern und Lauben. Kleingartenhäuser durften inklusive Nebengebäude eine Größe von maximal 35 m² haben. Die maximale Größe von Lauben war mit 16 m² inklusive Nebengebäude festgelegt. Das maximale Ausmaß der bebauten Grundfläche durfte 15 Prozent betragen. Die zulässigen Gebäudehöhen (3,50 m bzw. Dachfirst 5 m) blieben zwar gleich, aber bei geneigtem Gelände

373. Wimmer, Raumwirtschaftliche Aspekte des Wiener Kleingartenwesens, S. 44
374. Kleingärtner Februar 1959, S. 2
375. Wimmer, Raumwirtschaftliche Aspekte des Wiener Kleingartenwesens, S. 46
376. Präsident Ing. Wilhelm Wohatschek, Kleingärtner Jänner 1986, S. 4

war eine Überschreitung zulässig. Mit diesem Gesetz wurden im Grunde genommen bereits eingetretene Entwicklungen nachvollzogen.

Weitere wichtige Bestimmung waren die zwingende Vorschreibung einer Senkgrube und die Einleitung der Schmutzwässer in den Straßenkanal, was eine Verbesserung der sanitären Verhältnisse mit sich brachte. Die Baulichkeiten mussten nicht mehr in Leichtbauweise errichtet, sondern es konnten Ziegel und andere Baustoffe verwendet werden, was zu erhöhtem Wärmeschutz führte und damit eine Energieeinsparung mit sich brachte.

1983: Aktion 2000

Nach einer Phase der Schleifung von Kleingärten in den 1960er- und 1970er-Jahren konnte die Gemeinde das gestiegene Interesse an Kleingärten nicht mehr ignorieren und beschloss 1983 – gemeinsam mit Zentralverband und Zentralsparkasse – die Aktion 2000. Innerhalb der nächsten fünf Jahre sollten 2000 neue Kleingärten geschaffen werden. Initiator war Josef Veleta (1930–2011), Stadtrat für Vermögensverwaltung, städtische Dienstleistungen und Konsumentenschutz.

Abb. 46: Veletaweg am Heuberg

Die Gemeinde Wien stellte dem Zentralverband entsprechende Grünflächen zur Verfügung, der die Aufschließung besorgte. Voraussetzung für BewerberInnen war eine gartenlose Wohnung und ein ständiger Wohnsitz in Wien. Als Eigenleistung für den Erwerb eines Unterpachtvertrages waren 40.000 Schilling notwendig, an Aufschließungskosten fielen rund 100.000 Schilling an; jeweils vom Bewerber zu tragen. Die Zentralsparkasse bot günstige Kredite an.[377] Der Zentralverband hegte die Hoffnung, dass die langen Vormerklisten für Kleingärten damit reduziert würden.

Die ersten 150 Gärten wurden 1985 im 10. (Heuberggstätten) und im 23. Bezirk (Liesingbach) vergeben.[378] Die Kleingartenanlage »Hausfeld« verdankt ihre Entstehung ebenso dieser Aktion wie Allissen III, Pötzleinsdorfer Höhe, V. Macholda + Ing. Spannbauer und Brunnstube.[379]

1989 berichtete Zentralverbandspräsident Wohatschek von 857 übergebenen Parzellen. 260 befänden sich noch in Aufschließung, sodass im genannten Jahr der 1.000ste Garten

377. Kleingärtner März 1983, S. 2
378. Kleingärtner Jänner 1985, S. 2
379. Vgl. Feuerbach, Kleingartenwesen, S. 52, sowie Wimmer, Raumwirtschaftliche Aspekte des Wiener Kleingartenwesens, S. 67, Kleingärtner Februar 1985, S. 2, sowie Kleingärtner September 1993, S. II (mit Kostenaufschlüsselung)

übergeben werden wird. Dies sollte auch das Ergebnis bleiben. Vom gesteckten Ziel 2000 erreichte man nur die Hälfte.[380]

Die Kleingartenaufschließung war ein großer wirtschaftlicher Impuls für viele kleine Betriebe. 1988 wurde ein Auftragsvolumen von 34,4 Millionen Schilling an Professionisten vergeben.[381] Die Initiative war auch deswegen bedeutend, weil nach Jahrzehnten der Bestandsunsicherheit Kleingärten erstmals keine Platzhalter für andere Nutzungen mehr waren.

Kleingartengesetznovelle 1985

Landesgesetz vom 22. November 1985, mit dem das Wiener Kleingartengesetz geändert wird (LGBl. 6/21. Februar 1986)

Die Novelle war notwendig geworden, weil im Zuge der Sanierung alter Anlagen die gesetzliche Grundlage Kleingartengesetz 1978 nicht ausreichend war.

Kleingartenanlagen mussten bis zur Novelle mit einer öffentlichen Verkehrsfläche in Verbindung stehen. Da dies in der Praxis oft nicht realisierbar war, hieß es neu im § 5 Abs. 1: »Kleingärten innerhalb einer Kleingartenanlage und Einzelkleingärten müssen unmittelbar oder mittelbar über einen rechtlich gesicherten Zugang mit einer öffentlichen Verkehrsfläche in Verbindung stehen.« Die bisherige Bestimmung, dass Aufschließungswege eine Breite von vier Meter haben sollten, wurde auf drei Meter reduziert, da dies als ausreichend für alle Transportfahrzeuge erachtet wurde und Grünraumverschwendung vermieden werden sollte. Ausschließungswege mussten nicht mehr befahrbar ausgeführt werden.

Die gravierendste Änderung für alle KleingärtnerInnen war die Verpflichtung zum Kanalanschluss für Kleingartenhäuser im Widmungsgebiet Ekl, »wenn die Kleingartenanlage oder der Einzelkleingarten von einem bei der Bauführung bereits bestehenden Straßenkanal ohne Verbindung über eine andere Liegenschaft nicht mehr als 30 m entfernt ist« (Ausnahme: Lauben in vorübergehend kleingärtnerisch genutzten Bereichen). In der Historie vieler Vereine wird man später lesen, dass Mitte der 1980er-Jahre ein Kanalanschluss hergestellt wurde.

Die Bebauungsbestimmungen wurden angepasst: Auf vorübergehend kleingärtnerisch genutzten Flächen dürfen nur Lauben und Nebengebäude, aber keine Kleingartenhäuser errichtet werden. Die Größe von Kleingartenhäusern war nach wie vor mit 35 m^2 limitiert. Die Abstände zu den Nachbargrenzen wurden neu definiert: Von öffentlichen Verkehrsflächen, Aufschließungswegen und Nachbargrenzen ist ein Abstand von zwei Metern einzuhalten, bei einem Nebenweg ein Abstand von einem Meter. Dadurch war es möglich geworden, ein Kleingartenhaus in eine Ecke der Parzelle zu stellen, womit

380. Kral, Das Wiener Kleingartenwesen, S. 105
381. Kleingärtner Juli-August 1989, S. 5

der Garten besser ausgenutzt werden konnte.[382] Balkone durften nur an einer Front des Kleingartenhauses errichtet werden; bei Lauben waren sie verboten.

Eine weitere Neuerung war die Offenhaltungspflicht der Eingänge von Kleingartenanlagen: Von Anfang Mai bis Ende September sind die Eingänge von 9 bis 19 Uhr offen zu halten, um der Öffentlichkeit eine Erholungsmöglichkeit im kleingärtnerisch genutzten Grünland einzuräumen.

Kleingartengesetznovelle 1986

Die Novelle zum Kleingartengesetz vom 21. Februar 1986 (LGBl. Nr. 6/86) setzte das übliche Ausmaß eines Kleingartens auf eine Mindestgröße von 250 m^2 bis maximal 400 m^2 fest. Parzellenausmaße von 120 m^2 bzw. 650 m^2, die es ja schon gab, wurden nur noch ausnahmsweise erlaubt. Die Breite eines Kleingartens wurde mit zehn Metern festgelegt. Zwei Drittel des Kleingartens sollten kleingärtnerisch genutzt werden. An den Kleingartenhäusern wurden Balkone bis zu einer Ausladung von höchstens 1,20 Meter erlaubt, ohne dass sie der Gesamtkubatur zuzurechnen sind.

In der Novelle wurden noch Aufschließungswege und Nebenwege definiert. Als Aufschließungswege galten mindestens 3 m breite Wege, die eine Verbindung der Kleingärten und Gemeinschaftsflächen mit einer öffentlichen Verkehrsfläche herstellen.

Neu an diesem Gesetz waren ein Kleingartenbeirat und Kleingartenbezirkskommissionen, die mit wichtigen Aufgaben, z. B. Widmungsfragen und gesetzeswidrige Nutzungen, betraut wurden.[383]

Kleingartenkonzept 1988

Am 25.3.1988 beschloss der Gemeinderat ein Kleingartenkonzept für Wien. Die Wiener Kleingärten wurden statistisch erfasst, Konfliktthemen aufgearbeitet und Ziele entwickelt: Sicherung des Bestandes an Kleingärten, Verhinderung der Entwicklung von Kleingärten zu Zweitwohnsitzen, Verhinderung einer Umwandlung von Kleingartenanlagen in Einfamilienhausgebiete. Kleingartenhäuser sollten nur temporäre Unterkunft während der Sommermonate sein und daher auch die entsprechende bauliche Ausstattung haben. Die Vergabe von Kleingärten sollte nach objektiven und sozialen Gesichtspunkten erfolgen.[384] Und letztlich sollten Kleingärten im Erscheinungsbild den Grünraumcharakter beibehalten, »die gestalterische Vielfalt sollte nicht unterbunden und Uniformität vermieden werden.«[385] Ferner wurde auf eine gute öffentliche Verkehrsanbindung Wert gelegt. Die Gehdistanz zur nächstgelegenen Haltestelle sollte nur ungefähr 500 m betragen.

382. Alle Regelungen vgl. Auböck/Hagmüller, Handbuch für Wiener Kleingärtner, S. 24 ff., sowie Kleingärtner März 1986 (Beilage)
383. Vgl. dazu grundsätzlich die Stellungnahme im Kleingärtner Mai 1979, S. 2
384. Feuerbach, Kleingartenwesen, S. 52
385. Schindelar, Kleingärten in Wien, S. 28

Interessant an dem Konzept ist, dass man für die Parzellen eine Größenordnung von 300 m^2 als übliches Maß empfahl. Kleinere Parzellen, so das Konzept, erzeugen eine soziale Nähe, die Störungen erleichtere, also Nachbarschaftskonflikte. Und Parzellen über 500 m^2 wären im Grunde keine Kleingärten mehr. Die Größe der Kleingartenhäuser sollte mit maximal 35 m^2 unverändert gleich bleiben.

Hintergrund des Konzepts war die Reduktion des Grünraums in Wien infolge reger Bautätigkeit und damit die erhöhte Bedeutung der Kleingärten als grüne Lungen der Stadt. Außerdem wurde in einer Mikrozensuserhebung festgestellt, dass sechs Prozent der Wiener Haushalte über Kleingärten verfügen. Und ein Drittel der Haushalte hat die Möglichkeit, Kleingärten im Rahmen von Besuchen bei Freunden und Verwandten zu nutzen.[386]

Das Kleingartenkonzept 1988, im Detail gut durchdacht und ausgearbeitet, wurde bald durch eine konträre Entwicklung obsolet. Das ganzjährige Wohnen im Kleingarten, die Größe der zugelassenen Baulichkeiten bei ganzjährigem Wohnen (50 m^2 statt 35 m^2) und der mögliche Eigentumserwerb (Kleingartennovellen 1992 und 1996) standen in krassem Gegensatz zum Kleingartenkonzept 1988. Der einzige umgesetzte Punkt des Kleingartenkonzepts 1988 sollte die »Sanierung« alter Anlagen sein. Die bis dahin noch immer als »wilde« Siedlungen im Wiener Wald- und Wiesengürtel gelegenen Kleingärten mit der Widmung Kleingartengebiet (Ekl) wurden legitimiert.

Bundeskleingartengesetznovelle 1990

Mit BGBl. 158 vom 28.2.1990 wurde das Bundeskleingartengesetz novelliert: Bei Streit über die Angemessenheit des Pachtzinses entscheiden ab sofort die Bezirksgerichte; vorher waren die Bezirkshauptmannschaften hierfür zuständig.

Kleingartengesetznovelle 1992 (Ganzjähriges Wohnen)

Einführung des Kleingartenwohnhauses und der Möglichkeit des ganzjährigen Wohnens im Kleingarten (LGBl. Nr. 31/1992 vom 16. Juli 1992, Bauordnung für Wien und Wiener Kleingartengesetz)

Mit der Kleingartengesetznovelle 1992 wurde die Möglichkeit des ganzjährigen Wohnens im Kleingarten geschaffen (Widmungskategorie Eklw – Erholungsgebiet – Kleingarten für ganzjähriges Wohnen). Im § 2 Absatz 1 der Novelle hieß es: »Kleingärten sind vorwiegend gärtnerisch genutzte Grünflächen, die der individuellen Erholung beziehungsweise dem Wohnen dienen, jedoch nicht erwerbsmäßig genutzt werden.«

Mit der Einführung des ganzjährigen Wohnens im Kleingarten wurde eine jahrzehntelange Forderung der KleingärtnerInnen erfüllt. Hintergrund dieser Neuerung

386. Kleingärtner Jänner 1986, S. 3

war die Wohnungsknappheit der späten 1980er-Jahre,[387] aber auch die »Tatsache daß viele Kleingärtner seit Generationen ihren Hauptwohnsitz im Kleingarten haben. Interessant ist in diesem Zusammenhang, daß z. B. im Kleingartenverein Simmeringer Haide aufgrund der Hauptmeldungen seit Jahrzehnten zwei Wahlsprengel bestehen«. Ein wichtiges Kriterium für den Verband war, »daß jeder Kleingärtner, solange er es selbst wünscht, auch Kleingärtner zu den bestehenden Vertragsbedingungen – wie z. B. Pachtentgelt – bleiben kann. Damit kann es zu keiner wie immer gearteten Zwangsbeglückung kommen.«[388] Dies ist wohl eine Replik auf die Auseinandersetzungen des Verbandes mit Exponenten der Wiener ÖVP.

Für Kleingartenhäuser wurden 35 m^2 bebaute Fläche vorgesehen, für Kleingartenwohnhäuser 50 m^2. Die bebaute Fläche durfte 25 Prozent der Kleingartenparzelle nicht überschreiten. Anders herum: Wollte man 50 m^2 im Kleingarten verbauen, so benötigte man eine Parzellengröße von 200 m^2. Umwidmungen konnte ausschließlich der Verein beantragen.

In Anlehnung an das Kleingartenkonzept 1988 wurden nachträglich auch Bausünden legitimiert, was zu durchaus berechtigter Medienkritik führte. So schrieb die *Kronen-Zeitung* unter »Straferlass für böse Häuslbauer«: »In Zukunft dürfen Wiens Schrebergärtner ihre Hütten das ganze Jahr über bewohnen, sofern es der Flächenwidmungsplan erlaubt. Bausünder dürfen aufatmen. Wer vor dem 1. März 1992 bei der Errichtung seines Schrebergarten-Häuschens über die Stränge geschlagen hat und anstelle der erlaubten 35 Quadratmeter bis zu 50 Quadratmeter Grundfläche verbaut hat, erhält im Nachhinein den Sanktus der Gemeinde Wien. (…) Bei aller Freude über die Novelle zum Wiener Kleingartengesetz finden sich aber auch kritische Stimmen. Denn auf der Strecke bleiben jene Bürger, die sich seinerzeit brav an die Vorschriften gehalten haben und nun neidvoll vom Fenster ihres maximal Quadratmeter großen Häuschens zur größeren ›Villa‹ ihres Nachbarn hinüberschauen.«[389]

Die kritisierte Regelung fand sich in § 16, Absatz 7: »Für Gebäude, die am 1. März 1991 bereits bestanden haben, sind in Kleingartengebieten nachträglich Baubewilligungen nach § 70 der Bauordnung für Wien auch dann zu erteilen, wenn sie die Abstände zu den Nachbargrenzen, den Aufschließungswegen und Nebenwegen nach § 8 Abs. 3 nicht einhalten (…).« Auch bei Überschreitung von Gebäudehöhen und Kubatur wurde großzügig verfahren.

Voraussetzung für ganzjähriges Wohnen im Kleingarten waren eine frostsichere Trinkwasserleitung und ein Kanal, der in einen öffentlichen Kanal einmündet. Den Vereinen stand es frei, einen Antrag auf Umwidmung zu machen. Theoretisch konnte

387. Feuerbach, Kleingartenwesen, S. 91, sowie Wimmer, Raumwirtschaftliche Aspekte des Wiener Kleingartenwesens, S. 75 f.
388. Präsident Ing. Wilhelm Wohatschek zur Novelle im Kleingärtner Juni 1992, S. 2
389. Kronen-Zeitung 3.4.1992 (Stadtkrone), S. 14

das auch jeder Kleingärtner tun, praktisch aber wurde dies in der Regel in den Generalversammlungen der Vereine beschlossen. Ganzjähriges Wohnen hat freilich einen erhöhten Pachtzins zur Folge.

Erhöhter Kündigungsschutz 1993

1993 wurde zwischen dem Zentralverband der Kleingärtner und der Stadt Wien eine Vereinbarung auf privatrechtlicher Basis abgeschlossen, die besagt, dass die Widmungen von Kleingärten mit Ekl (Erholungsgebiet Kleingarten) 50 Jahre und die Widmungen von Kleingärten mit Eklw (Erholungsgebiet Kleingarten für ganzjähriges Wohnen) 80 Jahre aufrechterhalten werden. Im Gegenzug wird von der Gemeinde ein erhöhter Bestandszins eingehoben.

Kleingartennovelle 1994

Die Novelle 34/1994 vom 25. Juli 1994 ermöglichte erstmals eine Unterkellerung des Kleingartenhauses bzw. Kleingartenwohnhauses und der daran anschließenden Terrasse; bei seitdem neu errichteten Gebäuden fast schon die Regel: »Keller von Kleingartenhäusern und Kleingartenwohnhäusern dürfen sich über das Kleingartenhaus und das Kleingartenwohnhaus hinaus noch unter die mit diesem verbundene Terrasse erstrecken. Lauben dürfen nicht unterkellert werden.«[390] Bei einem 50 m^2-Haus darf der Keller 83 m^2 groß sein.

Zum besseren Verständnis: Die Unterscheidung Kleingartenhaus und Kleingartenwohnhaus hat mit der Gesamtkubatur zu tun (Kleingartenhaus, max. 160 m^3, Kleingartenwohnhaus max. 250 m^3). Dies ist auch wichtig, weil auf dieser Grundlage die Höhe des Pachtzinses errechnet wird.

Geregelt wurde auch die Garagenfrage. In Kleingärten dürfen Stellplätze nur auf Gemeinschaftsflächen errichtet werden (Ausnahme: Behindertenparkplätze), in Kleingartengebieten nur nicht überdachte Einstellplätze. In Kleingartengebieten für ganzjähriges Wohnen wurden maximal 2,50 Meter hohe Flugdächer in Holzkonstruktion mit begrünten Dächern, so der Bebauungsplan nichts anderes bestimmte, erlaubt.

Kleingartengesetz 1996

Auf Grund zahlreicher Novellen wurde 1996 (LGBl Nr. 57 vom 20. November 1996[391]) das Wiener Kleingartengesetz neu veröffentlicht.

Während das Wiener Kleingartengesetz von 1978 zwischen Kleingartenhäusern (35 m^2) und Lauben (16 m^2) unterschied, wurden im Kleingartengesetz 1996 die Regelungen der

390. Kleingartengesetz 1994, abgedruckt im Kleingärtner Februar 1995 als Beilage
391. Abgedruckt im Kleingärtner Jänner 1997, S. I-VI

Kleingartengesetznovelle von 1992 übernommen: In der Widmung Kleingartengebiet dürfen Kleingartenhäuser inklusive Nebengebäude eine Größe von maximal 35 m^2 haben, in einem Kleingartengebiet für ganzjähriges Wohnen maximal 50 m^2. Nebengebäude wurden als Gebäude ohne Aufenthaltsräume mit einer maximalen Größe von 5 m^2 definiert. Die Höhe dieser Gebäude – in der Regel Werkzeughütten – wurde mit 3 m festgesetzt.

In der Praxis werden diese Maximalwerte, wo es machbar ist, auch ausgenützt. Eine andere Frage ist jene, ob die Vorschrift, dass mindestens zwei Drittel der Kleingartenparzelle gärtnerisch ausgestaltet sein sollen (§ 16 Absatz 1), mit Absatz 2 in Einklang zu bringen ist. Denn dort heißt es, dass Wasserbecken bis zu 25 m^2 je Kleingarten erlaubt sind und dass Terrassen bis zu zwei Dritteln des Ausmaßes der bebauten Kleingartenhäuser bzw. Kleingartenwohnhäuser gebilligt sind.

Vorort-Recherchen bei manch neu errichteten Bauten lassen Zweifel aufkommen, ob dies in der Praxis so ist. Häufig wird bei Neubauten der Eindruck erweckt, dass das Haus den Garten dominiert: »Der Garten ist nur mehr Nebensache und wird zu einem, das Haus umgebenden Rahmengrün degradiert.«[392]

Kritisch anzumerken ist auch, dass Schwimmbecken zur weiteren Versiegelung der Böden beitragen. Ganz abgesehen davon, dass die Pumpen der Schwimmbecken einen kontinuierlichen Lärm erzeugen, mit dem die Nachbarschaft leben muss. Teiche dagegen stellen eine ökologische Kleinstnische dar.

Die weiteren baulichen Vorschriften würden zu sehr ins Detail gehen. KleingärtnerInnen, welche bauen wollen, müssen sich für das Studium der aktuellen Bauvorschriften viel Zeit nehmen.

Noch im selben Jahr wurde das Gesetz mit LGBl. Nr. 57/1996 novelliert. Die Errichtung von Rauchfängen blieb verboten, Abgasfänge sowie Außenwand-Gasfeuerstätten sind seither erlaubt.

Kleingartengesetznovelle 1998

1998 wurde bei Kleingartenhäusern bzw. –wohnhäusern auf Parzellen, die eine Breite von weniger als 10 m haben, eine neue Abstandsregelung eingeführt: 1 m Abstand zum Nachbargrundstück genügt (bei mehr als 10 m Breite sind mindestens 2 m einzuhalten; außer man baut direkt an, dann darf aber nicht höher als 3 m gebaut werden).[393]

Kleingartengesetznovelle 1999

Im Zuge der Wohnrechtsnovelle 1999 (BGBl. 147/199 vom 13.8.1999) wurde für neu eintretende KleingärtnerInnen die Möglichkeit geschaffen, dass sowohl EhepartnerInnen

392. Feuerbach, Kleingartenwesen, S. 123
393. Kleingärtner September 1998 (Beilage)

als auch LebensgefährtInnen gemeinsam UnterpächterInnen bzw. EinzelpächterInnen sein können.[394] Voraussetzung für die Anerkennung der Lebensgemeinschaft ist ein drei Jahre bestehender gemeinsamer Haushalt. Im Falle des Todes eines Teils setzt der andere Teil automatisch den Unterpachtvertrag fort. Voraussetzung ist, dass beide Mitglieder des Vereins sind.

LGBl. Nr. 12 vom 2. Februar 1999 bestimmt, dass in Kleingartenwohnhäusern die Erfordernisse der Wiener Bauordnung betreffend Schallschutz nicht eingehalten werden müssen. Ebenso müssen Kleingartenhäuser und Kleingartenwohnhäuser nicht den Brandschutzbestimmungen gemäß Wiener Bauordnung entsprechen.

Zivilrechtsänderungsgesetz 2004

Das BGBl. 91/2003 vom 28. Oktober 2003 änderte das Nachbarschaftsrecht im ABGB. Die entsprechenden, auch für KleingärtnerInnen interessanten §§ 364 und 422 wurden neu geregelt. Einerseits wird seither verstärkt Schutz vor Einwirkungen der Nachbarn (Überhänge, Immissionen) geboten, andererseits darf man Überhänge und Wurzeln von Nachbarbäumen, die in den eigenen Garten hineinwachsen, nur sachgemäß entfernen. Sachgemäß bedeutet, dass der Nachbarbaum lebensfähig bleibt. Diese Thematik ist laufender Konfliktstoff im Kleingarten.

Kleingartengesetznovelle 2010

Mit Landesgesetzblatt Nr. 47/2010 vom 24. September 2010 wurde die Möglichkeit von Stellplätzen in Gemeinschaftsanlagen geschaffen und die Bewilligung von Behindertenparkplätzen in Kleingartenanlagen geregelt.

Kleingartengesetznovelle 2014

Mit Landesgesetzblatt Nr. 15/2014 vom 15. Juli 2014 wurden die Wiener Bauordnung und das Kleingartengesetz 1996 novelliert. Für Kleingärten schuf die Bauordnung Erleichterungen. Nachträgliche Wärmedämmungen an den Außenwänden und Anhebung der Dachhaut zwecks Anbringung einer nachträglichen Wärmedämmung wurden gestattet, wenn damit auch die zulässige bebaubare Fläche überschritten wird bzw. Abstände zu Nachbarn oder Wegen nicht mehr korrekt einzuhalten waren (§ 23 Absatz 9).

Bauordnungsnovelle 2018

Mit Landesgesetzblatt Nr. 69/2018 vom 21.12.2018 wurde die Bauordnung geändert. Betreffend Kleingärten traten neue Bestimmungen über die Errichtung von Kellergeschoßen in Kraft (überdachte Kellerabgänge werden dann nicht mehr zur Kleingartenfläche

394. Kleingärtner Februar 2000, S. 37

zugerechnet, wenn sie höchstens zur Hälfte ihres Umfanges von Wänden umschlossen sind und die Überdachung nicht breiter wie 1,20 m ist bzw. eine Fläche von 7 m^2 nicht überschreitet). Beim Bau von Kleingarten(wohn)häusern dürfen im Falle eines Anbaus an der Nachbargrenze keine Öffnungen vorhanden sein.

Bauordnungsnovelle 2020 und 2023

Während die Bauordnungsnovelle 2020 (Landesgesetzblatt 61/2020 vom 13.10.2020) für das Kleingartenwesen nur einige Bestimmungen über das Procedere Bauansuchen enthält (Ausfertigung der Baupläne, elektronisches Baubewilligungsverfahren etc.), ist die Bauordnungsnovelle 2023 (LGBl. Nr. 37/2023 vom 13.12.2023) ein gravierender Einschnitt. Dem § 8 des Kleingartengesetzes wurden zwei Absätze angehängt, welche auf die Problematik der Klimaveränderung reagieren.

Einerseits muss über behördliche Aufforderung der Nachweis über Wärme- und Schallschutz (Bauphysik) erbracht werden und andererseits der Nachweis, dass die technische, ökologische und wirtschaftliche Einsetzbarkeit hocheffizienter alternativer Systeme berücksichtigt wird (§ 118 Abs. 3, 3a und 3e der Bauordnung für Wien). Ferner sind ein gültiger Energieausweis und eine Erklärung über den sommerlichen Wärmeschutz notwendig geworden.

Vordächer und Dachvorsprünge bis zu einer Ausladung von 70 cm, Lichtschächte in der Größe der unmittelbar vorhandenen Fensteröffnungen und höchstens einen Meter vor die Kelleraußenwand ragend, Balkone bis zu einer Ausladung von höchstens 1,20 m und Kellerabgänge bis zu einer Breite von höchstens 1,20 m werden der bebauten Fläche des Kleingartens nicht zugerechnet.

Und da in vielen Kleingärten so manches Mitglied mehr versiegelt hat als erlaubt ist, wurde dem § 16 Abs. 1 folgender Satz hinzugefügt: Ein Drittel des Kleingartens darf nicht versiegelt werden und muss als bepflanzte, wasseraufnahmefähige Grünfläche mit direktem Bodenanschluss ausgestaltet sein und erhalten werden.

Auf der Website des Zentralverbandes finden sich alle relevanten Gesetze (Bundeskleingartengesetz, Wiener Kleingartengesetz): www.kleingaertner.at

II. DIE FUNKTION DER SCHUTZHÄUSER IM WANDEL DER ZEIT

Abb. 47

Der aus der Bergwelt entlehnte Begriff des Schutzhauses hatte in Kleingartenanlagen ursprünglich den Zweck, den KleingärtnerInnen Schutz bei Schlechtwetter zu bieten, zumal in den Anfangsjahren der Kleingartenbewegung viele Gärten keine Unterstandsmöglichkeit hatten. Später wurden in Schutzhäusern Saatgut oder Lebensmittel gelagert, auch Greißler oder die Konsumgenossenschaft waren in Schutzhäusern aktiv. Der Verkauf von Lebensmitteln war für die KleingärtnerInnen eine große Erleichterung, da sie ihre Lebensmittel für das Wochenende nicht von weither mitbringen mussten.

Man darf auch nicht vergessen, dass die meisten Kleingärten an der Peripherie der Stadt entstanden und zumeist mit öffentlichen Verkehrsmitteln nur bedingt zu erreichen waren. Längere Fußwege oder das Fahrrad waren gängige »Fortbewegungsmittel«. Umso wichtiger waren daher die Schutzhäuser als Lagerräume und Lebensmittelausgaben, weil jeglicher Transport mühsam und aufwendig war.

In Schutzhäusern waren und sind Vereinskanzleien (z. B. im Schutzhaus Ameisbach), Sitzungszimmer oder Veranstaltungsräume untergebracht. In den Anfangsjahren der Kleingartenbewegung war dort auch ein Erste-Hilfe-Kasten – nicht unwichtig, da es auf den Parzellen kaum Häuser gab. Auch eine Wohnung für den Pächter der Kantine war vorhanden.

Abb. 48: erstes Schutzhaus am Satzberg (um 1920)

Die ersten Schutzhäuser waren einfache Holzkonstruktionen, wie etwa das 1928/29 errichtete Schutzhaus im Rosental: »Das alte Schutzhaus Rosental bestand aus einem größeren Raum mit einfacher Holzverkleidung und mehreren Holzzubauten, die dem Bedarf entsprechen sollten. Nur ein kleiner Teil war Ziegelbau.«[395]

Schutzhäuser wurden »bald zum Mittelpunkt des ganzen öffentlichen Lebens in den Kolonien. Hier werden Versammlungen aller Art veranstaltet und Kurse über Gartenbau und Kleintierzucht abgehalten. (...) In manchen werden Konzerte geboten.«[396] Im Gegensatz zur Siedlerbewegung, die eng mit der Arbeiterabstinenzbewegung verbunden war, wurde in den Gaststätten der KleingärtnerInnen Alkohol ausgeschenkt.

Die Finanzierung der Schutzhäuser stellte man sich anfangs in Form einer Anleihe bei den Mitgliedern vor: »Der Anteil könnte mit 10 Kronen bemessen und den

395. Festschrift 25 Jahre Rosental, S. 46
396. Hans Kampffmeyer: Siedlung und Kleingarten, Wien 1926, S. 2

Mitgliedern das Recht eingeräumt werden, bis zu 10 Anteile zu nehmen. Auf diese Weise lassen sich 75 bis 80 Prozent der Gesamtkosten aufbringen.«[397]

Abb. 49: Schutzhaus Satzberg neu (um 1930, bereits mit Gastronomie)

Heute ist in den Vereinen die Verpachtung der vereinseigenen Schutzhäuser eine attraktive Einnahmequelle für Vereine. In vielen Schutzhäusern gibt es einen gastgewerblichen Betrieb. Die Vereine müssen zwar für die Erhaltung der Schutzhäuser Kosten aufwenden, andererseits haben sie aber laufende Pachteinnahmen. Durch Schutzhäuser mit Gastronomiefunktion (und Veranstaltungsangebot) kommen auch BewohnerInnen der Umgebung in Berührung mit Kleingartenanlagen, ein durchaus positiver Nebenaspekt. Und nicht zuletzt finden Generalversammlungen der Vereine in der Regel in den Schutzhäusern von Kleingartenvereinen statt.

397. Der Gartenfreund Juli 1918, S. 111

III. Verschwundene Kleingärten

Erste Republik

Die Umsetzung des Wohnbauprogramms der Gemeinde Wien hatte die Schleifung zahlreicher Kleingärten zur Folge. Sogar neu errichtete Kleingartenanlagen wurden planiert.

In der Verbandszeitschrift der KleingärtnerInnen findet man in den 1920er-Jahren dafür auch Verständnis: »Seit dem Jahr 1923 verschwindet alljährlich eine erhebliche Zahl von Wiener Kleingärten aus dem Weichbild der Stadt. Grund und Ursache ist die notwendige Errichtung der Wohnhausbauten. Für einen Teil solcher geräumten Kleingartenparzellen wurde von der Stadtverwaltung auch Ersatzgelände beigestellt.«[398]

Die Kleingartenvereine zeigten Solidarität mit Betroffenen und versuchten, gekündigte KleingärtnerInnen in ihren Vereinen unterzubringen. Kleingartenparzellen mit größerem Ausmaß wurden geteilt, womit einem neuen Pächter ein kleiner Garten zur Verfügung stand, allerdings war dieses Aushilfsmittel bald erschöpft.[399]

Das Verständnis des Verbandes für die Vorgangsweise der Gemeinde Wien hing mit seiner sozialdemokratischen Ausrichtung zusammen. Allerdings verlangte die Interessenvertretung der KleingärtnerInnen Dauerpachtgründe: Mistgstetten und Schuttplätze wurden mühselig in Gartenland verwandelt, das für Wohnbauzwecke wieder geräumt werden musste. Ersatzgärten müssten Dauerpachtgärten sein, damit das Spiel nicht jedes Mal von vorne beginnt. Zudem verlangte man Schadensvergütung für die abgesiedelten KleingärtnerInnen. Eine Kommission bestehend aus Mitgliedern des Verbandes und der Stadtverwaltung sollte im Einzelfall über die Schadenshöhe befinden.[400]

Ferner forderte man die Ausweitung der Kleingartenbewegung in den Wald- und Wiesengürtel der Stadt. Um 1931 finden sich mehrere Beiträge in der Verbandszeitschrift, die eine Umwidmung des Wald- und Wiesengürtels im Westen von Wien in einen Wald- und Gartengürtel verlangten. Eine entsprechende Denkschrift wurde Bürgermeister Karl Seitz überreicht.[401]

Häufig wehrten sich die Betroffenen auf juristischem Weg einige Zeit erfolgreich gegen eine drohende Absiedlung. Bevor eine Kleingartenanlage geschliffen wurde, musste die Gemeinde Wien eine Räumungsklage bei Gericht einbringen. Der Standardsatz lautete: »Die in Bestand gegebenen Grundflächen sind am 31. Dezember 19.. bei Exekution geräumt

398. Kleingärtner 1.2.1931, S. 3
399. Kleingärtner 1.2.1928, S. 3
400. Kleingärtner 1.11.1927, S. 1
401. Kleingärtner 1.8.1931, S. 1

zu übergeben oder gegen diese Kündigung innerhalb der unerstreckbaren Frist von acht Tagen Einwendungen einzubringen.«[402] So wurde z. B. der Spiegelgrund 1923 an KleingärtnerInnen verpachtet, aber nach einem Jahr wurde den PächterInnen wieder gekündigt. Formfehler in der Kündigung und Einsprüche der PächterInnen konnten die Räumung zwar um einige Jahre verzögern, aber 1931 mussten die Parzellen aufgegeben werden.[403]

Ersatzgründe der Gemeinde wurden nicht immer angenommen, wie der Spiegelgrund zeigt: Nur »29 von 80 Mitgliedern übersiedelten auf das neue Gebiet, die andern nahmen sich keinen Garten mehr, weil die Lage des neuen Gebietes den meisten schon zu entlegen war und die Kosten für neue Einfriedung und andere Aufwendungen für viele nicht mehr erschwinglich waren.«[404]

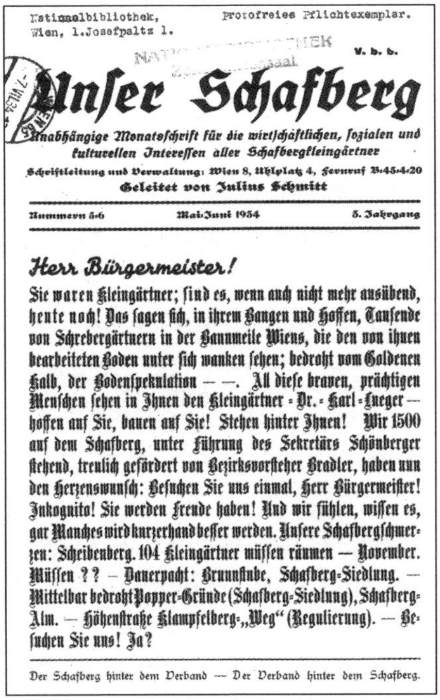

V. d. b.

Unser Schafberg

Unabhängige Monatsschrift für die wirtschaftlichen, sozialen und kulturellen Interessen aller Schafbergkleingärtner

Schriftleitung und Verwaltung: Wien 8, Uhlplatz 4, Fernruf B-45-4-20

Geleitet von Julius Schmitt

Nummern 5-6 | Mai-Juni 1934 | 5. Jahrgang

Herr Bürgermeister!

Sie waren Kleingärtner; sind es, wenn auch nicht mehr ausübend, heute noch! Das sagen sich, in ihrem Bangen und Hoffen, Tausende von Schrebergärtnern in der Bannmeile Wiens, die den von ihnen bearbeiteten Boden unter sich wanken sehen; bedroht vom Goldenen Kalb, der Bodenspekulation — —. All diese braven, prächtigen Menschen sehen in Ihnen den Kleingärtner-Dr.-Karl-Lueger — hoffen auf Sie, bauen auf Sie! Stehen hinter Ihnen! Wir 1500 auf dem Schafberg, unter Führung des Sekretärs Schönberger stehend, treulich gefördert von Bezirksvorsteher Bradler, haben nun den Herzenswunsch: Besuchen Sie uns einmal, Herr Bürgermeister! Inkognito! Sie werden Freude haben! Und wir fühlen, wissen es, gar Manches wird kurzerhand besser werden. Unsere Schafbergschmerzen: Scheibenberg. 104 Kleingärtner müssen räumen — November. Müssen ?? — Dauerpacht: Brunnstube, Schafberg-Siedlung. — Mittelbar bedroht Popper-Gründe (Schafberg-Siedlung), Schafberg-Alm. — Höhenstraße Klampfelberg-„Weg" (Regulierung). — Besuchen Sie uns! Ja?

Der Schafberg hinter dem Verband — Der Verband hinter dem Schafberg.

Abb. 50: Aufruf der Schafbergkleingärtner an Bürgermeister Richard Schmitz (1934)

Weitere Beispiele: Der Kleingartenverein Wienerbergstraße musste sich »infolge der Durchführung des Wohnbauprogramms der Gemeinde Wien« bis 31. Dezember 1925 auflösen. Das Vereinsvermögen wurde unter den Mitgliedern verteilt.[405] Ob die 100 PächterInnen auch so viel Verständnis wie das sozialdemokratisch ausgerichtete Verbandsorgan für die Situation aufbrachten, ist nicht dokumentiert.

Ein anderer Fall sind die frühen Kleingartensiedlungen an Wagramer Straße und Hubertusdamm, im Volksmund »Bretteldorf« genannt. Die ersten »wilden« Siedlungen entstanden in den 1890er-Jahren; nach 1918 wurden die Gründe in Pacht vergeben. Nachdem der Eigentümer, das Stift Klosterneuburg, die Gründe an die Gemeinde Wien verkaufte, wurden die »Bretteldorfer« bis auf einen kleinen Teil 1937 abgesiedelt. Auf die frei gewordenen Flächen wurde Müll abgelagert. Die letzten Reste des »Bretteldorfs« wurden anlässlich der Wiener Gartenschau 1964 (WIG) zuvor geschliffen.[406]

Der KGV Liebhartstal musste nach 10-jähriger Verhandlung 110 Parzellen zwecks Erweiterung des Ottakringer Friedhofs 1935–1937 räumen, und in Währing verschwanden in den 1930er-Jahren Kleingärten am Scheibenberg und am Schafberg.[407]

402. Vgl. dazu z. B. Kleingärtner 1.3.1930, S. 3 (Über die Zulässigkeit von Klagen auf Räumung von Schrebergärten)
403. Schmidt, Der Schrebergarten als kultureller Faktor, S. 118 f.
404. Festschrift 25 Jahre Rosental, S. 68 f. (als Ersatz war der Südhang des Satzberges vorgesehen).
405. Kleingärtner August 1926, S. 4
406. Renate Machat, Kleingärten und Siedlungen in Wien, S. 490, sowie Brettldorfer Zeitung 15.5.1926, S. 1: »Die Siedlungen, die aus eigener Kraft geschaffen, werden von der Gemeinde offen und noch mehr versteckt bekämpft.«; vgl. auch Kleingärtner Juli 1935, S. 3
407. Website KGV Liebhartstal (Zugriff 26.7.2017) sowie Mitteilungen der Kleingärtner, Siedler und Kleintierzüchter Währings

Als der nach Wohneinheiten größte Gemeindebau der Zwischenkriegszeit, die Wohnhausanlage Sandleiten in Ottakring, entstand, wurde als verlängertes Wohnzimmer der Kongresspark geschaffen. Der Platz war durch eine Stiftung in das Eigentum der Gemeinde gelangt, stiftungsgemäß zur Schaffung einer öffentlichen Parkanlage. Dort befand sich nicht nur eine Müllablagerungsstätte, wie es in der offiziellen Broschüre der Gemeinde Wien stand, sondern auch eine Kleingartensiedlung.[408]

Zweite Republik

Die Gemeinde Wien sah Kleingärten als billige Baulandreserve, zumal die Grundstückspreise erheblich angestiegen waren. Als Grundstückseigentümerin konnte sie die Anlagen problemlos von Grünland in Bauland umwidmen und ersparte sich damit teure Ablösen von privaten Grundstücksbesitzern. Der Umstand, dass sich Anfang der 1980er-Jahre rund 45 Prozent der 34.000 Wiener Kleingärten auf Flächen, die keine Kleingartenwidmung (Ekl-Widmung, Erholungsgebiet-Kleingartengebiet) aufwiesen und die daher nur bis auf Widerruf kleingärtnerisch genutzt werden konnten, befanden, spielte der Stadt Wien in die Hände.[409]

Bürgermeister Franz Jonas (1899–1974, Bürgermeister 1951–1965), der Kleingartenidee gegenüber durchaus aufgeschlossen – er hatte selbst einen Kleingarten –, erklärte in einer Radioansprache 1955 dezidiert, dass Kleingärten auf Bauland Luxus wären und wildes Siedeln zu ungeordneter regelloser Verbauung führe. 6,5 Millionen Quadratmeter waren zu diesem Zeitpunkt kleingärtnerisch genutzt.[410]

Der sozialdemokratisch dominierte Zentralverband zeigte Verständnis für unbedingt notwendigen Wohnbau, verlangte aber Ersatzflächen und Entschädigung: »Wenn irgendwo im Interesse der Allgemeinheit – wir wissen es, daß der soziale Wohnhausbau ganz vordringlich zu behandeln ist – der Boden einer Kleingartenanlage beansprucht wird, dann soll man, wenn irgendwie möglich, Ersatzland schaffen, oder – wenn nicht, bedenken, daß die Verwendung einer Kleingartenanlage für andere Zwecke immer eine Vernichtung von Werten bedeutet, die von den Kleingärtnern mit zähem Fleiß, sorgsamer Pflege und erheblichen Opfern geschaffen wurden, und deshalb muß auch der Anspruch auf Entschädigung hiefür gesetzlich festgelegt werden.«[411]

Mussten Kleingärten Wohnbauten oder bald auch dem Straßenbau weichen, wurden

Dezember 1934, S. 1, April 1935, S. 2, und 20.7.1936, S. 1, sowie Unser Schafberg. Unabhängige Monatsschrift für die wirtschaftlichen, sozialen und kulturellen Interessen aller Schafbergkleingärtner November 1932, S. 2, März 1933, S. 7 und Juni 1935, S. 1

408. Kleingärtner 1.3.1927, S. 5 (»Da die Gemeinde Wien auf dem Kongreßplatz im 17. Bezirk eine öffentliche Gartenanlage errichtet, sind bis zum 15. März d. J. verschiedene Gartenprodukte, Obstbäume, Beerensträucher, Gerätschaften, Baumaterialien und Wasserleitungsrohre abzugeben«), sowie Ausgabe Kleingärtner Oktober 1925, S. 7

409. Wimmer, Raumwirtschaftliche Aspekte des Wiener Kleingartenwesens, S. 47

410. Vgl. Website Zentralverband der Kleingärtner (Zugriff 3.1.2017), sowie Kleingärtner März 1955, S. 2

411. Kleingärtner 1.3.1951, S. 1

zwar Ersatzgärten angeboten, aber nicht immer im selben Bezirk und zum Teil in ungünstiger Lage. Viele, vor allem ältere KleingärtnerInnen kamen über den Verlust ihres mühsam aufgebauten Lebenswerks nicht hinweg und gaben auf.

Die rückläufige Entwicklung der Kleingartenflächen lässt sich am Mitgliederstand der KleingärtnerInnen ablesen. Von 1955 bis in die 1970er-Jahre sank der Mitgliederstand in Wien von 46.845 auf 34.223.[412]

Ausgewählte Beispiele

In Floridsdorf musste der Kleingartenverein Ostmark 1961 vollständig einer Wohnhausanlage weichen. Der Verein Leopoldau war 1968–1972 wegen des Baus der Großfeldsiedlung von Absiedlung stark betroffen.[413] Der Kleingartenverein Zukunft auf der Schmelz musste 1952 den Teil Hagengrund für einen Gemeindebau räumen, der Kleingartenverein Lebnergasse musste 28 Parzellen im Jahr 1968 für einen Wohnhausbau abtreten.[414]

Im KGV Liebhartstal in Ottakring wurde die Gruppe Katharinenruhe vom privaten Grundbesitzer 1948 gekündigt; nach längeren verwaltungstechnischen und gerichtlichen Verfahren mussten die Parzellen 1954 geräumt werden.[415]

Ein anderer Fall war der Verlust von Parzellen in der Kleingartenanlage Gartenfreunde XII. Durch eine Umwidmung der vom Verein genutzten Gründe von Grün- in Industrieland verlor der Verein Grundstücke an die Firmen Kapsch, Pollak (Epa-Werke), Alfa-Laval und Hutter&Schrantz. Insgesamt waren laut Website des Vereins 181 Gärten davon betroffen.

1965 sprach Zentralverbandspräsident Fürstenhofer von 764 für Bauzwecke gekündigten und aufgelassenen Parzellen in Wien. Die Ersatzgründe seien zum Teil unbefriedigend.[416]

Ein weiterer Aspekt für den Platzbedarf der Großstadt war der gestiegene Verkehr, dem mit dem Bau der Stadtautobahn (Tangente) begegnet wurde. Kleingärten in Favoriten und Simmering wurden Opfer von Schleifungen. Wegen der Trasse der A-22 Donauuferautobahn mussten Dutzende Kleingärten am Hubertusdamm weichen, und die Donaufelder Kleingärtner hatten Verluste wegen der Bundesstraße B 3 zu beklagen.[417] Von der Schwarzlackenau ist bekannt, dass rund 100 Parzellen vom Autobahnbau

412. Schmidt, Der Schrebergarten als kultureller Faktor, S. 55
413. 85 Jahre 1923–2008 Bezirksorganisation der Kleingartenvereine Floridsdorf BO XXI, Wien 2008, S. 34
414. 75 Jahre Kleingartenverein Zukunft auf der Schmelz. Eine Festschrift, Wien 1995, S. 23, sowie 75 Jahre Bezirksverband der Kleingärtner Floridsdorf, Wien 1998, S. 55
415. Website KGV Liebhartsruhe (Zugriff 26.7.2017)
416. Protokoll des KGV Ferdinand Hanusch vom 18.7.1965 (Vereinsarchiv); Fürstenhofer sprach als Gast bei der Generalversammlung des Vereins.
417. 85 Jahre. 1923–2008 Bezirksorganisation der Kleingartenvereine Floridsdorf BO XXI, Wien 2008, S. 35

betroffen waren. Langzeit-Obmann Helmut Dangel (gest. 1999) erreichte in unzähligen Verhandlungen Ablösen für die Abgesiedelten.[418]

Wehmütig zog die Verbandszeitschrift Bilanz: »In Wien erleben wir statt einer Neuanlage die Absiedlung von 500 Kleingärten alleine im Bereiche des Laaer Berges. Die Trasse für die Südautobahn ist praktisch von den Kleingärten freigemacht worden (...). Mit Datum vom 24. April 1971 wurde uns die Botschaft übermittelt, daß bis 31. Dezember 1971 neuerlich 240 Parzellen freigemacht werden müssen, um den Anschluß der Eisenstädter Bundesstraße durchführen zu können (...).«[419]

Sportanlagen und ein Gymnasium reduzierten den Kleingartenverein Schmelz. Der Kleingartenverein Vogelweide musste dem Bau der Wiener Stadthalle weichen. Im Verein Am Ameisbach musste die Gruppe F der Firma Philips überlassen werden und als in den 1960er-Jahren ein Schwesternheim für das Hanuschkrankenhaus gebaut wurde, gingen 17 Gartenparzellen verloren, 1973/74 weitere 14 Gärten wegen des Baus von Genossenschaftshäusern an der Ameisbachzeile.[420]

Im Zuge des Neubaus der Floridsdorfer Brücke musste der KGV Blumenfreunde in Floridsdorf 60 Parzellen räumen.[421] 1970/71 mussten im Kleingartenverein Weichselgarten in Favoriten 29 Parzellen einem Bundessport- und Spielplatz weichen und einige Jahre später weitere Parzellen dem Bau einer Schule und einer Straße. Von ursprünglich 185 Parzellen (Vereinsgründung) blieben 60 übrig.[422] Der Kleingartenverein Sillergärten verlor durch den Bau des Ottakringer Bades elf Kleingärten (3.920 m^2 Grund).[423]

Dem Kleingartenverein Am Schöpfwerk gelang es, zumindest einen Großteil der Anlage zu retten. Sie war 1955/56 gegründet und vier Jahre später von der Gemeinde Wien als Musteranlage ausgezeichnet worden. 1970 wurde sie auf Bauland rückgewidmet. Erst nach jahrelangen Interventionen gelang 1982 eine Umwidmung eines größeren Teils in Ekl (Erholungsgebiet Kleingarten). Die verloren gegangenen Teile (124 Gärten) dienten der Wohnhausanlage am Schöpfwerk und dem Straßenbau.[424] 1982 wurde der Kleingarten St. Marx aufgelöst und in den KGV Arsenal einbezogen.[425]

418. Nachruf im Kleingärtner Dezember 1999, S. 44
419. Kleingärtner Juli-August 1971, S. 2
420. 100 Jahre Kleingartenverein Am Ameisbach, Wien 2015, S. 28
421. 75 Jahre Bezirksverband der Kleingärtner Floridsdorf, Wien 1998, S. 42
422. Website Verein Weichselgarten (www.weichselgarten.at/derverein/vereinsgeschichte/index.html, Zugriff 1.12.2015)
423. Festschrift 90 Jahre Kleingartenverein Sillergärten, S. 30
424. Vgl. Bemerkungen anlässlich der 40-Jahr-Feier im Kleingärtner November 1995, S. II sowie Schindelar, Kleingärten in Wien, S. 70
425. Kleingärtner Juli-August 1982, S. 2

Die Rolle des Zentralverbandes

Die vermehrte Räumung von Kleingärten wurde vom Zentralverband der Kleingärtner seit 1960 massiv kritisiert, neue Kleingartenareale wurden gefordert und Pressefahrten zu Kleingärten organisiert, um MedienvertreterInnen die Bedeutung von Kleingärten zu vermitteln.[426] Man schaltete sich anlassbezogen auch aktiv in laufende Verfahren ein: Vier Jahre lang prozessierte der Zentralverband wegen der Absiedlung von Kleingärten im Bereich Knoten Arsenal und Bitterlichstraße. Nach 17 Verhandlungen bekam die Gemeinde Wien in erster Instanz Recht. Der Verband berief, zog jedoch die Berufung zurück, als die Gemeinde Ersatzgründe zur Verfügung stellte.[427]

Stellvertretend für zahlreiche Stellungnahmen und Aussendungen sei diese aus dem Jahr 1967 zitiert: »Mit berechtigter Sorge sieht die österreichische Kleingartenbewegung dem ständigen Rückgang von Kleingartenflächen in unseren Städten entgegen. Die Notwendigkeit der Errichtung von Wohnungen, Schulen, Kindergärten und Verkehrsflächen kann keinesfalls bestritten werden. Jedoch scheint die Tendenz zur Freimachung von Kleingartenflächen als eine Maßnahme des scheinbar geringsten Widerstandes immer mehr Auftrieb zu erhalten, ohne Rücksicht darauf, daß eine Vermassung von Stein und Beton dem Luftbedarf des Großstädters keineswegs gesundheitlich förderlich ist (...).«[428]

Der Zentralverband forderte Entschädigungen für Kulturen und Investitionen »in jedem Falle im Beisein eines gerichtlich beeideten Sachverständigen für Gartenwesen«. Der Gemeinde wurde zwar konzediert, dies auf freiwilliger Basis zu tun, aber andererseits wurde darauf hingewiesen, dass viele abgesiedelte KleingärtnerInnen aus Altersgründen nicht noch einmal von vorne anfangen wollen. Die Lage der Ersatzgründe, oft in einem anderen Bezirk, spiele bei dieser Entscheidung eine Rolle. Als Konsequenz ergäbe sich »ein Wandel in der Pächterstruktur, Nutzgärten mit Obst- und Gemüseanbau verschwinden und die Erholungs- und Hobbygärten entstehen.«[429]

Den Räumungen der Kleingartenanlagen kam der Zeitgeist entgegen. Wohl gab es Proteste der Betroffenen, auch Medien berichteten darüber, aber im Grunde genommen galten Kleingärten in den 1960er- und 1970er-Jahren als »hinterwäldlerisch« und standen zukunftsorientierten Projekten nur im Weg. Auch die Überalterung in den Vereinen spielte der Gemeinde in die Hände; Kleingärten galten als Pensionistenreservoirs.[430] Erst in den 1980er-Jahren – mit Aufkommen der Grünbewegung und neuer ökologischer Sichtweisen auf das Kleingartenwesen – fand ein Paradigmenwechsel statt.

426. Kleingärtner September 1970, S. 2 oder Kleingärtner Juli-August 1975, S. 2 (Berichte über Pressefahrten)
427. Kleingärtner März 1975, S. 2
428. Kleingärtner Juli 1967, S. 2; ähnlich auch August/September 1967, S. 2
429. Kleingärtner November 1971, S. 2
430. Feuerbach, Kleingartenwesen, S. 51

Erfolgreiche Proteste und Umdenken

Einer der ganz wenigen Prominenten, die in den 1970er-Jahren öffentlich gegen die Schleifung von Kleingartenanlagen auftrat, war der Stadtplaner und Architekt Roland Rainer: »Wer in diesen Tagen in den alten Wiener Kleingartenkolonien spazieren geht, die auf den Vorbergen des Wienerwaldes oder auf dem Wienerberg oder Laaer Berg ausgedehnte, dichte Wälder blühender Obstbäume über üppig blühenden Gartenblumen bilden – dichter und größer als die Obstbaugebiete der Wachau – der kann in der Mannigfaltigkeit der sichtlich ganz selbständig und sehr phantasievoll gestalteten kleinen Gartenhäuser und Sitzplätze ein sehr reizvolles Spielgelbild der Persönlichkeit ihrer Besitzer erkennen, die sich diese volkstümlichen Gärten nach ihren eigenen Vorstellungen als ihre eigene Welt nicht nur gebaut, sondern vor allem auch kultiviert haben. (...) Was würde volkswirtschaftlich und kulturell und in Hinblick auf die Volksgesundheit insgesamt die Förderung einer städtischen Gartenkultur vielseitiger Art kosten und was würde sie bedeuten gegenüber der jetzigen, mit allen Mitteln betriebenen Unterstützung der Freizeitautofahrerei. Wie ist es zu vertreten, dauernd zugunsten von Autostraßen diese Gärten zu beseitigen, ohne ihre Besitzer als Anrainer auch nur zu hören?«[431]

Von Absiedlung betroffene Kleingartenvereine benutzten den 18. Internationalen Kleingärtnerkongress (»Grüne Internationale«), um auf ihre prekäre Situation hinzuweisen (»Hilferuf an die Grüne Internationale«). Insbesondere machte man darauf aufmerksam, dass laufend Umwidmungen von Kleingartenanlagen in Wohn- oder Industriegebiet stattfinden und dass Kleingartenanlagen dem Straßenbau weichen müssen. Unterzeichnet war das Flugblatt von der Interessengemeinschaft der Kleingärtner und Siedler am Hubertusdamm, dem Siedlerverein Unterlaaerberg, dem Kleingärtner- und Siedlerverein Schwarzlackenau und den betroffenen Kleingärtnervereinen Favoriten-Laaerberg.[432]

Die Tageszeitung *Kurier* berichtete über die Tagung und rügte die Doppelmoral der Gemeinde: »Es ist eigentlich eine makabre Szene, die sich im Rathaus darbietet. Viel Gerede über das lebenswichtige Grün, einer sagt dem anderen, was sie alles für die Schrebergärten tun. Und keiner sagt die Wahrheit: schlicht, daß der Schrebergarten in unserer Zeit am Ende ist. (...) Wir brauchen doch nur hinauszugehen zu den Baugruben dieser Stadt. Edelsinnstraße: Eine Schnellstraße entsteht, 250 Schrebergärten pro Kilometer sind im Weg. Weg damit! Hubertusdamm: eine Autobahn, 460 von insgesamt

431. Die Presse 15./16.4.1972, S. 7, sowie auch Roland Rainer: Für eine lebensgerechtere Stadt. Beiträge aus 25 Jahren, Wien-München-Zürich 1974, S. 114

432. Schmidt, Der Schrebergarten als kultureller Faktor, S. 54 f. Der KGV Schwarzlackenau musste auf Grund des Baus der Donauuferautobahn 100 Parzellen absiedeln; 75 Jahre Bezirksverband der Kleingärtner Floridsdorf, Wien 1998, S. 62

1000 Schrebergärten müssen weg. Favoriten: Autobahn: 106 Schrebergärten abgesiedelt. Schmelz: Schulen, Straßenausbau. Meidling: neue Eisenbahntrasse. Simmering: Autobahn, Wohnblocks. Laaerberg, Altmannsdorf: Wohnblocks. Überall das gleiche Bild. (…) Dabei hätte der Schrebergarten gerade heute mehr Funktion denn je.«[433] Laut *Kurier* waren in den letzten Jahren rund 12.000 Gärten verschwunden.

Bundespräsident Franz Jonas, der den Ehrenschutz der Tagung übernommen hatte, ging in seiner Rede auf die Proteste der KleingärtnerInnen ein: »Ich kenne auch die Schwierigkeiten, welche die Gemeindeverwaltungen haben, um den ständig wachsenden Bedarf an neuen Gründen für Wohnungen, Industrie- und Straßenbauten zu befriedigen. Es ist deswegen da und dort nicht zu vermeiden, daß zugunsten eines solchen wichtigen gemeinnützigen Projektes eine Kleingartenanlage geräumt werden muß. Ebenso aber ist zu hoffen, daß von seiten einer verständnisvollen Kommunalverwaltung nach Tunlichkeit Härten vermieden und Ersatz geboten wird«.[434]

1974 spitzte sich die Situation zu, als in Favoriten die große Kleingartenanlage »Am Brunnweg« vor der Schleifung stand, denn die dortigen PächterInnen wehrten sich per Gericht, Medien und Demonstrationen. Die Anlage befand sich dort, wo heute der Karl-Wrba-Hof steht. Die Tageszeitung *Kurier* berichtete, dass der Zentralverband am 30. Juni 1974 die Kündigung für die Anlage per Ende 1974 erhalten habe. Die KleingärtnerInnen wehrten sich: »Trotz Badewetters demonstrierten Samstag nachmittag in Favoriten mehr als dreihundert Siedler der Gartenanlage Am Brunnweg gegen die geplante Schleifung von rund 350 Häusern samt Grundstücken. Die Besitzer, durchwegs ältere Menschen mit Familien und Kindern, ließen bei ihrem Protest keinen Zweifel darüber, daß die Ansiedlung für sie eine Lebensfrage ist. (…) Die Anlage, die tagsüber unverschlossen jedermann zur Verfügung steht, biete auch vielen Pensionisten der angrenzenden Wohnblöcke Erholungsmöglichkeiten.«[435]

Dem Protest auf der Straße folgte eine Gerichtsverhandlung, die von den KleingärtnerInnen öffentlichkeitswirksam für ihre Zwecke genutzt wurde. Mehr als hundert Personen nahmen an der ersten Verhandlung teil. Unter der Überschrift »Kampf der Gärtner. Massenaufmarsch in Favoritner Gericht« berichtete der *Kurier*: »Rund 300 Favoritner sind von der Kündigung ihrer Pachtgründe betroffen. Auf dem 85.000 Quadratmeter großen Areal stehen 6000 Bäume und 2000 Sträucher, die einer Schleifung der Kleingartenanlage vermutlich ganz oder zum Großteil zum Opfer fallen würden. (…) Ihre Gründe gehören der Gemeinde und sind jederzeit kündbar. Dort, wo jetzt Gärten sind, soll eine Gemeinde-Großwohnanlage entstehen. Es taucht wieder das Problem auf, ob man grüne Lungen einer Großstadt einer sterilen Siedlung opfern

433. Kurier 9.9.1972, S. 6
434. Kleingärtner November 1972, S. 1
435. Kurier 8.7.1974, S. 5

soll.«[436] Am 12. Oktober 1974 fand eine weitere Protestveranstaltung in Favoriten statt, der sich auch andere Kleingartenvereine solidarisch anschlossen.

Abb. 51

Aus dem Impressum des Flugblattes ist ersichtlich, dass sich die 1973 gegründete konservative, später von rechtsextremen Elementen unterwanderte USB (Österreichische Umweltschutz-Bewegung) von Otto Häusler dem Protest angeschlossen hatte. Wieder berichtete der *Kurier*, der sich auch in der Folgezeit als Verbündeter der KleingärtnerInnen zeigte: »Rund 1000 Wiener Kleingärtner versammelten sich Samstag nachmittag auf dem Favoritner Hebbelplatz, um gegen die jüngsten Kündigungen von Schrebergärten durch die Gemeinde Wien zu protestieren. Für die Zukunft forderten die Demonstranten die Erhaltung des Wiener Grüngürtels, aller Kleingärten und die Einstellung des Baus von Stadtautobahnen.«[437]

Gegen die Stimmen der ÖVP wurde das Areal im Gemeinderat von »ländliches Gebiet« in »Wohngebiet« umgewidmet. Trotzdem gelang den KleingärtnerInnen ein vorläufiger Erfolg. Das Bezirksgericht wies die Räumungsklage zurück.

Die Gemeinde gab nicht auf und reichte 1975 neuerlich eine Räumungsklage ein: »Trotz Angebot von Ersatzgärten und Abfindung blieb das Problem, dass die Leute keine Abfindung oder alternative Gärten wollten, weil viele bereits in fortgeschrittenem Alter und gar nicht in der Lage waren, etwas neu aufzubauen.«[438]

KleingartenvertreterInnen berichteten von Herzattacken und psychischen Erkrankungen der Betroffenen; die Verzweiflung war groß, wie auch der *Kurier* aus dem Gerichtssaal berichtete: »(…) Der Gerichtssaal war so zum Bersten voll, daß der letzte der 200 Menschen nur vom Gang her das Geschehen verfolgen konnte. (…) Der Prozeß um Sein oder Nichtsein der Schrebergärten entpuppte sich als echte Lebensfrage für viele alte Menschen. (…) Und wirklich ist für Dutzende die Situation verzweifelt. Ihre einzige

436. Kurier 25.7.1974, S. 7
437. Kurier 13.10.1974, S. 7
438. Kurier 7.8.1975, S. 4: »Wenn sie die Gärten verlieren, sterben sie. Neue Räumungsklage der Stadt Wien gegen Siedler am Brunnweg«.

Freude sind die schönen Tage im grünen Garten.«[439] Der Prozess wurde im Oktober fortgesetzt, dann vertagt, neuerlich verhandelt – letztlich verloren die KleingärtnerInnen.

Die Kündigungen in den Favoritner und in anderen Kleingärten schlugen auch in anderen Vereinen hohe Wellen. So war beispielsweise auf Grund seiner Lage der KGV Predigtstuhl am Wilhelminenberg von Kündigungen seitens der Gemeinde nicht betroffen, aber aus dem Protokoll der Generalversammlung 1977 geht hervor, dass der Obmann des Landesverbandes Wien als Gastredner über die Kündigungen berichtete: Am Brunnweg wären 320 PächterInnen betroffen, 16 Gerichtsverhandlungen wurden abgehalten. Im 21. Bezirk, so weiter der Bericht des Obmanns, wären 400 Gärten entlang des Hubertusdamms geschliffen worden. 160 Personen mussten eine Wohnung bekommen, weil sie dort – illegal – ganzjährig wohnten. Im 18. Bezirk wurde eine Anlage aufgelöst. Nur im 17. Bezirk wären im Jahr 1976 keine Kleingärten geräumt worden.[440]

Obwohl die KleingärtnerInnen letztlich aufgeben mussten, so war der Kleingartenidee langfristig ein Erfolg beschieden. Der Gemeinde Wien war klar geworden, dass weitere Schleifungen von Kleingartenanlagen von der Bevölkerung nicht mehr widerstandslos hingenommen werden.

Der Zentralverband der Kleingärtner erhielt 1975 von Bürgermeister Leopold Gratz die Zusage, dass die Kleingartenareale grundsätzlich erhalten bleiben und im Falle von Absiedlungen Ersatz geschaffen wird (wenn auch nicht immer im gleichen Bezirk),[441] und von Vizebürgermeister Hubert Pfoch kam die Zusage, »daß die Kleingärtner in Zukunft ihre Ersatzgründe bei Kündigungen sofort erhalten werden, sodaß eine direkte Umsiedlung möglich sein wird.«[442]

Ein Jahr später versprach Gratz, dass nur noch in Ausnahmefällen Absiedlungen vorgenommen werden und dass es in diesen Fällen Kulanzlösungen gäbe, und zwar bereits vor allfälligen Kündigungen (Ersatzgründe).[443] Auf die Wahlergebnisse in Wien hatte die Kündigungswelle in den Kleingärten übrigens keinen Einfluss. Gratz erzielte die bis dahin besten Wahlergebnisse für die SPÖ in Wien.

Nur in einigen wenigen Fällen gelang es KleingärtnerInnen, sich gegen Absiedlungen erfolgreich zur Wehr zu setzen. Ein Beispiel wäre Neu-Brasilien an der Alten Donau, das dem exklusiven Wohnprojekt »Wohnen am Wasser« weichen sollte.[444]

Absiedlungen von Kleingarten(teilen), die auf Grund des U-Bahn-Baus notwendig wurden, gingen in den 1990er-Jahren auch ganz anders über die Bühne. So wurde etwa

439. Ebda.
440. Protokoll Generalversammlung 12. März 1977 (Vereinsarchiv KGV Predigtstuhl) sowie über den Hubertusdamm auch Kleingärtner März 1976, S. 3
441. Kleingärtner April 1975, S. 2
442. Kleingärtner September 1975, S. 2
443. Vgl. Website Zentralverband, Zugriff 4.1.2017, sowie Kleingärtner März 1976, S. 3
444. Machat, Kleingärten und Siedlungen in Wien, S. 498

der Antrag des Vereins Grünland (zwischen Abfahrt Tangente und Stadion bzw. gegenüber der U2-Station Donaumarina gelegen) auf »Kleingartengebiet für ganzjähriges Wohnen« zurückgestellt und ein Baustopp verhängt,[445] weil man Teilflächen für die U-Bahn-Trasse benötigte, aber Verein und Politik suchten das Gespräch und verhandelten. Ein Teil der Gärten fiel dem U-Bahn-Bau zum Opfer, aber man bemühte sich um Ersatz. Der Verein war übrigens bereits einmal von Absiedelung infolge des Baus der Südosttangente stark betroffen gewesen (vgl. Eintrag KGV Sonnenschein im Kapitel »Ausgewählte Vereinsgeschichten«).

Der Kleingartenverein Obstfreunde in der Arbeiterstrandbadstraße verlor durch den Bau der U1 vier Gärten. Für die Betroffenen konnten Ersatzgärten innerhalb der Anlage gefunden werden.[446] Auch in der Leopoldau mussten der U1-Trasse Kleingartenflächen weichen.

Ein Kuriosum ist der Verlust einer Parzelle im Kleingartenverein Unterer Gaisberg durch den Bau einer Kirche (1982/83). Der bisherige Pächter erhielt eine finanzielle Entschädigung und den nächsten frei werdenden Garten in der Anlage.[447] Die letzte Absiedlung betraf die Kleingartenanlage »An der Fuchsröhrenstraße« in Simmering. Der 1929 gegründete Verein umfasste acht Parzellen und hatte eine Widmung Wohngebiet. Ende 2017 wurde er aufgelassen.[448]

445. Grünlandjournal November 1998, S. 2
446. www.kleingaertner.at/wir/vereine/21/21obst.htm (Zugriff 17.4.2017)
447. Festschrift 80 Jahre Unterer Gaisberg, Wien 2013, S. 23
448. Website Verein sowie Kleingärtner Juli 2017, S. 54

IV. Bedeutung des Kleingartens für die Allgemeinheit und die KleingärtnerInnen[449]

Grüne Lungen in der Großstadt

Kleingärten sind »grüne Lungen« in der Großstadt und haben durch den Anteil an unversiegelter Bodenoberfläche eine klimatisierende Funktion für die Stadt. In den Nachtstunden ist die Temperatur in den Kleingärten (wohltuend spürbar vor allem im Sommer) niedriger als in der bebauten Umgebung. Das Gießen der Pflanzen erhöht zwar die Luftfeuchtigkeit, wirkt jedoch temperatursenkend. Im dicht verbauten Gebiet sind die Temperaturen um 2 Grad höher, und die Frostperiode ist um ca. 25 Tage verkürzt. Vegetationsbedeckte Flächen wirken auch als Wasserspeicher und Staubfilter.[450] Angesichts immer länger andauernder Hitzeperioden im Sommer bieten Kleingärten psychisch und körperlich Belasteten durch kühlere Temperaturen bessere Erholung.

Seit Einführung des ganzjährigen Wohnens ersetzen freilich vermehrt neue 50-m²-Häuser kleinere Gartenhäuser, was eine Reduktion des Anteils an unversiegelter Fläche zur Folge hat: »Das im Zuge der Einführung der neuen Widmungskategorie umgesetzte Regelwerk zur Bemessung allfälliger Baukubaturen ist im Falle einer weitreichenden Ausschöpfung aller Wahrscheinlichkeit nach nur noch bedingt geeignet, den propagierten Gartencharakter zu erhalten.«[451]

Kleingärten haben weiters eine biologisch-ökologische Funktion. In Kleingartenanlagen gibt es neben dem üblichen Pflanzenbestand Tümpel- und Feuchtzonen oder unzugängliche Hecken und Gebüsche. Insbesondere alte Anlagen sind für manche Tier- und Pflanzenarten ein Rückzugsgebiet. Eine reichhaltige Insektenfauna ist Ernährungsgrundlage für Vögel, vor allem für solche, die im Winter nicht nach Süden ziehen. Je älter ein Baum oder Strauch ist, desto mehr Nischen und Überwinterungsmöglichkeiten bietet er. Monotone Gartenkultur hat einen gegenteiligen Effekt.

Entscheidend freilich ist eine umweltbewusste Gartenbewirtschaftung, also der Verzicht auf zu viel Chemie im Garten. Außerdem sollte auf exotische Baum- und Straucharten (auch wenn sie attraktiv wirken mögen) zu Gunsten einheimischer Baum- und Straucharten verzichtet werden. Und die Rasenflächen sollten nicht überdüngt sein.

449. Nach Feuerbach, Kleingartenwesen, S. 6 f. und Petra-Elisabeth Cermak, Nutzungsänderungen in Wiener Kleingärten an Hand des Beispiels von drei Kleingartenanlagen am Schafberg in Wien XVII, Diplomarbeit Wien 1999, S. 8-13
450. Wimmer, Raumwirtschaftliche Aspekte des Kleingartenwesens, S. 18 f., S. 29 und S. 70
451. Tschuppik, Wege zur Architektur im Kleingarten, S. 23. Der Autor erwies erstaunlichen Weitblick, schrieb er dies doch bereits im Jahr 2001, also nur kurze Zeit nach Einführung des ganzjährigen Wohnens im Kleingarten.

In eintönig bepflanzten Gärten ist die Gefahr von Schädlingen viel höher als in einem bunten Mix. KleingärtnerInnen können durch ihr konkretes Verhalten einiges für die Umwelt beitragen.

Die Begrünung in den Kleingärten hat zudem eine lärmdämpfende Funktion, und als »grüne Lunge« produziert ein mittlerer Kleingarten so viel Sauerstoff, wie ihn eine vierköpfige Familie in einem Jahr zum Atmen benötigt. Die luftverbessernde und staubfilternde Funktion von Kleingartenanlagen ist nicht zu unterschätzen. Grünflächen erhöhen die städtische Lebensqualität.

KleingärtnerInnen und ihre Kinder lernen die Fruchtfolge der Pflanzen kennen, was in der Stadt angesichts des über das ganze Jahr angebotenen »vollständigen« Obst- und Gemüsesortiments in den Supermärkten vielfach keine Selbstverständlichkeit mehr ist.

Erholungsfunktion

Kleingärten haben Erholungsfunktion auch für die Allgemeinheit. Im § 17 Kleingartengesetz wurde dies verankert: Die Eingänge von Kleingartenanlagen sind von Anfang Mai bis Ende September in der Zeit von 9 bis 19.00 Uhr offen zu halten. Gewidmete öffentliche Durchgänge sind ständig offen zu halten. Bei den KleingärtnerInnen wird dies häufig anders gesehen. In der Praxis stellt sich aber auch das Problem der Verantwortlichkeit: Wer kontrolliert oder sperrt in großen Anlagen die vielen Tore auf und zu. Eine Ausnahme auf Grund von Haftungsfragen sind Badeparzellenwidmungen.

Dort, wo die Tore offen sind, ist die Einsicht in die Gärten meist nur bedingt möglich. Durch geschlossene Thujenhecken, Bretterzäune, grünes Plastik und andere Formen des Sichtschutzes werden die Parzellen uneinsehbar gemacht. Der intime Charakter vieler Anlagen schreckt Außenstehende vor Spaziergängen im Kleingarten ab. KleingärtnerInnen wollen unter sich sein.

Lagebedingt gibt es Vereine, die einen offenen Zugang für die Allgemeinheit gewährleisten. Überall dort, wo ein oder mehrere (breite) Hauptwege vorhanden sind, ist eine bessere Abgrenzung zwischen privatem und öffentlichem Bereich möglich. Als ein Beispiel von vielen sei der Kleingartenverein »Zukunft auf der Schmelz« erwähnt.

Kommunikative Funktion und Mitarbeit im Verein

Geringe Parzellengrößen und eine gewisse Einsehbarkeit der Parzellen, aber auch dadurch, dass die Wohnfläche in den Garten erweitert wird (Terrasse), führen zu vermehrtem Kontakt mit der Nachbarschaft. Andererseits kann diese soziale Kontrolle auch als störend empfunden werden.

KG-Miss in Kögeln
102
Wlassakstraße

Kleingartenverein
Breitensee
1140 Wien
Josef Weinheberplatz 4

Gartensiedlung
AM HEUBERG
Zugang zu Parz.
15, 35, 77, 78, 79, 80, 84

KGV "GUT FREUND"
Gegründet 1938

Kgv Blöckinger
1
Parzelle

KLEINGARTENANLAGE
Siebenhirten
Gruppe 1

KGV Brigittenau 226

Kleingartenverein
Neu-Florida Gr. E
Florian-Berndlweg

DAUERKLEINGARTENANLAGE
FRZ. STAUDINGER
Bitte keine
REKLAME
·KEIN DURCHGANG·
1
Am Neustiftblick
Parz. 2-33

Idylle am Schafberg (KGV Unteralsegg, oben),
Nutzgarten auf der Schmelz (unten links),
altes Haus im KGV Wasserwiese (unten rechts)

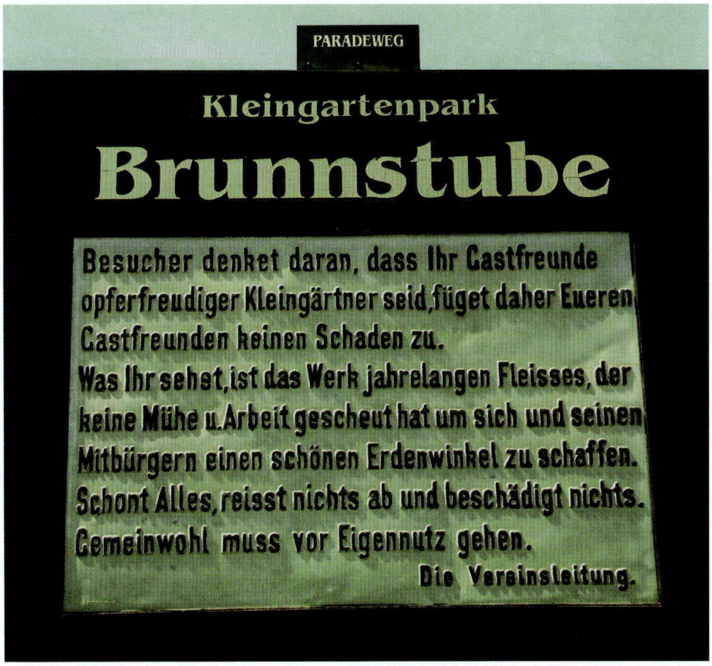

Tafel im Kleingartenverein Brunnstube, 1180 (unten),
Kleingartenhütte aus dem Jahr 1916 im Schulgarten Kagran (oben links),
Verbotstafel im KGV Frohsinn, 1100 (oben rechts)

Errichtung der Gasleitung im
KGV Frohes Schaffen, 1210

Errichtung der Winterwasserleitung im
KGV Hermestor, 1130

Investitionen der Vereine in die Infrastruktur:
Bau eines Carports im KGV Frohes Schaffen, 1210

Kommunikation im Kleingarten erfolgt auch durch gemeinsame Veranstaltungen. Und seien es nur die jährlich abgehaltenen Generalversammlungen. In Kleingärten gibt es in der Regel auch Gartenexperten und Gartenexpertinnen, oder es werden Kurse über Gartenbau angeboten.

Für ältere BewohnerInnen kann ein Kleingarten der Gefahr der Vereinsamung vorbeugen, da es wesentlich mehr Möglichkeiten der Kommunikation als in anonymisierten Wohnbauten gibt. PensionistInnen können sich im Verein einbringen und Funktionen übernehmen.

Bei Durchsicht von Vereinszeitschriften und in Gesprächen mit Vereinsverantwortlichen stellt man fest, dass Nachbarschaftskonflikte im Kleingarten nicht gerade die Ausnahme sind. Die Konflikte haben vielerlei Ursachen. Einzelne, die sich nicht an die Spielregeln im Verein halten (z. B. Lärmentwicklung in den Ruhezeiten), mit den Nachbarn wegen überhängender Äste streiten oder Hunde frei auf den Vereinswegen herumlaufen lassen. Laut Einschätzung des Präsidenten des Zentralverbands haben rund 10 Prozent der Mitglieder eines Vereines Probleme mit der Vereinsleitung.[452]

Winke und Warnungen.

Eintracht, Friede im Kleingarten.

Uns sind in letzter Zeit Fälle bekannt geworden, die diesem obersten Gesetz des Schrebergärtners scharf widersprechen. Rücksicht auf den Nachbarn! Ist das so schwer? Wo sie nicht geübt wird, sind den Vereinsleitungen organisatorische Mittel gegeben, Abhilfe zu schaffen —. Daß man wegen angenommener etlicher Millimeter Standdifferenz von Kleinbäumen monatelang alle Organisationsdistanzen durchläuft, ist gewiß nicht „einsichtig“; ebensowenig wie es von Schrebergartensinn zeugt, wenn man „seinen“ Garten als Zirkusarena betrachtet, ohne Rücksicht zu nehmen auf die Nachbarn —. Wir betrachten es als journalistische Pflicht, derartigen Beschwerden Gehör zu geben: Wir nutzen damit der Allgemeinheit. Und stärken die Vereinsleitungen!

Abb. 52: Eine andere Form der Kommunikation: Nachbarschaftskonflikte (1933)

Kulturelle Funktion

In den Anfangsjahren der Kleingartenbewegung, insbesondere in der Ersten Republik, gab es ein reges Kulturleben in den Vereinen.

Es existierten Gesangsvereine, wie etwa der 1919 gegründete »Gesangsverein Schrebergärtner Wiens.«[453] Dieser fungierte ab 1929 als Dachverband (»Sängerbund«), dem die einzelnen Gesangsvereine in den Kleingartenanlagen und Siedlungsgenossenschaften beitraten.[454] Als Obmann dieses Sängerbundes wurde anlässlich der sechsten Gründungsfeier Chormeister Karl August Metzner[455] angeführt, 1932 Josef Soucek.[456] Anfangs

452. Sylvia Wohatschek, Kleingärten als soziale Netze, Wien 2008, S. 18
453. Gartenfreund Juli 1919, S. 109, sowie Siedler und Kleingärtner Jänner 1925, S. 6
454. Kleingärtner 1. Jänner 1930, S. 4
455. Kleingärtner Jänner 1925, S. 6
456. Kleingärtner 1.3.1932, S. 3

befand sich das Vereinshaus des Gesangsvereins am Neubaugürtel, wurde aber 1925 in das Schutzhaus »Zukunft« auf der Schmelz verlegt, um interessierte KleingärtnerInnen besser erreichen zu können.[457]

Gesangsvereine gab es früh auch im Rosental und bei den Gartenfreunden Ottakring. Der 1929 gegründete Gesangsverein der Hernalser Kleingärtner feierte unter Obmann Robert Sagl 1954 sein 25-jähriges Bestehen.[458] Aus der Chronik des KGV Predigtstuhl geht hervor, dass dieser Verein z. B. bei diversen Vereinsjubiläen auftrat. 1963 löste er sich auf.

Verein „Dauerkleingartenanlage Ferd. Hanusch"

Als Abschlußfeier der Ferienzeit veranstalten die Kinder unserer Mitglieder am *Sonntag den 14. September* um 6 Uhr abends im festlich geschmückten Saal der Gastwirtschaft «zur Bieglerhütte», XVII., Andergasse, ein

Erntefest

und laden Euer Wohlgeboren samt Familie zum Besuche desselben herzlichst ein.

Samstag, den 13. September 1930

4 Uhr nachmittags (bei schönem Wetter): Fußballmatch der Jugendlichen am Kinderspielplatz. Schiedsrichter Koll. Hans Mayer.

7 Uhr abends: Lampionumzug der Kinder mit Musikbegleitung durch unsere Anlage.

Sonntag, den 14. September 1930

10 Uhr vormittags: Schmückung des Denkmals Ferdinand Hanusch' am Ring durch eine Abordnung der Kinder anläßlich des Blumentages der Kleingärtner.

6 Uhr abends in der «Bieglerhütte»:

Musik- und Gesangvorträge der Kinder.

Theater-Festvorstellung.

(Erste Aufführung unserer jungen Darsteller)

„Kasperl ist überall"

Ein heiteres Spiel von Franz Pocci, mit einer szenischen Einlage vom kleinen Walter Kominek.

Regisseur Koll. Eduard Kominek sen.

Das gesamte Programm wird nur von den Kindern unserer Mitglieder bestritten.

Mitglieder!

Bringt Eure Verwandten und Freunde als Gäste mit! Zu allen obigen Veranstaltungen *freier Eintritt* gegen Vorweisung dieser Einladung.

Abb. 53

Der Orchesterverein Dornbach-Neuwaldegg unter Obmann Franz Köstelbauer trat bei vielen Kleingartenvereinsfeiern auf. Derartige Vereine gab es in ganz Wien noch mehrere. Häufig traten sie bei Erntefesten, 1.-Mai-Feiern und vor Generalversammlungen von Vereinen auf. Heutzutage ist der Simmeringer Haidechor ein Aktivposten.

In den 1950er- und 1960er-Jahren, also vor Beginn des Fernsehzeitalters, lesen wir in der Verbandszeitschrift, aber auch in mancher Vereinszeitschrift, von Lichtbildvorträgen, welche in den Vereinen (Schutzhäusern) abgehalten wurden.[459] Vom KGV Sonnheim wissen wir, dass dort in den 1930er-Jahren Filmvorführungen abgehalten und gemeinsame Ausflüge veranstaltet wurden.[460] Auch Erntedankfeste hatten mitunter einen kulturellen Rahmen.

Es gab Theateraufführungen in den Vereinen, oder man konnte über den Verband vergünstigt Theaterkarten erhalten.[461] In vielen Schutzhäusern gab es zudem Theateraufführungen von Laiengruppen. Der KGV Wasserwiese hatte eine Bühne, in der eine Operette oder ein Schwank aufgeführt wurde.

Heute gibt es nur noch in wenigen Vereinen ein kulturelles Leben. Ein Beispiel für aktives kulturelles Engagement wäre der KGV Ober dem Heustadlwasser, der gemeinsame

457. Kleingärtner August 1925, S. 6

458. Vgl. Notiz im Kleingärtner zum fünfjährigen Gründungsfest 1934 vom Dezember 1934, S. 8, sowie in der Ausgabe Mai 1935, in der Robert Sagl bereits erwähnt wurde. 1948 wird Karl Wagner vom KGV Predigtstuhl als Obmann des Gesangsvereins Kleingärtner Hernals genannt (Kleingärtner 1.10.1948, S. 3)

459. Exemplarisch: Kleingärtner 1.2.1950, S. 1

460. Sonnheim-Nachrichten, hrsg. KGV Sonnheim Februar 1937, S. 2, und Juli 1937, S. 1

461. Gartenfreund November 1919

Museumsbesuche und Ausflüge organisiert.[462] Aber auch im KGV Wasserwiese gibt es aktives kulturelles Leben. Eine andere Form, aktive Teilnahme am Vereinsleben zu fördern, sind Veranstaltungen, wie sie etwa der KGV Sagedergasse abhält oder Sprechstunden, wie sie der Verein Weichselgarten gestaltet. Weitere Beispiele finden sich bei der Beschreibung der einzelnen Vereine.

Soziale Funktion

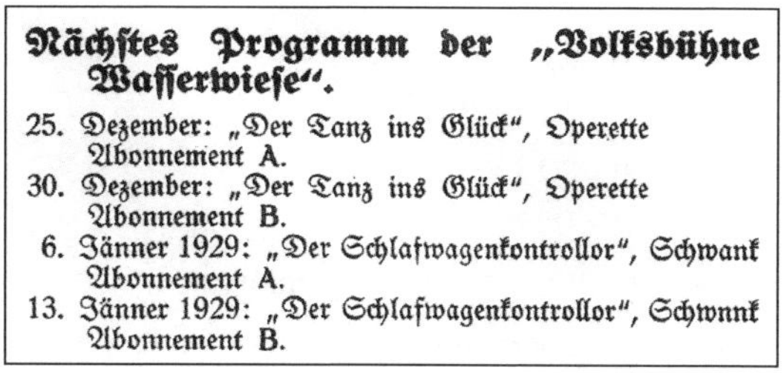
Nächstes Programm der „Volksbühne Wasserwiese“.

25. Dezember: „Der Tanz ins Glück“, Operette Abonnement A.
30. Dezember: „Der Tanz ins Glück“, Operette Abonnement B.
6. Jänner 1929: „Der Schlafwagenkontrollor“, Schwank Abonnement A.
13. Jänner 1929: „Der Schlafwagenkontrollor“, Schwnnk Abonnement B.

Abb. 54: Programm der Volksbühne KGV Wasserwiese 1928/29

In seiner Antrittsrede 1987 betonte Zentralverbandspräsident Wohatschek die soziale Komponente des Kleingartenwesens: »Oberster Grundsatz unserer Organisation muß die soziale Komponente bleiben. Wir müssen sehr genau darauf achten, daß der sozial Schwache einen Kleingarten erwerben, aber vor allem seinen Garten erhalten kann. Es darf nicht der Eindruck entstehen, daß der Kleingarten das Hobby einer gehobenen Mittelschicht ist.«[463] Kein Kleingärtner sollte aus finanzieller Not seinen Garten verlieren. »Es ist daher Selbstverständnis, daß Kleingärtnern geholfen wird, die aus nachweislich finanzieller Not ihrer Pachtzahlungsverpflichtung nicht nachkommen können oder bei infrastrukturellen Veränderungen innerhalb der Kleingartenanlagen die finanzielle Belastung nicht tragen können.«[464]

In Kleingartenanlagen wurden Behindertengärten eingerichtet. Die Parzellen waren mit rund 150 m² kleiner als üblich, dafür kostenlos und mitten in der Anlage. Beispielsweise wurde im KGV Zwillingsee 1987 ein Behindertengarten im Rahmen einer prominent besetzten Festveranstaltung an die Nutzer übergeben,[465] eine zweite Parzelle ebendort 1988.[466]

Seit den 1980er-Jahren wurden Seniorengärten geschaffen. Älteren abgesiedelten KleingärtnerInnen wurden 150-m²-Parzellen zur Nutzung überlassen: »Das Positive am Seniorengarten liegt darin, daß alten Menschen die Möglichkeit der Betätigung in der Natur und das Leben in der Gemeinschaft ermöglicht wird.«[467]

Im Tätigkeitsbericht 2023 fand Präsident Ing. Wohatschek zum sozialen Aspekt klare Worte: »Zu einer weiteren sozialen Aufgabe zählt auch weiterhin der in der heutigen

462. KGV Ober dem Heustadlwasser, Website (Zugriff 24.3.2017)
463. Kleingärtner Juli-August 1987, S. 4
464. Kleingärtner September1993, S. I
465. Kleingärtner November 1987, S. 3
466. Kleingärtner Jänner 1989, S. 7
467. Kleingärtner Oktober 1990, S. 3

Zeit immer wichtigere Grundsatz, dass kein Kleingärtner, wenn er unverschuldet in Not gerät, aus finanziellen Gründen seinen Kleingarten verlieren darf und wir Sorge tragen müssen zu helfen. Darüber hinaus ist ebenso das Augenmerk auf eine ausgewogene Pachtpreispolitik zu richten.«[468]

Im Zentralverband sind drei Fonds eingerichtet: Solidaritätsfonds, Katastrophenfonds und Sozialfonds.[469] Der Sozialfonds hilft, wie oben beschrieben, in Not geratenen Kleingärtnern, der Katastrophenfonds sofort und unbürokratisch bei Naturkatastrophen und der Solidaritätsfonds hilft, infrastrukturelle Maßnahmen der Vereine zu lindern (zinsfreie Vergabe, Rückzahlung in sechs Halbjahresraten).

Hobbygärtnern

Hobbymäßiges Gärtnern kann als Gegensteuerung zur Agroindustrie gesehen werden. Eine Befragung in vier Wiener Kleingärten aus dem Jahr 2013 bestätigt diese These. KleingärtnerInnen wollen sich unabhängig von Supermarktprodukten machen: »Seien es bestimmte Gemüse oder Obst, favorisierte Sorten bzw. der direkte Beitrag zum Sortenerhalt oder auch weil sie direkt sagen, die Nahrungsmittelindustrie boykottieren zu wollen bzw. konventionell im großen Stil produzierte Produkte ablehnen (…).«[470] Manche KleingärtnerInnen versorgen nicht nur ihre Familie, sondern auch Nachbarn und Freunde mit ihren Früchten. In Kleingärten erlebt man den Wechsel der Jahreszeiten an den Fruchtfolgen der Pflanzen besser mit, was zu einem Nachdenkprozess führen kann, ob es wirklich so dringend nötig ist, laufend »weit gereiste« Nahrungsmittel zu konsumieren, oder ob man nicht besser auf saisonale regionale Produkte zurückzugreift.

Bienen- und Kleintierzucht

Bis in die 1960er-Jahre war Kleintierzucht in vielen Kleingartenanlagen verbreitet. Heute wird sie in überschaubarem Umfang betrieben. Im KGV Simmeringer Haide gibt es regelmäßig Sitzungstermine und Teilnahme an Wettbewerben. Kaninchen, aber auch Tauben, Enten, Gänse, Puten und Vögel werden bei Landesschauen gezeigt.[471] Leider ist mittlerweile auch die aktive Kleintierschau in Simmering entschlafen (siehe dazu Eintrag Vereine, KGV Simmeringer Haide). Seit den Anfangsjahren der Kleingartenbewegung ist Bienenzucht fixer Bestandteil in vielen Kleingartenanlagen und wird vom Zentralverband gefördert.

468. Kleingärtner September 2023, S. 56
469. Kleingärtner September 2024, S. 48
470. Letzbor-Kalusch, Die Selbstversorgung im heutigen Wiener Kleingarten, S. 87
471. Vgl. Jahresbericht des Fachgruppenobmanns im Kleingärtner März 2017, S. 50 f.

V. Verbandswesen

Die Anfangsjahre

Schon in der Frühzeit der Kleingartenbewegung schlossen sich die Vereine zu Verbänden zusammen und hielten auch untereinander regen Kontakt, um gegenüber den Behörden als Lobbyist aufzutreten.

Initiator der Verbandsgründung war Julius Straußghitel vom Kleingartenverein Rosental, der 1915 erste Überlegungen zur Gründung eines Dachverbandes anstellte und schließlich den Verein Schrebergärtner gründete. Er fungierte als erster Obmann, sein Stellvertreter war Wilhelm Kwech (Kleingartenverein Mariabrunn).[472] Die weiteren Funktionäre stammten ebenfalls aus den genannten beiden Kleingartenvereinen.

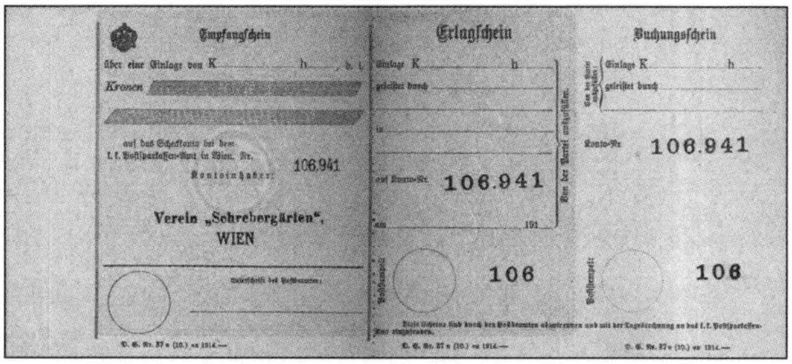

Abbildung 55: Erlagschein Verein »Schrebergärten« Wien

Seit 1915 erschienen monatlich die »Mitteilungen des Vereines Schrebergärten«, weil »eine Verständigung der Mitglieder unter einander nicht mehr durch Versammlungen und Sitzungen allein aufrechterhalten werden« konnte.[473] Seit 1916 hieß die Zeitschrift »Der Gartenfreund. Mitteilungen des Verbandes der Schrebergärten-Vereine aller im Reichsrate vertretenen Königreiche und Länder«. Die Verbandszeitschrift fungierte als Interessenvertretung nach außen und als Sprachrohr zwischen den Vereinen. Der Sitz des Verbands war in der Markgraf-Rüdiger-Straße 23, ab 1918 in der Sorbaitgasse 3; 1921 übersiedelte das Büro in die Moeringgasse 7 (alle Adressen 1150 Wien).

1916 wurde der »Verband der Schrebergartenvereine aller im Reichsrat vertretenen Königreiche und Länder« mit Sitz in Wien gegründet, dem 13 Vereine mit rund 2000 Mitgliedern beitraten. Die Gründungsversammlung fand am 14. Mai 1916 in der Neubaugasse 63 statt.[474] Erster Obmann war Josef (Johann) Nikolaus vom KGV Rosental. Ein weiterer Pionier war der Obmann des »Vereines der Gartenfreunde der Jubiläumshäuser« in Ottakring, Karl Sekirnjak.[475] 1917 waren 15 Vereine und 3034 Mitglieder in den

472. Mitteilungen des Vereins Schrebergärten 6.6.1915, S. 1 (Ergebnis der Generalversammlung)
473. Mitteilungen des Vereins Schrebergärten 20.7.1915, S. 1
474. Festschrift 25 Jahre Rosental, S. 40, sowie Schmidt, Der Schrebergarten als kultureller Faktor, S. 107 f.
475. Kleingärtner 1.10.1953, S. 4

Dachverband integriert.[476] Bis 1918 vertrat der »Verband der Schrebergartenvereine« 29 Vereine mit 3963 Mitgliedern, zwei Jahre später hatte er bereits rund 17.000 Mitglieder.[477]

Als Verbandszweck wurden angeführt: »1. Pacht, bezw. Erwerbung von Ländereien zum Zwecke der Ansiedlung nach bewährtem Muster der Schrebergartensiedlungen. 2. Errichtung von Unterrichtskursen über Landwirtschaft, Gartenbau, Gemüse- und Obstzucht, Koch- und Einsiedekursen, Kleintierzucht u. dgl.«[478]

Parallel zum Aufstieg der Kleingartenbewegung stieg auch die Auflage der Verbandszeitschrift. So hatte die Zeitschrift »Der Siedler« laut eigenen Angaben im Oktober 1921 eine Auflage von 33.000 Stück, die Ausgabe 9/10-1922 hatte 43.000 Stück, die Ausgabe 11/12-1922 40.000 Stück.

Der Verband verstand sich auch als wirtschaftliche Interessensvertretung der KleingärtnerInnen im Sinne einer Einkaufsgenossenschaft: »Der Verband der Schrebergartenvereine ist nicht bloß die Repräsentanz der Vereine nach außen, der Vertreter den Behörden gegenüber und der Herausgeber des Vereinsblattes, an und für sich lauter nützliche Funktionen, sondern er ist auch die stärkste wirtschaftliche Macht, die unseren Vereinen zur Verfügung steht: er ist der Einkäufer und Verteiler an die Vereine sowie an die einzelnen Schrebergärtner.«[479]

Erste Republik

Nach dem Ersten Weltkrieg wurde aus dem »Verband der Schrebergartenvereine aller im Reichsrate vertretenen Königreiche und Länder« kurz der »Verband der Schrebergartenvereine Deutsch-Österreichs«, ehe er in »Zentralverband der Kleingärtner und Siedlungsgenossenschaften« umbenannt wurde. Stadtrat Franz Siegel wurde 1919 Obmann des Verbands.

Das Verbändewesen in der Anfangszeit ist komplex, da es einen fließenden Übergang zur Siedlerbewegung gab: »Ein Teil der Vereine schloß sich bereits 1916 zu einem Verband zusammen, der sich 1921 mit dem Verband der Siedlungsgenossenschaften vereinigte.«[480]

Offiziell hieß diese Interessensvertretung »Hauptverband für Siedlungs- und Kleingartenwesen«. 1922 fusionierte dieser Verband mit dem »Zentralverband der Kleingärtner und Siedlungsgenossenschaften« zum »Österreichischen Verband für Siedlungs- und Kleingartenwesen« (ÖVSK): »Seine Aufgabe bestand darin, eine recht heterogene Bewegung, zu der neben den Siedlern eben auch Klein- und Schrebergärtner

476. Website Zentralverband, Zugriff 3.1.2014
477. Schmidt, Der Schrebergarten als kultureller Faktor, S. 107 f. und S. 109
478. Mitteilungen 9.7.1916, S. 13
479. Der Gartenfreund September 1917, S. 9
480. Kampffmeyer, Siedlung und Kleingarten, S. 7

zählten und in der unterschiedliche politische und ideologische Orientierungen existierten, organisatorisch und programmatisch zu vereinheitlichen.« Die Leitung des »Hauptverbandes für Siedlungs- und Kleingartenwesen« hatte der Nationalökonom, Arbeiter- und Volksbildner Otto Neurath (1882–1945) inne, ehe er Generalsekretär des ÖVSK wurde.[481]

Erster Verbandsobmann war der Vorsitzende der gemeinnützigen Kleingartensiedlungsgenossenschaft Altmannsdorf und Hetzendorf, der Sozialdemokrat Adolf Müller (1884–1940).

Kleingärtner- und Siedlervertreter waren paritätisch zusammengesetzt. Der Verband umfasste 125 Kleingartenvereine und 124 Siedlungsgenossenschaften und Ortsgruppen mit 30.000-40.000 Einzelpersonen in ganz Österreich. Als erster Erfolg des Verbandes wurde vermeldet, dass es gelungen war, den gesamten Straßenkehricht von Wien als Düngemittel zu bekommen.[482] Ein weiterer Erfolg war die Herabsetzung der Wiener Grundsteuer für KleingärtnerInnen und SiedlerInnen auf zwei Drittel.[483]

Nach heftiger interner Kritik an der Verbandsleitung wegen der Dominanz der Siedler im Verband wurde in der Vollversammlung am 19. Juli 1925 unter Beibehaltung der Dachkonstruktion eine eigene Sektion Kleingärtner und eine Sektion Siedler gegründet. Die Statuten des Verbands für Siedlungs- und Kleingartenwesen wurden entsprechend angepasst.[484]

Es ist aber auf Grund der unterschiedlichen Interessenslagen bezeichnend, dass der (durch seine Mitgliederzahl gewichtige) Verein »Ameisbach« am 25. Mai 1930 bei der Hauptversammlung des Dachverbands einen Antrag auf offizielle Trennung stellte, der jedoch keine Mehrheit fand.

Die Kritik am Verband durch den Verein »Ameisbach« schwelte freilich schon länger und griff tiefer. Schon am 10. Mai 1925 hatte im Schutzhaus Ameisbach eine Versammlung stattgefunden, in welcher dem Verband vorgeworfen wurde, zu wenig Öffentlichkeitsarbeit für die Kleingärten zu machen. Angesichts der Bautätigkeit der Gemeinde Wien und der daraus sich ergebenden Räumung von Kleingartenanlagen hätte der Verband die Öffentlichkeit massiver auf die Bedeutung des Kleingartens für die Stadt aufmerksam machen sollen.[485]

Der Einschnitt 1925 war auch mit personellen Konsequenzen verbunden. An der alten Verbandsleitung um Otto Neurath wurde heftige Kritik geäußert: »Verbandsvorstand und Überwachungsausschuss standen vor leeren Kassen und verschlossenen Türen;

481. Günther Sandner, Otto Neurath. Eine politische Biographie, Wien 2014, S. 168, sowie Festschrift. 90 Jahre Österreichischer Siedlerverband 1921–2011, Wien 2011, S. 5
482. Kleingärtner Jänner 1923, S. 1
483. Kleingärtner Februar 1923, S. 1
484. Kleingärtner Juli 1925, S. 1
485. Kleingärtner Mai 1925, S. 1

ihre Pflicht war, vor allem eine gewisse Stabilität in der inneren Verbandsgestaltung zu schaffen.«[486]

Die Kassengebarung war, folgt man dem neuen Vereinsvorstand, undurchsichtig gewesen: »Welch ein Unterschied gegen früher! Jetzt vollständige Freiheit der einzelnen Sektionen. Ihr Aktionsradius ist ein unbegrenzter. Absolut selbständige Vorstände beraten über das Wohl und Wehe ihrer Sektionen. Die Kassengebarung ist vollständig getrennt.«

Verbandsobmann war Stanislaus Schneider, seine Stellvertreter Josef Reißberger, Severin Baier und Rudolf Scheckenbach. Der Verband war in fünf Sektionen gegliedert:

Sektion I Wiener Kleingärten

Sektion II Wiener Siedler

Sektion III Österreichische Gartenbaugesellschaft

Sektion IV Kleintierzüchter

Sektion V Zimmerblumenfreunde

Der erwähnte Severin Baier war geschäftsführender Obmann des »Zentralverbandes der Kleingärtner und Siedlungsgenossenschaften« gewesen, Josef Reißberger wurde 1925 Sektionsobmann der Wiener Kleingärten und blieb dies bis 1930. Er sollte uns später noch mehrfach begegnen. Reißberger wurde 1930 durch Franz Hödl ersetzt, der bis zu seiner erzwungenen Absetzung durch den Austrofaschismus diese Position bekleidete.

In der Generalversammlung 1926 wurde Stanislaus Schneider neuerlich zum Obmann gewählt und Josef Gogg (Obmann KGV Waidäcker) zum Vorsitzenden des Aufsichtsrats. Diese beiden Funktionäre blieben bis zu Ihrer politisch erzwungenen Absetzung 1934 führend im Verband tätig.[487] Josef Gogg folgte Schneider als Verbandsobmann 1927 nach. Der Verbandstitel wurde 1926 in »Österreichischer Verband der Kleingärtner, Siedler und Kleintierzüchter« abgeändert.

1929 umfasste der Verband 252 Vereine bzw. 32.600 Mitglieder.[488] Im Jahr 1932 ist von 35.000 Mitgliedern die Rede.[489] Höhepunkt der Vereinstätigkeit war zweifelsohne die Durchführung des vierten internationalen Kongresses der Kleingärtner und Siedler im September 1933.

In der Verbandszeitschrift wurde über Probleme des Kleingartenwesens sowie über die Vereine (Ankündigung und Ergebnisse von Generalversammlungen) berichtet. Ferner gab es die Rubriken Kleintierzucht (Kaninchen, Hühner, Bienen) und Gartenwirtschaft (vor allem Obstbau).

Als Interessenvertretung kümmerte sich der Verband um die Belange der Vereine, um die Zurverfügungstellung von Grundstücken und die Aushandlung möglichst

486. Kleingärtner März 1926, S. 1 (vgl. auch Ausgabe Februar 1926, S. 1)
487. Kleingärtner Juni 1926, S. 1
488. Zentralverband, Festschrift 1916–2001, S. 32
489. Kleingärtner 1.2.1932, S. 1

langer Pachtverträge. Aus diesem Grund gab es auch einen eigenen Pachtausschuss im Verband, der die Pachtverträge mit den Vereinen koordinierte.[490] Durchaus selbstkritisch reflektierte man 1925, dass man aber aus wirtschaftlichen Gründen nicht in der Lage war, Einrichtungen zu schaffen, um von der Räumung betroffenen PächterInnen ausreichend Unterstützung gewährleisten zu können.[491] Eine eigene Rechtsschutzabteilung, die den Vereinen unentgeltlich Rechtsschutz bot und auch Prozesse führte, war elementarer Bestandteil des Verbands. Auch Kleingärtnertagungen und Kleingartenausstellungen zählten zu den Aufgaben der Organisation.

Eine weitere Aufgabe des Verbandes war die Herstellung von Laubenbauten für die Kleingartenvereine. Durch langfristige Kredite der Gemeinde Wien konnten z. B. 1928 Grundstücke am Altmannsdorfer Anger in Meidling oder auch am Heuberg in Hernals angekauft werden.[492]

Ans Bauen dachte man nur als Vision: »Ist auch mit Rücksicht auf die wirtschaftlichen und industriellen Verhältnisse zur Zeit an ein Bauen nicht zu denken, so muß doch die Angelegenheit inzwischen wenigstens prinzipiell zum Austrag gebracht werden.«[493]

Bereits im November 1919 verfasste der Verband eine Resolution an den Gemeinderat Wien, die im Kern bis zum Ende der Ersten Republik Thema der Kleingartenbewegung blieb: Verlängerung der Pachtverträge auf zumindest 15 Jahre, Zurverfügungstellung unverbauten Gebiets für die Schaffung weiterer Kleingärten und ein Enteignungsgesetz in der Weise, »daß alle Grundflächen, die derzeit nicht benützt werden, öffentlichen Zwecken nicht dienstbar gemacht sind, im allerkürzesten Wege in den Gemeindebesitz übernommen und der volkstümlichen Verwertung und Ausnützung im Sinne der Kleingärtnerei zugeführt werden.«[494]

Die politische Ausrichtung des Verbandes umriss der schon erwähnte Adolf Müller so: »Die Spitzenorganisation der Kleingärtner und Siedler (…) hat bereits einen ganz bestimmten Charakter gewonnen. Der Sekretär des Verbandes, welcher an seiner Gründung mitgewirkt hat und mitten in der Arbeiterbewegung stehend mit uns kämpft, gibt (…) die Anschauungen wieder, die den Verband leiten.«[495] Mit dem Sekretär des Verbands war Otto Neurath gemeint, der die Nähe des Verbands zur Sozialdemokratie so umschrieb: »Als Teil der Arbeiterbewegung hat der Österreichische Verband für Siedlungs- und Kleingartenwesen engere Beziehungen zu jenen Organisationen, mit welchen ihn gemeinsame Interessen verbinden.«[496]

490. Vgl. Kleingärtner Jänner 1926, S. 1
491. Kleingärtner Jänner 1925, S. 1
492. Kleingärtner 1.2.1928, S. 3
493. Siller/Schneider, Wiens Schrebergärten, S. 103
494. Neurath, Österreichs Kleingärtner- und Siedlerorganisation, S. 10
495. Neurath, Österreichs Kleingärtner- und Siedlerorganisation, S. 3; Müller war im Gemeinderat Vorsitzender des dort eingerichteten Unterausschusses für Kleingartenfragen.
496. Neurath, Österreichische Kleingärtner- und Siedlerorganisation, S. 26

Die Verbandszeitschrift fasste es so zusammen: »So ist denn diese Bewegung, die aus scheinbar ganz egoistischen Motiven, der Sorge um das eigene Brot entstanden ist, sehr bald in die große Armee der Arbeiterbewegung gemündet. Und mag auch vielleicht der Kleingarten mit seinem Erholungsplätzchen den kleinbürgerlichen Bedürfnissen unserer Proletarier sehr entgegenkommen, wir wissen, daß das nicht als Gefahr angesehen werden kann.«[497] Als wirkliche Gefahr wurde angesichts des weit verbreiteten Alkoholismus unter der Arbeiterschaft das Wirtshaus angesehen. Deshalb war in manchen Schutzhäusern auch der Ausschank von Alkoholika verboten.

Angesichts hoher Arbeitslosigkeit Anfang der 1930er-Jahre verlangte der Verband eine Verbesserung der Lage der Arbeitslosen durch die Zurverfügungstellung von Gärten, damit sie wenigstens Lebensmittel produzieren können: »Heute kann sich der Lebensmittel kaufen, der ein Einkommen hat. Aber all die vielen Arbeitslosen? Die tatsächlich hungern, weil sie kein Einkommen haben? Für sie bedeutet der Kleingarten einen kleinen Rettungsanker.«[498]

Anfang der 1930er-Jahre vermehrte sich Kritik am Verband. Eine oppositionelle Zeitschrift, die sich um einige Kleingartenvereine im 17. Bezirk gruppierte, berichtete von mehreren Austritten aus dem Zentralverband. So trat z. B. der Kleingartenverein Alsegg unter Obmann Leopold Dank 1931 aus dem Verband aus.[499] Es ist durchaus wahrscheinlich, dass neben persönlichen Differenzen, die ja gerade im Funktionärswesen einer derart geschlossenen Gesellschaft oft eine nicht zu unterschätzende Rolle spielen, einzelne parteipolitisch ungebundene Funktionäre von Sozialdemokraten aus dem Verband gedrängt wurden.

Nach dem Bürgerkrieg 1934 wurde der Verband aufgelöst: »Die Auflösung erfolgte, weil der Verband notorischerweise von der inzwischen aufgelösten sozialdemokratischen Partei unmittelbar und mittelbar kontrolliert (beherrscht) worden war. Rühmte sich doch der letzte Verbandspräsident Josef Gogg, überall und jederzeit, dass es ihm gelungen sei, alle jene Verbandsfunktionäre hinauszudrängen, die keine Sozialdemokraten waren.«[500]

Josef Reißberger, Obmann des Kleingartenvereins Ferdinand Hanusch, sprach ganz im Sinne der neuen autoritären Regierung Dollfuß von einem Wendepunkt in der Entwicklung des Kleingartenwesens: »Arbeitswillige und arbeitsfreudige Führer sehen wir an der Spitze, Männer, die es vor allem ehrlich mit der Kleingartenbewegung meinen

497. Kleingärtner Juni 1925, S. 1
498. Kleingärtner 1.2.1931, S. 1, und auch 1.10.1931, S. 1 (Grund und Boden für die Erwerbslosen in allen Industrieorten Österreichs)
499. Kleingartenland. Zeitschrift für Kleingärtner, Siedler und Kleintierzüchter. Nachrichtenblatt der Kleingartengenossenschaft Alsrücken und der Bezirksorganisation der Kleingärtner und Siedler des 17. Bezirks Oktober 1931, S. 2, und November 1931, S. 3
500. Ebda., Mai 1934, S. 1

und mit all den Familien, die an dem kleinen Gärtchen mit Leib und Seele hängen und es nicht mehr entbehren wollen.«[501]

Detail am Rande: Der Kleingartenverein ist nach dem sozialdemokratischen Gewerkschafter und Sozialminister Ferdinand Hanusch benannt, und Obmann Reißberger war von 1925 bis 1931 im sozialdemokratisch dominierten Verband der Kleingärtner, Siedler und Kleintierzüchter als Obmann der Sektion Kleingarten tätig.[502] 1938 gliederte er sich nahtlos in das NS-System ein: Er war bis 1944 Schriftleiter des Ostmärkischen Kleingärtners.

Letzter Obmann des Verbandes war der Sozialdemokrat Josef Gogg, der seit 1926 dem Verband als Obmann des Aufsichtsrates vorstand. Der Verband bestand bis 1934 auf fünf Sektionen (Wiener Kleingärtner, Wiener Siedler, Kleingärtner und Siedler der Bundesländer, Kleintierzüchter und Zimmerblumenfreunde). Darüber hinaus existierten noch mehrere Fachgruppen. 1934 wurden aus den Sektionen Kreise, die jeweils Kleingartenvereine einiger Bezirke umfassten.[503]

Die weitere Entwicklung des Verbandswesens 1934 und nach dem »Anschluss« 1938 ist an anderer Stelle beschrieben.

Zweite Republik

Im September 1945 erschien als Beilage zur »Scholle. Illustrierte Monatsschrift für Gartenwirtschaft und Kleintierzucht« eine Rubrik des »Österreichischen Verbandes für Kleingärtner, Siedler und Kleintierzüchter«. Einer der Initiatoren der Wiederbelebung des Verbandes war der schon in der Ersten Republik für den Verband tätig gewesene ehemalige Gemeinderat Karl Hofbauer. Bis 1948 war er öffentlicher Verwalter des NS-Landbundes Donauland.[504]

Am 3. November 1946 konstituierte sich der »Österreichische Verband der Kleingärtner, Siedler und Kleintierzüchter« als Dachverband im Wiener Konzerthaus. Er berief sich auf die Tradition des 1916 gegründeten »Verbandes der

Die Scholle

Illustrierte Monatsschrift für Gartenwirtschaft und Kleintierzucht

Mitteilungsblatt des Österreichischen Verbandes der Kleingärtner, Siedler und Kleintierzüchter (Landbundgruppe Donauland der Kleingärtner und Landesgruppe Donauland im ehemaligen Deutschen Siedlerbund. — Schriftleitung und Verwaltung: Wien, VI., Getreidemarkt 11.

Folge 1 | Wien, am 1. September 1945 | Jahrgang 9

Abb. 56

501. Ebda. Reißberger schrieb fallweise auch im Mitteilungsblatt. Wirtschafts- und Siedlungsgenossenschaft am Heuberg, aber dieses Blatt ist eher als unpolitisch einzuschätzen.
502. Vgl. Kleingärtner April 1926, S. 2 (Reißberger war seit 1925 Obmann der Kleingärtner des 17. Bezirks) sowie Juni 1926, S. 1 (Reißberger wird im Verband zum Obmann der Sektion Kleingärtner gewählt); Reißberger publizierte auch in der Zeitschrift Unser Schafberg, z. B. September 1934, S. 2 f.
503. Vgl. Jahrbuch 1932 und 1936 des Verbandes der Kleingärtner, Siedler und Kleintierzüchter Österreichs, Wien 1931 bzw. 1935 (für das Jahrbuch 1936 insbesondere S. 45 f.)
504. Ab 1948 war dies Verbandspräsident Anton Köhl, vgl. Die Scholle 27.3.1948, S. 6

Schrebergartenvereine aller im Reichsrate vertretenen Königreiche und Länder«[505]. Seinen Sitz hatte er am Getreidemarkt 11 in Wien-Mariahilf.[506]

Die Gliederung des Verbandes erfolgte analog der Ersten Republik in Sektionen:[507]

- Sektion I Wiener Kleingärten
- Sektion II Wiener Siedler
- Sektion III Bundesländer
- Sektion IV Kleintierzüchter
- Sektion V Eisenbahner
- Sektion VI Österreichische Ernteландvereinigung

Im Verband gab es (und gibt es noch) Einrichtungen für Rechtsberatung, Obstbau, Kleintierzucht und Versicherung. Die Landesfachgruppe Wien für Obst- und Gartenbau ist ein übergeordneter Dachverband, und es gibt zahlreiche Bezirksfachgruppen. Die Obstbaufachgruppe führt Schulungen und Kurse für Vortragende und KleingärtnerInnen durch. Seit 2012 wurde die Ausbildung zum Fachberater intensiviert. Zertifizierte FachberaterInnen werden in der Kleingartenakademie ausgebildet. Viele KleingärtnerInnen besuchen die Kurse vor allem, weil sie ihr Wissen über umweltgerechte Gartenbewirtschaftung erweitern wollen, weswegen man das Kursprogramm auch als »Umweltgerechte Gartenbewirtschaftung« anbietet.[508]

Eine herausragende Persönlichkeit war Josef Steindl (gest. 2014) vom KGV Waidäcker, der 65 Jahre lang in der Obst- und Gartenbaufachgruppe engagiert war.[509]

Nicht unerwähnt soll auch die Bienenzucht bleiben, die in den letzten Jahren wieder einen Aufschwung erlebte. Im Jahr 2016 gab es rund 60 Bienenstöcke in Kleingärten im Raum Wien.[510] Erster Obmann der Kleintierzüchter war Alois Fuchs, Obmann des KGV Hietzing und Umgebung. Er verstarb 1948. Kleintierzucht ist in Wien im Wesentlichen nur noch durch den KGV Simmeringer Haide vertreten.[511]

Auch eine Frauenfachgruppe wurde eingerichtet.[512] 1948 wurde von einer Frauenfachberaterinnentagung berichtet. Hauptthema war – in der Zeit des Mangels der Nachkriegszeit wichtig – die Obstverarbeitung.[513] Ende 1949 berichtete Obfrau Margarete (Grete) Mender von 400 geschulten Frauenfachberaterinnen für Wien.[514] Anlässlich ihres

505. Zentralverband, Festschrift 1916–2001, S. 3 sowie Kleingärtner 1. Juli 1948, S. 1
506. Die vormalige Adresse Moeringgasse 7 wurde aufgelassen; das Haus übrigens 1954 abgerissen.
507. Kleingärtner 1. Juli 1948, S. 1 (Die Sektionen IV, V und VI waren anfangs in der Sektion III einbezogen)
508. Kleingärtner September 2013, S. 62
509. Kleingärtner Dezember 2012, S. 52, und Februar 2014, S. 47
510. Kleingärtner Juni 2016, S. 48
511. Kleingärtner Mai 2017, S. 45. Siehe auch die aktuelle Entwicklung unter KGV Simmeringer Haide Wien 11
512. Vgl. Die Scholle 1.2.1947, S. 6
513. Kleingärtner 22.11.1948 oder auch 1.1.1949
514. Kleingärtner 1.12.1949, S. 1

70. Geburtstages erschien eine ausführliche Würdigung im Verbandsorgan.[515] Sie richtete in den Bezirksorganisationen Küchen mit modernen Fruchtverwertungsgeräten ein.[516]

Begleitet wurden ihre Aktivitäten durch laufende Aufrufe in der Verbandszeitschrift, Obst nicht zu Alkohol, sondern zu Fruchtsäften zu verarbeiten.[517] Dies rührt zweifelsohne von der noch in der Ersten Republik grassierenden Alkoholsucht der ArbeiterInnenschaft her, die ihre Wurzel in den schlechten Wohn- und Arbeitsverhältnissen hatte. In der Verbandszeitschrift erschienen über die Jahre regelmäßig Berichte aus der Frauenfachgruppe. Heutzutage gibt es noch einige aktive Frauenfachgruppen (z. B. Kolonie Gaswerk, Simmeringer Haide, Groß-Jedlersdorf).[518]

Gelegentlich ist auch von einer Kleingärtnerjugend im Verbandsorgan zu lesen.[519] 1953 wird von einer großen Jugendkonferenz berichtet,[520] 1954 von der vierten Jugendkonferenz der Kleingärtner.[521]1964 rief man dazu auf, Jugendgruppen zu bilden und verband diese Forderung mit erzieherischen Aspekten: »Erstens sorgen wir damit für unseren Nachwuchs und zweitens haben wir damit die Möglichkeit, unsere Jugend von der Straße fernzuhalten, sie ordentlich und vielseitig zu beschäftigen und sie zu guten und brauchbaren Nachfolgern zu machen.«[522]

Obmann des Wiener Kleingartenverbandes wurde der Bezirksobmann der Meidlinger Kleingärtner und Obmann des KGV Am Anger, August Woditschka, der 1947 verstarb.[523] Ihm folgte Gottfried Krenn vom KGV Predigtstuhl, dann ab 1949 Ferdinand Broßmann.

Krenn war das Mandat aberkannt worden. Hierfür findet sich keine Begründung im Verbandsorgan, aber man kann wohl annehmen, dass dies vor dem Hintergrund des Kalten Krieges mit seinem Engagement in der KPÖ in Zusammenhang stand.[524] Er engagierte sich seit 1949 führend im KPÖ-nahen Zentralverband der Sozialrentner, den er zu einer Kampforganisation ausbaute.[525]

In der KPÖ gab es eine eigene Sektion »Kommunistische Fraktion im Verbande der Kleingärtner, Siedler und Kleintierzüchter«. Krenn beklagte sich, dass er als Funktionär der KPÖ anfangs zu Verbandssitzungen nicht eingeladen worden wäre und trat in Opposition zum bereits erwähnten Karl Hofbauer: »Mit mehreren Genossen aus verschiedenen Bezirken (…) ist es mir gelungen gegen Hofbauer, der den Verband einseitig und nach seinen Richtlinien führte, konkret Stellung zu nehmen und sein Fundament ins Wanken

515. Kleingärtner 1.12.1952, S. 4
516. Vgl. auch Nachruf im Kleingärtner Februar 1959, S. 10
517. »Nicht zu Alkohol, sondern zu Fruchtsäften soll Obst verarbeitet werden« (Kleingärtner Oktober 1954, S. 1).
518. Vgl. Kleingärtner Mai 2017, S. 45
519. Kleingärtner 1.9.1951, S. 3
520. Kleingärtner 1.1.1953, S. 2
521. Kleingärtner August 1954, S. 2
522. Kleingärtner Jänner 1964, S. 11
523. Die Scholle 15.4.1947, S. 6
524. Kleingärtner 1.9.1949, S. 4 und 1.12.1949, S. 2 sowie über Krenn vgl. KGV Predigtstuhl Wien 17
525. Volksstimme 20.8.1965

zu bringen.« Rund 30.000 KleingärtnerInnen in Wien waren für die KPÖ ein interessantes Rekrutierungsfeld, und es gelang ihnen allmählich, »mehrere Genossen unserer Partei als Funktionäre in den Vereinen, wie Bezirksorganisationen durchzusetzen.«[526]

Etwas später liest man: »In ganz Österreich bestehen in der Kleingartenbewegung große Möglichkeiten, an Massen der werktätigen Schichten heranzukommen, und es ist daher notwendig, dass die Parteiorganisationen ihr die notwendige Aufmerksamkeit zuwenden.« Mit Stolz hielt man fest, dass nicht nur Gottfried Krenn als Obmann der Sektion Wiener Kleingärten installiert werden konnte, sondern bereits 29 Mitglieder der KPÖ Obmänner von Kleingartenvereinen wären, und: »Sowohl im Vorstand als auch in den Ausschüssen haben Genossen sich als Funktionäre das Vertrauen der Mitglieder erworben und ihre Positionen gesichert.«[527]

In einem Grundsatzartikel rechnete Karl Hofbauer mit der faschistischen Vergangenheit ab: »Der Kleingärtner hat in der Vergangenheit weder die Frontparolen des kleinen Diktators, noch der ›unwiderstehlichen Volksbewegung‹ des großen Diktators Gehör geschenkt. Wie wenig Einfluss die ganze Agitation auf die Kleingärtner hatte, beweist, daß heute noch viele Obmänner in Funktion stehen, die beide Diktaturen unbelastet durchgehalten und jede Parteiunterwerfung ausgeschlagen haben. (…) Es gilt nicht nur die zerstörten Häuschen wieder aufzubauen, Bombentrichter auszufüllen usw., auch ihre Organisation muß von der fremden Infektion gesäubert (…) werden.«[528]

Ganz so bruchlos waren die personellen Übergänge in den Jahren 1934 und 1938 freilich nicht, wie bereits beschrieben wurde. Im Verband wurde das Personal fast komplett getauscht, und auch in vielen Vereinen kam es zu personellen Wechseln.

Der Sozialdemokrat Karl Hofbauer war seit 1904 Eisenbahngewerkschafter.[529] In der Ersten Republik war er Gemeinderat, zuletzt Vorsitzender (1927–1932) sowie Bezirksvorsteher des 13. Bezirks und Kleingartenreferent. Als öffentlicher Verwalter wurde er am 7. Dezember 1945 beauftragt, anstelle der außer Funktion gestellten, bisher provisorisch bestellten Vereinsleitungen für jeden Verein einen kommissarischen Leiter zu bestellen, der den Behörden gegenüber gesetzlich legitimiert ist.[530] Damit hatte er erheblichen Einfluss auf das Vereinswesen zu Beginn der Zweiten Republik.

Sein Nachfolger war Anton Köhl (gest. 1974), der den Verband von 1946 bis 1950 leitete. Köhl war Mitbegründer und Obmann des KGV Am Brunnweg.[531] Die Sektion I (Wien) wurde 1950 ebenso aufgelassen wie die Sektion III (Bundesländer). Es wurden

526. Bericht von Gottfried Krenn an das Zentralkomitee der KPÖ vom 27.3.1946 (Zentrales Parteiarchiv der KPÖ)
527. Zentrales Parteiarchiv der KPÖ
528. Die Scholle 1.9.1945, S. 1 (gemeint sind Dollfuß und Hitler)
529. Er war bei der Franz-Josefs-Bahn (Bauabteilung) beschäftigt, 1924 wurde er in den Vorstand (Zentralleitung) der Gewerkschaft der Eisenbahner gewählt (vgl. Eisenbahner 1.8.1924, S. 5 sowie Archiv vida).
530. Die Scholle 1.1.1946, S. 6
531. Vgl. Nachruf auf Anton Köhl im Kleingärtner Oktober 1974, S. 3

eigene Landesverbände eingerichtet. Für Wien wurde der Bezirksrat und Obmann der Kleingartenanlage »Blumenfreunde« in Floridsdorf, Ferdinand Broßmann, erster Obmann des Landesverbandes Wien. Er blieb dies bis zu seinem Tod 1955.[532] Ihm folgte Anton Hofstetter (Obmann des KGV Sagedergasse) und 1958 Vinzenz Macholda, nach dem die Macholdastraße in Favoriten benannt ist.

1950 wurde Gemeinderat Karl Fürstenhofer (1899–1965; Gemeinderat 1946–1964, SPÖ) vom KGV Frohsinn in Favoriten neuer Verbandspräsident.[533] Fürstenhofer war gelernter Schlosser (Lehrstelle bei Daimler), besuchte die Arbeitermittelschule und trat 1929 in den Dienst der Wiener Stadtverwaltung ein. 1934 wurde er aus politischen Gründen entlassen. Im Austrofaschismus betätigte er sich bei den illegalen Revolutionären Sozialisten. Im Sozialistenprozess 1936 war er Angeklagter. Insgesamt verbrachte er im Austrofaschismus 36 Monate in Haft. In der NS-Zeit arbeitete er in den Böhlerwerken in Kapfenberg. Nach 1945 nahm er seine politische Tätigkeit in der SPÖ wieder auf.[534] Nach Fürstenhofer sind eine Straße und ein Kleingartenverein in Favoriten benannt. 1991 wurde im KGV Wienerberg-Zwillingsee eine Gedenktafel für ihn enthüllt.

Abb. 57: Anton Hofstetter

Im Kleingartenverein Frohsinn in Favoriten, den Fürstenhofer 1947 gegründet hatte, wurde 1966 ein Gedenkstein für ihn errichtet; an dem Ereignis nahmen die damalige politische Prominenz von Wien sowie zahlreiche Obmänner von Favoritner Kleingärten teil.[535]

Abb. 58: Die Fürstenhoferstraße liegt am Fuße des Wienerbergs

Auf Fürstenhofer folgte Vinzenz Macholda. Neuer Wiener Landesverbandsobmann wurde Fritz Fischer. Macholda trat 1973 zurück, Fischer verstarb 1972.[536] Nachfolger von Macholda wurde Ing. Hans Spannbauer, langjähriger Obmann des KGV

532. Nachruf im Kleingärtner August 1955, S. 4
533. Vgl. Kleingärtner 1.5.1948, S. 3
534. Vgl. Kleingärtner Dezember 1959, S. 3, Dezember 1962, S. 3 (Fürstenhofer erhält das Goldene Ehrenzeichen für Verdienste um die Republik Österreich), sowie Nachruf im Kleingärtner August/September 1965, S. 1
535. Kleingärtner, September 1966, S. 1
536. Nachruf Fritz Fischer im Kleingärtner März 1972, S. 2, bzw. Macholda im Kleingärtner Mai 1973, S. 3

Unteres Heustadlwasser.[537] Ihm folgte 1984 Herbert Wimmer (1909–1990), vormals Obmann des KGV Knödelhütte im 14. Bezirk.[538] Seit 1987 ist Ing. Wilhelm Wohatschek (KGV Himmelteich) Präsident des Zentralverbandes.[539] Er übernahm, wie es anlässlich seiner Würdigung zum 65. Geburtstag hieß, einen schwachen Zentralverband, den er »in unermüdlicher Arbeit zum Wohle der Mitglieder auf sichere finanzielle Beine stellte.«[540]

Als Geschäftsführer fungierte in der Nachkriegszeit Generalsekretär Franz Staudinger, der bereits in der Ersten Republik im Kleingartenwesen als Obmann der Bezirksorganisation Döbling engagiert gewesen war. 1934 musste er aus politischen Gründen seine Funktionen niederlegen. Seit 1950 fungierte er wieder als Bezirksobmann von Döbling. Staudinger war einige Zeit Obmann des KGV Am Hackenberg.[541]

Die interne Unterteilung des Verbandes für Kleingärtner, Siedler und Kleintierzüchter blieb bestehen, weil Kleingärtner und Siedler viele gemeinsame Interessen haben, aber als wirksame Vertretung nach außen wurden Landesverbände eingerichtet. 1947 schloss sich die »Österreichische Erntelandbewegung« unter der Vorsitzenden Amalia Reiser (1896–1985) dem Zentralverband an. Reiser war Gemeinderätin (1945–1949) und von 1946–1949 Vorsitzende des Gemeinderates.[542]

Die Sicherung und der Ausbau bestehender Anlagen, die Schaffung und Erschließung weiterer Grundflächen, ein österreichisches Kleingartengesetz mit einem starken Kündigungsschutz, Enteignungen privaten ungenützten Grundbesitzes, der Erhalt von Subventionen für die Beseitigung von Bombenschäden in Kleingärten sowie zinsenlose Kredite für Investitionen in Kleingartenanlagen wurden als vordringliche Aufgaben des Verbandes angesehen.[543] Ein besonderes Anliegen war dem Verband die baldige Freigabe der Sperrkonten. Dies geschah 1947, womit man KleingärtnerInnen, welche die Konzentrationslager der Nationalsozialisten überlebten, helfend beispringen wollte.[544]

Die weiteren Namen der Funktionäre des Wiener Landesverbandes seien kurz zusammengefasst: Otto Schüller (1972–1975), Obmann des KGV Gartenfreunde Jedlesee, Bezirksrat (1959–1973), Walter Weber (1975–1978), Herbert Wimmer (1978–1984), Ing. Kurt Lieberzeit (1984–1987) und Wilhelm Janda (1987–2013), langjähriger Obmann des KGV Wienerberg/Zwillingsee. Unter dem gelernten Maschinenschlosser Janda

537. Nachruf auf Ing. Hans Spannbauer im Kleingärtner März 1984, S. 3
538. Alle Funktionen von Wimmer im Kleingärtner Juli-August 1984, S. 3, und Juli-August 1987, S. 4, sowie Nachruf auf Herbert Wimmer im Kleingärtner März 1990, S. 19
539. Würdigung zu seinem 60. Geburtstag im Kleingärtner Juli-August 2002, S. 47
540. Kleingärtner Juli-August 2007, S. 57
541. Kleingärtner 1.6.1953, S. 3
542. Josef Rauchenberger, Stichwort Demokratie. 50 Jahre Zeitgeschehen. Politisches Handbuch, Wien 1994, S. 1389 (Reiser gehörte der SPÖ an).
543. Die Scholle Jänner 1947, S. 6
544. Die Scholle Juli 1947, S. 6

(1932–2017) wurden Behinderten- und Pensionistengärten eingerichtet.[545] Nachfolger Jandas ist Helmut Bayer (seit 2013, Obmann des KGV Gaswerk).

Der Zentralverband gibt seit 1948 die Zeitschrift »Der österreichische Kleingärtner« heraus. Im Jahr 2017 betrug die Auflage 45.000.[546] Von 1948 bis 1955 war Josef Großschopf Redakteur, anschließend Franz Staudinger, der aber 1957 bei einem Verkehrsunfall ums Leben kam.[547] Seit 1984 ist der gelernte Schriftsetzer und Journalist Friedrich Hauk Redakteur des Verbandsorgans. Beliebt war der Gartenkalender des Zentralverbands.

Bis 1961 war der Kleingärtner mit Coverillustrationen versehen, für die Franz Placky gesorgt hatte. Er fand nach seiner Pensionierung keine Nachfolge.[548]

Der Zentralverband vergibt Ehrenurkunden für naturgerechtes Gärtnern sowie Auszeichnungen für besondere Verdienste um die Kleingartenbewegung und langjährige Mitgliedschaften.[549]

2005 verschwand der Zusatz »Kleintierzüchter« aus dem Vereinsnamen. In der Realität gab es schon längere Zeit keine größere Gruppe von Kleintierzüchtern mehr. Der Verband heißt seither Zentralverband der Kleingärtner und Siedler Österreichs.

2011 übersiedelte man vom Getreidemarkt in ein neues Gebäude bei der U2-Station Donaumarina in der Leopoldstadt (Simon-Wiesenthal-Gasse 2); der Beschluss eines Neubaus war 2008 gefasst worden. Die Baukosten für das neue Gebäude betrugen mit Euro 2,572.387,- um knapp 16,2 % weniger als veranschlagt. Die Bauzeit betrug 16 Monate. Beim Auszug aus dem Getreidemarkt machte die Hausverwaltung einen Vertrag aus dem Jahr 1939 geltend, wonach der ursprüngliche Zustand der Räumlichkeiten wiederhergestellt werden musste. Dies kostete den Zentralverband Euro 82.942,38.[550]

Am 18. August 2016 feierte der Verband sein 100jähriges Bestehen.[551]

Auf Landesebene gibt es den Landesverband Wien der Kleingärtner und Siedler (vormals mit Zusatz Kleintierzüchter), ferner Bezirksorganisationen sowie Fachgruppen für Obst- und Gartenbau, im 16. Bezirk einen Schul- und Versuchsgarten, weiters existieren noch Frauenfachgruppen. Die Fachgruppe Kleintierzucht existiert nicht mehr.[552]

Sehr aktiv ist die Bezirksorganisation Floridsdorf, insbesondere die Fachgruppe Obst- und Gartenbau. Der Bezirksorganisation gehören 34 Kleingärten an. Obmann

545. Wilhelm Janda zum 60. Geburtstag, Kleingärtner 6/1992, S. 19
546. Mündliche Auskunft von Vizepräsident Friedrich Hauk am 28.8.2017
547. Kleingärtner April 1957, S. 1
548. Kleingärtner Februar 1961, S. 1
549. Eine genaue Auflistung findet sich im Kleingärtner September 2002, S. 43; das Procedere für Ehrungen findet sich auch auf der Website des Zentralverbands
550. Kleingärtner September 2012, S. 65
551. Vgl. dazu den grundlegenden Rück- und Ausblick von Präsident Wohatschek, Kleingärtner Juli-August 2016 S. 4 f.
552. Vgl. z. B. Kleingärtner November 2015, S. 39; lange Zeit war Paul Erfurth Obstbaufachberater. Er schrieb regelmäßig in der Verbandszeitschrift und erhielt die Goldene Ehrenplakette der Stadt Wien (vgl. Kleingärtner Jänner 1959, S. 4). Siehe auch Kleingärtner Dezember 2023, S. 45 und Festschrift 100 Bezirksorganisation der Kleingartenvereine Floridsdorf, Wien 2023

seit 2023 ist Ernesto Kern vom KGV Groß-Jedlersdorf (siehe Eintrag Kleingartenverein Groß-Jedlersdorf in diesem Buch). In zweimonatlichem Rhythmus findet ein Austausch mit den Obleuten der Kleingärten im Bezirk statt. 80 Prozent der Probleme, so Obmann Kern, sind in allen Gärten gleich.

Die Obstbaufachgruppe Floridsdorf existiert nachweislich seit 1954 (vermutlich liegen die Anfänge aber schon weiter zurück). Sie informiert unter Leitung von Herrn Johann Führer über Fachberater, hält Vorträge ab und sieht sich als Verbindungsglied zwischen der Bezirksorganisation und den Vereinsleitungen. Im KGV Frohes Schaffen steht eine 200 m² Fläche zur Bewirtschaftung zur Verfügung.

Abb. 58a: Frauenfachgruppe. BO XXI

In Floridsdorf gibt es auch eine sehr aktive Frauenfachgruppe unter Leitung von Frau Helga Lang und Gerda Grach, welche selbstgemachte Marmelade, Liköre etc. bei Vereinsveranstaltungen, der Kleingartenmesse oder auch bei der Verleihung der Kleingartenpreise im Rathaus anbietet.

Rolle der Vereine

Die Vereine besorgen durch gewählte VertreterInnen die Verwaltung der Anlage und beraten bzw. informieren die Mitglieder. Jeder Verein hält einmal im Jahr eine Generalversammlung ab, bei der alle ordentlichen Mitglieder Anträge an die Vereinsleitung stellen können. Die Vereinsleitung berichtet über die Geschehnisse des abgelaufenen Jahres und gibt einen Überblick über die laufende Tätigkeit und geplante Investitionen. Der Investitionsplan liegt allen Mitgliedern vor und muss von der Generalversammlung gutgeheißen werden. Auch Wahlen zum Vereinsvorstand (Obmann, Schriftführer, Kassier, Rechnungsprüfung, Kontrolle etc.) sind Gegenstand der Generalversammlung, ebenso wie Statutenänderungen oder Gartenordnungen.

Die Vereinsleitung hält Sitzungen und Sprechstunden für die Mitglieder ab und/oder ist telefonisch für die Mitglieder immer erreichbar. In den Sprechstunden können auch GartenwerberInnen vorsprechen und sich nach den Gepflogenheiten erkundigen. Auf den Websites der Vereine oder in den Schautafeln vor Ort finden sich die Details. Sämtliche Tätigkeiten der Vereinsleitung werden ehrenamtlich ausgeführt, womit sich die Mitglieder Kosten ersparen. Für alle Funktionäre und Funktionärinnen wird vom Zentralverband eine Rechtsschutzversicherung abgeschlossen. Diese schützt bei Strafverfolgung in Ausübung der Vereinstätigkeit.

2001 erinnerte Präsident Ing. Wohatschek anlässlich des UNO-Jahres des Ehrenamts auch an die vielen ehrenamtlich tätigen Kleingartenfunktionäre: »Fehlen die ehrenamtlichen Funktionäre, muss die Verwaltung durch externe professionelle Verwaltungsfirmen ausgeübt werden, die ihre Tätigkeit jedoch auf Büroarbeit beschränkt sehen. Es fehlt jedoch immer noch der Ansprechpartner an Ort und Stelle, der benötigt wird, um rasch helfen zu können.«[553]

Die Selbstverwaltung im Kleingarten erspart den Mitgliedern Kosten. Neu aufgeschlossene Vereine haben mitunter keine Vereinsleitung, daher übernimmt der Zentralverband die Verwaltung (Pachtabrechnung, Wasser, Müll, Stellplätze, Instandhaltung etc.).[554]

Ein generelles Problem in vielen Vereinen ist Funktionärsmangel. Die Mitglieder wollen, dass alles funktioniert, sehen aber häufig nicht die Arbeit, welche im Hintergrund geleistet wird (Behördenwege, Sprechstunden, Pachtvorschreibungen, Erhalt und Investitionen in die Infrastruktur etc). Die Gefahr, dass Hausverwaltungen mangels Vereinsfunktionäre in die Kleingärten Einzug halten, ist gegeben.

Landesverbandsobmann Helmut Bayer berichtete 2015 über eine Studie zum Lebensstandard und Leben im Kleingarten, welche in drei Vereinen durchgeführt wurde. Gefragt wurde auch, ob eine Vereinsleitung benötigt wird. Einige Mitglieder verneinten diese Frage, waren jedoch andererseits mit dem Vereinsleben sehr zufrieden: »Daraus kann man den Schluss ziehen, dass den Mitgliedern gar nicht bewusst ist, welche Arbeit im Hintergrund notwendig ist, um alles in Ordnung zu halten. Denken sie nur an die Instandhaltung der Infrastruktur – Wasserleitung, Kanal, Wege, Beleuchtung, Müllabfuhr usw.«[555]

Wichtig für die Vereine ist auch das Vereinsgesetz, welches unter anderem vorgibt, dass die Vereine nicht auf Gewinn ausgerichtet sein dürfen. Die organisatorischen Grundlagen der Vereine sind in den Vereinsstatuten festgehalten.

Seitens der Gemeinde Wien ist die Magistratsabteilung 69 zuständig für die Kleingärten. Sie befasst sich mit den rechtlichen und administrativen Grundstücksangelegenheiten. Der Generalpachtvertrag zwischen der Stadt Wien und dem Zentralverband der Kleingärtner wird zwischen diesen beiden Partnern abgeschlossen. Einreichungen für den Bau von Kleingartenhäusern bzw. Kleingartenwohnhäusern laufen nicht nur über die Baupolizei, sondern auch über die MA-69.

553. Kleingärtner April 2001, S. 61
554. Kleingärtner September 2009, S. 70
555. Kleingärtner Juli-August 2015, S. 61

Ein Problem in manchen Vereinen sind leider verwilderte Gärten. Im Falle von Pachtgründen können die Vereine mangels kleingärtnerischer Nutzung einer Parzelle mit Hilfe des Zentralverbandes Kündigungen einleiten. Der Zentralverband hat in letzter Zeit ein Augenmerk auf diese unerfreuliche Entwicklung gelegt und Teilerfolge erzielt.[556] Bei Eigengründen sieht die Rechtslage anders aus: »Leider fehlt uns bei nichtbewirtschafteten bzw. nichtgenutzten Gärten von Eigentümern jegliche Möglichkeit, dagegen vorzugehen.«[557]

556. Kleingärtner September 2023, S. 57
557. Kleingärtner September 2024, S. 47

VI. Grüne Internationale

Zwischen den Kleingartenorganisationen in den einzelnen Ländern entstanden Kontakte, die in der »Grünen Internationale« ihre Verbandsstruktur fanden. Abbé Lemire (1853–1928) und einige andere waren die Gründer. 1926 wurde Luxemburg zum Sitz der Grünen Internationale (Office International des Fédérations des Jardins Ouvriers). Nachfolgend wurden im Abstand von zwei Jahren Kongresse abgehalten.

Für die österreichischen KleingärtnerInnen war die Grüne Internationale Plattform für Erfahrungsaustausch, der sich »befruchtend auf unser Eigenleben auswirken kann.«[558] Ein Großereignis war die Tagung der Grünen Internationale 1933 in Wien.[559]

Der Zweite Weltkrieg beendete vorläufig die Tätigkeit der Grünen Internationale. Erst 1947 kam man in Luxemburg wieder zusammen. Seither werden regelmäßig Kongresse abgehalten. Sie sollen die Behörden und die Öffentlichkeit des Gastgeberlandes auf die Kleingartenbewegung aufmerksam machen.[560] In der Verbandszeitschrift wurde über die Tagungen berichtet, und der Zentralverband entsandte immer Delegierte zu den Kongressen.[561]

Seit 1990 hat das Office International du Coin de Terre et des Jardins Familiaux als NGO Beraterstatus beim Europarat. Durch die Zusammenarbeit mit dem Europarat wurde beispielsweise die Broschüre über naturgerechtes Gärtnern finanziell unterstützt oder auch der Beitrag der Kleingärten im städtischen Bereich in der Europäischen Städtecharta verankert.[562]

Seit 2013 ist das Office Mitglied von Europa Nostra, einer unabhängigen Diskussionsplattform für den Schutz und die Erhaltung des europäischen Kulturerbes. Sie vertritt rund 400 NGOs aus 45 Ländern gegenüber der EU, dem Europarat und der UNESCO.[563]

Die Grüne Internationale beschrieb einmal ihre Aufgabe so: Eine Verbindung zwischen den nationalen Verbänden sei notwendig, um das Kleingartenwesen zu entwickeln, weil die einzelnen Verbände alleine dazu zu schwach sind. Den Kommunen müsse übergreifend klar gemacht werden, dass sie von den Kleingärten durch Pachteinnahmen profitieren und damit den finanziellen Aufwand zur Erhaltung von Grünzonen reduzieren können.[564]

Auch in einzelnen Vereinen gibt es länderübergreifende Verbindungen. Die Bezirksorganisation Leopoldstadt pflegt seit 1972 eine Partnerschaft mit den Gartenfreunden

558. Kleingärtner 1.9.1930, S. 1
559. Kleingärtner 1.10.1933, S. 10
560. Kleingärtner Dezember 1993, S. 21
561. Z. B. Kleingärtner 1.9.1949, S. 1 (Bericht über den Kongress in London) oder Kleingärtner 1.9.1951, S. 1 (Bericht über den Kongress in Luxemburg)
562. Kleingärtner Mai 1999, S. I
563. Kleingärtner Juni 2016, S. 51
564. Kleingärtner Dezember 2015, S. 30

Karlsruhe: »Angetrieben von unserem gemeinsamen Ziel, die Lebensqualität der Menschen zu erhöhen, wird sich die Partnerschaft zwischen dem Bezirksverband Karlsruhe und der Bezirksorganisation der Kleingärtner Wien-Leopoldstadt noch lange gedeihlich weiterentwickeln«, resümierte Alfred Lüthin, Vorsitzender des Bezirksverbands Karlsruhe und der Kleingärtner Baden-Württemberg im Jahr 2017.[565] Die Partnerschaft umfasst Erfahrungsaustausch, gegenseitige Besuche und gemeinsame Unternehmungen. An der Partnerschaft sind der KGV Kanalwächterhaus, der KGV Ober dem Heustadlwasser und der Landesverband der Kleingärtner und Siedler beteiligt.

Mitte 2023 legte die langjährige Generalsekretärin der Grünen Internationale, Malou Weirich, ihre Funktion zurück. Nachfolgerin ist Mag.[a] Sylvia Wohatschek.[566]

565. Aus dem Vorwort zur Festschrift 75 Jahre Kleingartenverein Kanalwächterhaus, Wien 2017; sowie auch Kleingärtner, November 2017, S. 42
566. Kleingärtner Dezember 2023, S. 40

VII. AUSGEWÄHLTE VEREINSGESCHICHTEN (NACH BEZIRKEN)

2. Bezirk

Kanalwächterhaus[567]

Der Verein entstand 1941/42 als Kriegsgemüsegarten. Das Wasser wurde in den Anfangsjahren aus dem Donaukanal entnommen, später wurden Brunnen geschlagen und Obstbäume gepflanzt, und bald entstand eine Einfriedung. Der Grundstein für eine Erntelandvereinigung war gelegt.

Über Jahrzehnte stand der Verein auf wackeliger Grundlage, weil die Pachtverträge nur jährlich verlängert wurden. Zwischen 1970 und 1975 war die Lage besonders kritisch. Durch die Bemühungen von Erntelandobmann Leopold Wenda, Zentralverband und Politik, gelang 1976 erstmals der Abschluss eines 10-Jahres-Pachtvertrags, der am 1. Jänner 1977 in Kraft trat. In der Generalversammlung vom 16. Oktober 1976 erfolgte die offizielle vereinspolizeiliche Meldung.

In den 1980er-Jahren wurde die Infrastruktur der ganzen Anlage verbessert (Kanalanschluss 1985, Elektrifizierung der Anlage 1988), und man erhielt die Widmung Ekl (Erholungsgebiet Kleingarten). 1992 wurde ein Vereinshaus errichtet, die Wege wurden saniert und beleuchtet. 2001 konnte die Anlage an die Hochquellwasserleitung angeschlossen werden.

2008 bekam der Verein die Widmung Eklw (Erholungsgebiet Kleingarten ganzjähriges Wohnen). Seither wurde umgebaut und neu gebaut. 2014 wurde die Anlage vermessen, seit 2015 kann man die Gärten in Eigentum erwerben. Im März 2017 wurden die ersten Gärten in Eigentum erworben, insgesamt gibt es elf EigentümerInnen. Den Stopp des Eigentumsverkaufs sieht Obmann Gerhard Groll positiv.[568]

Abb. 59: Nach dem langjährigen Obmann und Ehrenobmann Johann Kisser (gest. 2008) ist ein Weg in der Anlage benannt.

Inklusive Vereinsgarten umfasst der KGV Kanalwächterhaus 49 Gärten mit einer Gesamtfläche von 14.718 m² (inklusive Gemeinschaftsflächen). Interessant ist folgende Statistik: In den vergangenen 49 Jahren kamen auf 48 Parzellen 126 verschiedene PächterInnen. Im Schnitt hatte also jeder Garten 2,6 PächterInnen.

Obmänner seit 1976 waren Ing. Sedlacek (1976–1979), Rudolf Hampel (1977–1979), Johann Kisser (1979–2004)

567. Website des Vereins sowie Festschrift 75 Jahre Kleingartenverein Kanalwächterhaus 1942–2017, Wien 2017
568. Telefonat mit Gerhard Groll am 3.9.2024 und E-Mail vom 4.9.2024

und Werner Steindl (2004–2011, gest. 2012[569]). Seit 2011 ist Gerhard Groll Obmann, Markus Grammelhofer ist sein Stellvertreter.

Ein interessanter Aspekt, der auch andere Vereine in den Praterauen betrifft, ist die Erschließung durch öffentliche Verkehrsmittel. Ein dichtes Straßenbahnnetz durchzog seinerzeit den Prater. Die Straßenbahnlinien 80 (daher rührt der Name des Kleingartenvereins 80er Linie), 81, 4, L und 11 erschlossen die Kleingartenvereine. Mittlerweile sind einige Vereine besser nur mit dem Auto erreichbar.

Sonnenschein (verfasst von Dr. Ursula Schwarz)

Der Verein geht auf das Ernteland Golfplatz (Grabelandgemeinschaft Prater – Golfplatz Bereich A), welches auf dem Gebiet des ehemaligen Golfplatzes zwischen Stadionbad, Hauptallee und Heustadlwasser am 20. April 1941 gegründet wurde, zurück. Insgesamt waren es zu dieser Zeit acht Blöcke (Block A – Block H). Der Block A, der heutige Kleingartenverein Sonnenschein, hatte in den 1960er-Jahren elf Reihen mit 234 Gärten, der Block B, heute Kleingartenverein Grünland, sechs Reihen mit 68 Gärten.

In den Kriegsjahren diente das Ernteland vor allem dem Nahrungsmittelanbau der BewohnerInnen. Bäume, feste Hütten oder Häuser waren nicht erlaubt. Ab 1945 waren Obstbäume erlaubt, und es durften kleine Holzhütten gebaut werden. In den Reihen gab es in der Mitte einen »Reihenbrunnen«, wo sich alle um das Wasser anstellen mussten. Erst nach und nach wurden in den Gärten eigene Brunnen geschlagen. Der Garten war allerdings noch immer für die Selbstversorgung gedacht. Wie ein älteres Mitglied des Gartenvereins erzählt, wurde in den Nachkriegsjahren zur Zeit der Obst- bzw. Gemüseernte in den einzelnen Reihen eine Art »Bürgerwehr« gegründet, die in der Nacht Streife ging, um Plünderungen zu vermeiden. Bereits 1956 sollte das Grabeland aufgelassen werden, die PächterInnen hatten bereits die Kündigung zum 30. September 1956 erhalten, die aber nicht erfolgte.

Abb. 60: KGV Golfplatz (ohne SO-Tangente)

Mitte der 1960er-Jahre wurde die »Südosttangente« (damals noch als »Nordostautobahn« – 4. Donaubrücke) konzipiert. Das Grabeland Golfplatz traf dieses Bauvorhaben mit voller Wucht. 1969 wurden 91 der 234 Parzellen des A-Blockes geschliffen, die Anlage schließlich durch die »Südosttangente« und die Abfahrten zum Handelskai geteilt.

1968 wurde erstmals von den InhaberInnen des Grabelandes ein Betrag von 100,- Schilling als Anerkennungsbeitrag an die Gemeinde Wien, die die Flächen zur Verfügung stellte, bezahlt. Die vereinsmäßige Betreuung des Erntelandes lag in den Händen von

569. Kleingärtner April 2012, S. 57

Bezirksobmann Leopold Wenda, der laut einem Brief der Stadt Wien nicht immer im Interesse der Stadt Wien handelte, da er den InhaberInnen mitteilte »Euch kann eh nichts passieren«, womit er meinte, dass die Gärten nicht geschliffen würden. 1975 erfolgte die Widmung zum Kleingartenverein »Golfplatz«, im selben Jahr wurde die Anlage elektrifiziert. Im selben Jahrzehnt folgte es Schlag auf Schlag: Die Anlage wurde in Kleingartenverein Sonnenschein umbenannt, und die Bauerlaubnis für feste Häuser (mit Keller und Mansarde) und Senkgruben wurde erteilt.

Abb. 61: Der Otto-Futterknecht-Weg führt in die Anlage Sonnenschein

1994 wurden eine winterfeste Wasserleitung und ein Kanal hergestellt, Voraussetzung für die Widmung Eklw (ganzjähriges Wohnen). Mit der Jahrtausendwende erfolgte die Möglichkeit zum Kauf der Parzellen durch die UnterpächterInnen, wodurch immer mehr Parzellen zum Hauptwohnsitz wurden. Von den 147 Parzellen befinden sich 60 in Eigentum, 87 in Pacht. Die durchschnittliche Parzellengröße beträgt 200 m². Da nur wenige Gärten einen Gasanschluss haben, stellt sich im Verein das Problem »Raus aus Gas« nicht (In den 1990er-Jahren war mehrheitlich beschlossen worden, kein Gas in der Anlage zu verlegen). Jene Mitglieder, welche ganzjährig in der Anlage wohnen, heizen entweder elektrisch oder mit Wärmepumpen.

Wasserwiese

Kaiser Karl hatte, wie bereits an anderer Stelle erläutert, 1916 die Wasserwiese der Kleingartenbewegung zur Verfügung gestellt.[570] Sie hatte vorher als Exerzierplatz gedient und musste daher erst einmal nutzbar gemacht werden. 140.000 m² wurden mittels Motorpflug bearbeitet, parzelliert und anschließend an 700 Familien des 2. und 3. Bezirks vergeben.[571] Anfangs wurde Gemüse angebaut und erfolgreich Kleintierzucht betrieben.

Der Anfang war extrem mühsam: »Wer Glück hatte, bekam ein Stück umgeworfenen Wiesengrund, wer vom Pech verfolgt war, ein Stück versumpftes Land oder eine Schotterlage, ganz besondere Pechvögel fanden unter dem spärlichen Gras eine festgefahrene

570. Das Datum ist umstritten. In den Gemeindeakten des zweiten Bezirks findet sich der 25.9.1917 für die Überlassung der Pachtgründe der Wasserwiese für kleingärtnerische Zwecke an die Gemeinde Wien. Allerdings kann die Entscheidung von Kaiser Karl durchaus schon 1916 gewesen und im Nachhinein ein formaler Akt vollzogen worden sein (vgl. Amália Kerekes, Ursula Reber, Katalin Teller: Die parzellierte Kriegsausstellung. Debatten über den Prater und seine Schrebergärten 1919, Wien 2010, abgerufen unter www.kakanien.ac.at am 19.7.2017)

571. Schmidt, Der Schrebergarten als kultureller Faktor, S. 93

aber gut geschotterte Straße, so daß der Grund Zentimeter für Zentimeter mit dem Krampen aufgearbeitet und durch die Reuter geworfen werden mußte.«[572]

Einer der Mitbegründer der »Wasserwiese« war Josef Großschopf (1884–1956), ein gelernter Schriftsetzer, der 1919 Obmann des Vereins wurde. Er war sozialdemokratischer Bezirksrat und von 1927 bis zu seiner politisch bedingten Absetzung 1934 Redakteur der Verbandszeitschrift. 1945 wurde er Vorstandsmitglied im Zentralverband und von 1948 bis 1955 wieder Redakteur des Kleingärtners. Er erwarb später einen Siedlergrund in Niederösterreich und wurde 1952 Präsident der Siedlerbewegung und Redakteur des Fachblattes.[573] Er wurde Ehrenmitglied nicht nur der Wasserwiese, sondern auch der Vereine »Krieau« und »Am Schüttel«.

Unter Ministerialrat Josef Otto Krammer wurde die »Wasserwiese« zu einer der größten Kleingartenanlagen Österreichs. Strom- und Wasseranschluss wurden hergestellt, 1928 wurde sogar eine eigene Vereinszeitung gegründet. Im Schutzhaus gab es Musik, Theateraufführungen, Kegel- und Kartenrunden.

Abb. 62: *Josef Großschopf*

Richard Schmitz, Sozialminister, Unterrichtsminister und Vizekanzler in der Ersten Republik und 1934 als neuer Bürgermeister vom Regime eingesetzt, hatte eine Zeit lang eine Parzelle im KGV Wasserwiese – so wie viele andere aus der nahen Landstraße. Er hatte 1926 dem Verein geholfen, als die Wasserwiese wegen der Pläne zum Bau des Praterstadions vor der Kündigung stand.[574] Als Bundesminister besuchte er z. B. am 6. Oktober 1928 unter entsprechender Medienbegleitung den Verein.

Abb. 63: Der Vereinsvorstand 1926 (ganz rechts außen Josef Otto Krammer)

Im Bürgerkrieg 1934 stand der – was die Funktionärsebene betraf – christlichsozial eingefärbte Verein auf Seiten des Regimes. Ein Antrag, dem Beispiel anderer Vereine zu folgen und »für die

572. Mitteilungen des Vereins der Schrebergärtner Wasserwiese 15.8.1928, S. 3
573. Vgl. Josef Großschopf zum 70. Geburtstag im Kleingärtner November 1954, S. 4, sowie den Nachruf im Kleingärtner September 1956, S. 3.
574. Anschließend an das heutige Ernst-Happel-Stadion hätte noch ein Sportpark errichtet werden sollen, wofür man Platz gebraucht hätte. Das Projekt wurde aber nicht verwirklicht. Vgl. Bernhard Hachleitner, Das Wiener Praterstadion. Ernst-Happel-Stadion. Bedeutungen, Politik, Architektur und urbanistische Relevanz, Wien 2011, S. 57 f.

Opfer der Februarunruhen einen Betrag für den Dollfuss-Fonds« zu widmen, wurde mehrheitlich angenommen.[575] Interessant ist auch, dass man für die Errichtung einer kleinen Kirche sammelte; ein Novum in einem Kleingartenverein.[576]

Nach dem Zweiten Weltkrieg änderten sich die politischen Verhältnisse. Was gleich blieb, war der Umstand, dass ein großer Teil der PächterInnen aus dem nahe gelegenen dritten Bezirk kam.

SPÖ-Gemeinderat, Stadtrat, Landtagspräsident und Landesjägermeister Günther Sallaberger (geb. 1940) hatte eine Parzelle im Verein.[577]

Wie in anderen Anlagen auch wurde seit den 1960er-Jahren verstärkt in die Infrastruktur investiert. 1960 kam die Elektrifizierung, seit 1985 gibt es Winterwasser, seit 1996 einen Kanalanschluss. Der Erfolg der Bemühungen war die Widmung Ekl (1978), die mit einer »Widmungsfeier« begangen wurde[578] bzw. Eklw (1996). Ein anderer Einschnitt für den Verein war der Verkehr. Bis in die späten 1960er-Jahre war dieser Teil der Praterauen ein Hort der Ruhe, ehe das Areal durch Schnellstraßen (Stadtautobahn) umgrenzt wurde.

Anlässlich der 80-Jahr-Feier im Jahr 1996 überreichte Stadtrat Dr. Hannes Swoboda Obmann Kurt Baal für seine 25jährige Tätigkeit als Obmann eine von den Mitgliedern gewidmete Straßentafel als Anerkennung.[579]

Nach der Einführung des ganzjährigen Wohnens machten vermehrt auch »Wasserwiesler« davon Gebrauch. Ablesbar ist dies unter anderem an den Adressen der Vereinsfunktionäre.[580] Eine Folge davon war mangelnder Parkplatz. Es wurde ein eigener Parkplatzausschuss ins Leben gerufen. In den Jahren 2000 und 2001 kam es zu zwei Demonstrationen. Mit Scheibtruhen und Gartengeräten wurde im Bereich Schüttelstraße/Stadionallee versucht, dem Anliegen Gehör zu verschaffen. Im selben Jahr kam es zu einer Aussprache im Verein mit einem Mitglied, welches falsche Gerüchte über die Verwaltung des Vereinsvermögens verbreitete. Eine diesbezügliche Anzeige findet sich im »Kleingärtner«.[581]

2005 erschien im »Kleingärtner« eine bezahlte Anzeige einer Rechtsanwaltskanzlei mit der Überschrift »Kleinkrieg im Kleingarten«: »Der Rechnungsabschluß eines der größten Kleingartenvereine Wiens war Gegenstand zahlreicher Gerichtsverfahren erster und zweiter Instanz. Hiezu wurde zwischenzeitig rechtskräftig festgestellt, dass die von der Vereinsleitung als Betriebskostenabrechnung bezeichnete Rechnungslegung

575. Die Vereinsleitung spendete 200 Schilling; vgl. Mitteilungen Wasserwiese 15.3.1934, S. 1
576. Ebda., 15.4.1934, S. 2
577. Mitteilungsblatt. Kleingartenverein Wasserwiese August 1978, S. 1
578. Bericht darüber im Kleingärtner November 1978, S. 2
579. Kleingärtner Oktober 1996, S. I
580. 85 Jahre Kleingartenverein Wasserwiese, z. B. S. 79
581. Kleingärtner April 2000, S. 57

unvollständig, nicht nachvollziehbar, wenn nicht sogar darüber hinaus falsch ist.«[582] Die Kanzlei forderte den Verein zu gesetzeskonformer Ein- und Ausgabenrechnung auf.

Ein Jahr später erschien in der Kronen-Zeitung ein Bericht »Kleingarten-Krimi endet filmreif«: 300 Mitglieder, darunter auch der damalige Obmann der Wiener Gebietskrankenkasse Franz Bittner (1953–2023), hatten in einer außerordentlichen Generalversammlung den Obmann mit »Raus«-Rufen bedacht. Im Bericht ist außerdem davon die Rede, dass Kleingartensitzungen in Anwesenheit von Securities abgehalten wurden und der Obmann alle und jeden klage.[583] Dies traf dann gleich auch auf die Kronen-Zeitung zu. Gegen den Bericht wurde am 10. Juli 2006 Beschwerde eingelegt.

Der Fall ging bis zum Obersten Gerichtshof, der am 8. Mai 2008 entschied, dass die Behauptung, der Kleingartenobmann wäre in einer Generalversammlung abgewählt worden, falsch sei.[584] Formal war dies korrekt (der Obmann trat nicht zurück), de facto war die Unzufriedenheit unter den Mitgliedern derart groß, dass man einfach eine neue Leitung wählte.

Im September 2006 mahnte Zentralverbandspräsident Ing. Wohatschek an die Adresse des KGV Wasserwiese: »Es spricht für die Mitglieder dieses Vereines, dass sie dieser Vereinsleitung nicht mehr länger ihr Vertrauen ausgesprochen haben und mit überwältigender Mehrheit eine neue Leitung gewählt haben. Es klingt wie eine Ironie, dass nun der abgewählte Obmann – der von 311 anwesenden Mitgliedern nur 14 Stimmen erhalten hat, die anderen 297 Stimmen erhielt die neue Vereinsleitung – krampfhaft versucht, sich durch rechtliche Tricks am Obmannsitz festzukrallen. Wir geben der neuen Vereinsleitung alle uns zur Verfügung stehende rechtliche Hilfestellung, damit sie ihre demokratisch gewählten Funktionen zum Wohl aller Mitglieder ausüben können.«[585] Neuer Obmann wurde Ing. Josef Vrca, der bis heute diese Funktion auch ausübt. Er verstand seine Funktion anfangs als Mediator, und im Laufe der Zeit gelang es ihm auch, die Wogen zu glätten.[586]

Die kulturelle und kommunikative Funktion wurde und wird im Verein weiterhin gepflegt. Zwar gibt es keine gemeinsamen Operettenbesuche oder Ausflüge mehr, wie in der Festschrift »85 Jahre Kleingartenverein Wasserwiese« beschrieben, auch der Tischtennisklub existiert nicht mehr, aber Aktivitäten gibt es nach wie vor laufend.[587]

Am 7. September 2019 feierte der Kleingartenverein Wasserwiese sein 100jähriges Bestehen mit einem Fest im Schutzhaus.[588]

582. Bezahlte Anzeige im Kleingärtner Juni 2005, S. 66
583. Kronen-Zeitung 3.6.2006, S. 20
584. Entscheidung OGH, Geschäftszahl 15Os19/08w vom 8.5.2008 (www.ris.bka.gv.at/Dokumente, Zugriff 19.7.2017)
585. Kleingärtner September 2006, S. 55
586. Telefonat mit Ing. Vrca am 20.7.2017
587. 85 Jahre Kleingartenverein Wasserwiese, S. 82 sowie Gespräch mit Ing. Josef Vrca am 3.7.2024 im Vereinshaus
588. Kleingärtner November 2019, S. 50

Der Verein hat 858 Parzellen, das Verhältnis PächterInnen und EigentümerInnen hält sich die Waage. Rund 40 Prozent der Mitglieder wohnen ganzjährig im Verein. Anders wie in vielen Kleingartenvereinen sieht Obmann Vrca keine Konflikte zwischen EigentümerInnen und PächterInnen, weil viele Gärten an die Kinder weitergegeben werden, welche die Vereinsstruktur kennen. Den von der Gemeinde Wien verhängten Verkaufsstopp von Kleingärten sieht er als richtige Maßnahme. Die Verkäufe widersprachen dem Kleingartengedanken.

Das aktuelle Thema „Raus aus Gas" sieht Ing. Vrca gelassen, weil seit rund zehn Jahren bei Neubauten bereits Wärmepumpen eingebaut werden. Ein Problem ist allerdings, dass bei älteren Häusern vielfach die Isolierung mangelhaft oder gar nicht vorhanden ist. Wie in vielen Kleingartenvereinen ist leider Funktionärsmangel auch im KGV Wasserwiese ein Thema.

10. Bezirk

Blumental

Mit 416 Parzellen ist diese 1953 gegründete Kleingartenanlage die zweitgrößte in Favoriten. Sie liegt am Südhang des Wienerbergs, der Kleingartenverein Heuberggstätten südlich von ihr ist unmittelbarer Nachbar. Benannt ist sie nach dem Flurnamen eines Wiesengrundes in Inzersdorf.

Die Anfänge der Besiedelung reichen bereits in das Jahr 1952 zurück. Der Großteil der Anlage entstand auf brachliegenden Ackerflächen der Katastralgemeinde Inzersdorf. In den Anfangszeiten wurden zwei Parzellen mit einem Wasseranschluss, zu dieser Zeit nur Sommerwasser, versorgt. Die Durchschnittsgröße war gemäß gültigem Kleingartengesetz aus dem Jahr 1936 mit 400 m² recht großzügig bemessen.[589] Trotz Lärm- und Staubbelästigung der damals nahen zentralen Mülldeponie der Gemeinde Wien – sie bestand noch bis 1956 – war der Erwerb einer Parzelle für die KleingärtnerInnen ein Beitrag

Abb. 64: Bau der ersten Häuser (Mitte der 1950er-Jahre)

589. Erst 1959 wurden mit dem Kleingartengesetz die Parzellengrößen zurückgefahren.

zur Nahrungsmittelversorgung. Die offizielle Eröffnung der Kleingartenanlage erfolgte im Rahmen des 10. Internationalen Kongresses der Kleingärtner am 27. August 1955.[590] Bilder aus der damaligen Zeit zeigen kleine 25-m²-Sommerhäuser mit Obst- und Gemüseanbau in den Gärten. Ziegeln kamen aus der Mülldeponie, die vorher eine Abbaumulde für die Ziegelgewinnung gewesen war. Und statt der Südosttangente im Hintergrund zeigen sich Getreideäcker der Bauern aus Inzersdorf.
Wie viele andere Kleingartenanlagen wurde Mitte der 1950er-Jahre die Anlage elektrifiziert. Als in den 1960er-Jahren viele KleingärtnerInnen durch den Bau der Stadtautobahn (Südosttangente) ihre Parzellen verloren, bekamen sie Ersatz im Reifental. Das Talniveau wurde durch Aufschüttung angehoben und in die Kleingartenanlage Blumental integriert, welche nun um 142 Gärten größer wurde.

Schwierigkeiten ergaben sich laufend durch einen hohen Grundwasserspiegel. Die Fundamente der Häuser mussten aus Spezialbeton gefertigt werden, weil das Grundwasser aus der aufgelassenen Mülldeponie aggressiv war. In den 1980er-Jahren kam es immer wieder zu Wasseraustritten aus der Deponie. Die Behörden reagierten, bauten eine Drainage und leiteten Wasser in eine Senkgrube, die täglich durch einen Tankwagen entleert werden musste. Diese ist die Ursache dafür, warum die Wege in der Anlage zum Teil recht breit sind – die Tankwagen mussten ja durch die gesamte Anlage durchfahren können.

1988/89 wurde letztlich eine Generalsanierung der Problemstelle Deponie von der Gemeinde veranlasst. Betondichtwände, die bis zum wasserundurchlässigen Tegel abgesenkt wurden, verhindern seither den Eintritt von kontaminiertem Wasser.

Mit dem Aufkommen eines Umweltbewusstseins in den 1980er-Jahren sorgte der Verein für eine Novität: Noch bevor die Gemeinde Wien eine Problemstoffsammlung eingerichtet hatte, erbrachte eine Sondermüllsammlung des Vereins im Jahr 1983 drei Kubikmeter giftiger Abfälle wie Spritzmittel, Altöle oder Autobatterien.

In der Folge konnte auch der Verein die Infrastruktur verbessern: Die Einfahrtstore zur Anlage wurden mit Elektromotoren ausgestattet, 1992/93 wurde die alte Sommerwasserleitung durch eine Winterwasserleitung ersetzt und ein Kanalsystem errichtet. Mit der Einleitung von Erdgas wurde die Aufschließung der Anlage 1996 abgeschlossen. Mit der Einführung des ganzjährigen Wohnens und der Möglichkeit des Eigentumserwerbs (in diesem Fall 1998/99) setzte eine rege Bautätigkeit ein. Laut Auskunft von Obmann Herbert Zimmer sind rund zwei Drittel der Parzellen Pachtgründe, ein Drittel der KleingärtnerInnen hat vom vergünstigten Erwerb auf Eigentum Gebrauch gemacht.[591]

590. Kleingärtner Oktober 1955, S. 3
591. Gespräch mit Obmann Herbert Zimmer am 27.5.2017 sowie mit Obmannstellvertreter Rudolf Novak am 6.7.2024 im Vereinshaus.

2003 feierte man das 50-jährige Bestandsjubiläum mit einem großen Fest und einer Festschrift.[592] Langjähriger Obmann (1976–1992) war Josef Reinisch (gest. 1992), der den Verein durch entscheidende Meilensteine wie das Kleingartengesetz 1978 oder die beschriebene Generalsanierung der Deponie lenkte.[593]

2025 ist Herbert Zimmer Obmann des KGV Blumental, sein Stellvertreter heißt Rudolf Novak.

Weichselgarten[594]

Vor dem Ersten Weltkrieg wurden die Grundstücke der heutigen Kleingartenanlage von einem Gärtner für die Aufzucht von Weichselbäumchen verwendet, die zur Herstellung von Spazierstöcken, Pfeifenrohren, Zigarettenspitzen etc. dienten. In einer historischen Landkarte von 1872 findet man den Hinweis »Weichsel-Pflanzschule«.

Während des Ersten Weltkriegs verpachtete Moritz Spitz (gest. 1927) 2000 m² seines Grundes an Familien für die Errichtung von Kriegsgemüsegärten. Das genaue Datum der »Erstbesiedlung« 1917 ist nur indirekt festzumachen: 1932 feierte man das 15-jährige Bestandsjubiläum. Anlässlich dieses Ereignisses erinnert ein Gedenkstein in der Nähe des Vereinshauses an Obmann Leo Karl.

Wie bei vielen Kleingartenanlagen aus dieser Zeit erfolgte zuerst die »Landnahme« und erst später kam es zu einer offiziellen Vereinsgründung. Im Fall des KGV Weichselgarten geschah dies unter Karl Mochal im Jahr 1924. Dieses Datum war Ausgangspunkt für die 90-Jahr-Feier 2014.

1925 wurde der »Kleingartenverein Weichselgarten« erweitert. Grundstücke des Baron Drasche, welche einige Familien bewirtschafteten, kamen ebenso hinzu wie Nachbargrundstücke einer Fabrik. Es entstanden die ersten unbewohnten ebenerdigen Kleinbauten.

1927 erwarb die Gemeinde Wien die Gründe. Aus diesem Anlass wurde die Anlage neu parzelliert, eine Außeneinfriedung hergestellt und eine Wasserleitung mit Abzweigung in jede Parzelle installiert. Von 1928 bis 1938 hatte der Verein 185 Mitglieder (inklusive Familienangehörige 599 Personen). Die Gärten dienten der Selbstversorgung. Der Bestand an Obstbäumen verdreifachte sich auf 4232 im Jahr 1938; Kleintierzucht war üblich. Die Größe der Anlage betrug 44.853 m².

Im Zweiten Weltkrieg wurde die Kleingartenanlage zerbombt; das Vereinsarchiv ging verloren. In den ersten Jahren der Nachkriegszeit sicherten die Gärten das Überleben

592. Bericht im Kleingärtner Oktober 2003, S. 40, sowie Festschrift 1953–2003. 50 Jahre Kleingartenanlage Blumental, Wien 2003

593. Kleingärtner April 1992, S. 17

594. 75 Jahre KGV Weichselgarten im Kleingärtner Dezember 1999, S. 40 f., sowie 90 Jahre Kleingartenverein Weichselgarten, Wien 2014

der Mitglieder, Angehörigen und Freunde, die mit Produkten aus dem Eigenbau bedacht wurden.

In den 1960er-Jahren trat, wie in anderen Kleingärten auch, ein Wandel vom Versorgungs- zum Nutzgarten ein. 1966 wurde für die Gruppe I die Flächenwidmung »Grünland-Kleingartengebiet« erteilt. Daraufhin wurde in die Infrastruktur investiert (Erneuerung der Wasserleitung, Elektrifizierung der Anlage, Asphaltierung der Wege). 1969 wurde der Bau eines Vereinshauses in Angriff genommen. Daran erinnert eine Tafel am Vereinshaus (»Errichtet unter dem langjährigen Obmann Franz Loimer«).

Seit den 1970er-Jahren wurde die Anlage sukzessiv Opfer des Platzbedarfs der Großstadt. Zuerst mussten 29 Parzellen einem Bundessportplatz weichen, später ging die Gruppe II für den Bau der Höheren Technischen Bundeslehranstalt verlustig. Durch den Bau der Grenzackerstraße ging der Anlage die Gruppe III verloren. Die 1971 benannte Grenzackerstraße hieß vorher Grenzackergasse und hatte wenig mit der Durchzugsstraße (mitsamt Nebenfahrbahnen und breiten Gehsteigen) zum Verteilerkreis gemein. Heute beträgt die Fläche des KGV Weichselgarten nur noch 11.560 m^2. Von den anfangs 185 Parzellen blieben 60 übrig.

Mit der Einführung des ganzjährigen Wohnens wurde kräftig in die Infrastruktur investiert: Bau von Winterwasserleitung und Kanal, Aufschließung mit Erdgas, Wegesanierung, Telefonverrohrung etc. 1994 erhielt man die ersehnte Widmung Eklw; ein Bauboom setzte ein. 1997 wurde die Anlage neu vermessen, 1998 der Teilungsplan – Voraussetzung für Eigentumserwerb – genehmigt. In diesem Jahr hatten bereits sieben Mitglieder ihren Wohnsitz ganzjährig in den Kleingarten verlegt. An diese für den Verein wichtige Zäsur erinnert eine andere Tafel am Vereinshaus: »Unter Obmann Hermann Gsandtner wurde die Kleingartenanlage für ganzjähriges Wohnen aufgeschlossen und adaptiert.« 2025 leben die meisten Mitglieder ganzjährig im Garten. Rund ein Drittel hat die Parzellen in Eigentum erworben, zwei Drittel sind Pachtgründe. Daran hat sich bis zum Verkaufsstopp nichts geändert.

2007 wurde das in die Jahre gekommene Vereinshaus neu adaptiert und ein Sparverein gegründet, der aber auf Grund der geringen Verzinsung und gesetzlicher Änderungen 2014 aufgelöst wurde. Der Sparverein war Bestandteil des Vereinslebens. Einmal im Monat kamen die Mitglieder im Vereinshaus zusammen, was den Gemeinschaftssinn förderte. Der Verein hatte 58 Mitglieder (bei 60 ParzelleninhaberInnen).

Seither fungiert die regelmäßig abgehaltene Sprechstunde als Mittel der Zusammengehörigkeit, da diese anders als in vielen Vereinen abläuft. Vor dem Vereinshaus besteht ein geräumiger Garten mit Sitzbänken und Tischen, wo Vereinsmitglieder zwanglos vorbeischauen und einfach nur miteinander plaudern können. Nur für persönliche oder wichtige Angelegenheiten, wie etwa Einreichpläne für Bauvorhaben, zieht sich Obmann

Michael Gutmann mit dem betreffenden Mitglied ins Vereinshaus zurück.[595] Auch Vereinsfeste dienen dem Zweck, das Kleingartenleben aktiv zu erhalten. Ein Großgriller, eine Kühlvitrine und Oberbekleidung mit dem Vereinslogo für die Veranstaltungsmitglieder stehen zur Verfügung.

Zur 85-Jahr-Feier 2009 erhielt der Verein die offizielle Anschrift Otto-Willmann-Gasse 2 und 2014 feierte man den 90-jährigen Bestand. Ein Problem ist die Vorgabe »Raus aus Gas«, da nicht alle Mitglieder die entsprechenden Ressourcen für die Alternative Wärmepumpe aufbringen können.

Abb. 65: Ernst Kirchweger

Prominentes Mitglied des Vereins war Ernst Kirchweger (1898–1965). Der Sozialdemokrat war in der Arbeiterkonsumgesellschaft tätig, dann Mitarbeiter im Österreichischen Verband für Siedlungs- und Kleingartenwesen (1922–1925), Straßenbahnschaffner (1925–1937), anschließend Angestellter des Compass-Verlags (1937–1963).

Nach den Februarkämpfen 1934 trat er zur KPÖ über. 1965 wurde er das erste Opfer von Gewalt in der Zweiten Republik. Anlässlich einer Demonstration gegen den antisemitischen Hochschulprofessor Taras Borodajkewycz wurde er von einem Rechtsextremisten niedergeschlagen und erlag bald darauf seinen schweren Verletzungen.[596]

Obmänner des KGV Weichselgarten seit 1945: Johann Weiss (1945–1948), Ludwig Hermann (1948–1951), Ferdinand Prendinger (1952/53), Franz Pani (1954–1961), Franz Loimer (1962–1986, Ehrenobmann 1987), Max Sinzinger (1987–1990), Hermann Gsandtner, Angestellter (1991–2007). Seit 2007 ist der Postangestellte Michael Gutmann Obmann.

Wienerberg Zwillingsee[597]

Die Geschichte des Vereins ist auf das Engste mit der Geschichte der Wienerberger Ziegelwerke verknüpft. Im 19. Jahrhundert füllten sich durch Grundwassereinbruch zwei Lehmgruben mit Wasser und mussten für die Ziegel- und Keramikerzeugung aufgegeben werden. Die so entstandenen beiden Teiche erfreuten die ArbeiterInnen der Ziegelwerke sowie die Bevölkerung der damaligen selbstständigen Gemeinde Inzersdorf.

595. Gespräch mit Obmann Michael Gutmann am 2.8.2017 sowie Telefonat am 25.6.2024
596. Manfred Mugrauer, Ernst Kirchweger (1898–1965). Eine biographische Skizze. In: Mitteilungen der Alfred Klahr Gesellschaft Juni 2015, S. 1-8
597. So nicht anders angeführt nach Gerhard Raymann: Von den Ziegelteichen am Wienerberg zum Kleingartenverein Wienerberg-Zwillingssee. Erinnerungen an die Entstehung eines Paradieses vor 40 Jahren, Wien 2001

Alois Miesbach (1791–1875), der Gründer der Wienerberger Ziegelei, ließ im östlicher gelegenen Teich 1856 eine Schwimmschule einrichten; seither wird dieser Teich Schwimmschulteich genannt. Der westlich davon gelegene Teich ist der Grüne See. Beide Teiche waren Eigentum der Firma Wienerberger.

Nach dem Ersten Weltkrieg, als die Hungersnot bei den Wienerberger ZiegelarbeiterInnen besonders hoch war, begannen die ArbeiterInnen ohne Genehmigung der Firmenleitung rund um die Seen Gemüse anzubauen. In den 1930er-Jahren wurde dies von der Firmenleitung sanktioniert. Die Hausgärten waren Bestandteil des Lohns. Von einer Mauer getrennt befand sich an der Ostseite des Schwimmschulteichs der Fußballplatz des FC Wienerberg.

Abb. 66: Wilhelm Janda Weg

In den 1960er-Jahren begann eine bescheidene kleingärtnerische Aktivität. Der »Wienerberger« Wilhelm Janda, nach dem auch ein Weg in der Nähe des Vereinshauses benannt ist, verhandelte mit der Firmenleitung zwecks Parzellierung der Flächen. Es wurde ihm der Bau einer Sommerwasserleitung, die Parzellierung und der Anschluss an das firmeneigene Stromnetz gestattet.

Gemeinsam mit Fritz Berg (gest. 2007), der über 45 Jahre Obmannstellvertreter des späteren Vereins werden sollte,[598] planierte er 1961 das Gelände, um Gärten anlegen zu können. Die Parzellen hatten 120 m² und wurden getrennt nach Arbeitern und Angestellten vergeben. Die Angestellten erhielten die (besseren) Uferparzellen, die ArbeiterInnen die zweite und dritte Reihe.

Gegen das ausdrückliche Verbot des Grundeigentümers wurde Wilhelm Janda 1968 als Obmann einer Teichgemeinschaft gewählt. Als er die Absiedlung der Parzellen verhindert hatte, gründete er 1973 den Kleingartenverein und wurde Obmann: »Nach langem Kampf konnte er die Absicherung der Kleingartenanlage erreichen und sie sogar erweitern.«[599] Janda wurde 1981 Bezirksobmann der Kleingärtner von Favoriten und in den Aufsichtsrat des Zentralverbands gewählt. 1984 wurde er Vizepräsident des Landesverbands, später Obmann. Die Obmannschaft bekleidete er bis zu seinem Tod

598. Kleingärtner Jänner 2007, S. 43
599. Kleingärtner Mai 1997, S. I (Willi Janda zu seinem 65. Geburtstag)

2017.[600] 2004 erhielt er das silberne Verdienstzeichen des Landes Wien aus den Händen von Umweltstadträtin Ulli Sima.[601]

Die weiteren Gründungsmitglieder des Vereins waren Ferdinand König (Schriftführer) und Karl Sramek, der über 30 Jahre Kassier des Vereins war. Auch Pepi Opava gehörte zu den Mitbegründern. Sramek und Opava starben 1998.[602]

1972 verkaufte die Firma Wienerberger ihre Grundstücke, womit auch die Teichgemeinschaft an die Gemeinde Wien ging. Ansprechpartner für die Teichgemeinschaft war somit die Gemeinde Wien. 1973 bildete sich aus der Teichgemeinschaft der Verein »Erholungsgemeinschaft Wienerberg-Zwillingsee«. Der mittlerweile als wilde Mülldeponie benutzte ehemalige Fußballplatz wurde in die Kleingartenanlage integriert. Weitere 14 Gärten kamen ein Jahr später nördlich des Grünen Sees hinzu. 1982 erhielt man – mit Ausnahme der Uferparzellen – die Widmung Ekl (Erholungsgebiet Kleingarten), womit der Verein rechtlich abgesichert war.

Der Verein besteht aus drei Einheiten: KGV Wienerberg, KGV Zwillingsee und KGV ÖBB. Eine Besonderheit besteht darin, dass es nur Pachtgärten gibt. Da man im Falle von Eigentumsbildung nicht wüsste, wie man mit dem in der Mitte der Anlage befindlichen See umgehen sollte, blieb es bei dieser Rechtslage. Es gibt auch eine Fischereigruppe Zwillingsee. Das heutige Vereinshaus war einst das Musterhaus der Wienerberger Ziegelwerke und Sitz des Betriebsarztes und des Arbeiterbetriebsrats.[603]

Am Vereinshaus ist eine Keramikbüste für Victor Adler (1852–1918), dem Begründer und Einiger der Sozialdemokratie, angebracht. Adler hatte in der »Gleichheit« 1888 über die Ausbeutung der ArbeiterInnen in den Wienerberger Ziegelwerken berichtet. Die Büste wurde vom Bildhauer Holzmannhofer 1946/47 geschaffen, anlässlich des 100. Geburtstags von Adler 1952 enthüllt und am 10. Oktober 1987 durch Bürgermeister Helmut Zilk nach Restaurierung wieder eröffnet.[604]

Vom selben Künstler wurde ein schlafendes Nashorn, Symbol für die Einhaltung der Ruhezeiten in der Anlage, geschaffen.

In den 1990er-Jahren wurde ein Abwasserkanal gebaut. Zwischen dem Vereinshaus und der Lärmschutzwand zur Triester Straße wurde eine Kompostanlage errichtet. Am 25. August 2001 erhielt die Kleingartenanlage beim »Europäischen Tag des Gartens« das Diplom »Anerkennung für ein naturgerechtes Gärtnern« verliehen.[605]

Anlässlich der 40-Jahr-Feier wurde am Vereinshaus eine künstlerisch ausgestaltete

600. Siehe Nachruf im Kleingärtner Juli 2017, S. 47
601. Kleingärtner November 2004, S. 41
602. Nachrufe im Kleingärtner Februar 1999, S. VI
603. Margarete Komarek, Az ráno, az ráno … Erinnerungen an den Wienerberg, Wien 1998, S. 40
604. Gottfried Haubenberger/Michael Martischnig, Vom Wienerberg. Ziegenweide-Ziegelgrube-Lustlandschaft, Wien 2009, S. 198 f.
605. Kleingärtner Oktober 2001, S.45

Fassade angebracht. 2011 feierte man das 50-jährige Vereinsjubiläum mit einem »Sommerfest-Wochenende« und großem Feuerwerk.[606]

Prominentes Mitglied im Verein war »Eiskönig« KR Kurt Tichy (1925–1999), Gründer und Inhaber des bekannten Eissalons am Reumannplatz in Favoriten.[607] Der heutige Obmann heißt Wolf-Dieter Brüstl.

Anlässlich des 60. Geburtstags des Kleingartenvereins erschien eine Festschrift, in der ein interessanter Beitrag aus dem *Kurier* vom 10.1.1959 abgedruckt ist: Unter dem Titel »Die Autobahn formt Wien« wurden Pläne für Autobahnen quer durch Wien mit großzügigen Zu- und Abfahrten publiziert. Diese Pläne hätten den Kleingartenverein massiv betroffen.

Seit Erscheinen der Erstauflage des Buches wurde in die Infrastruktur weiter investiert: Behebung von Wasserrohrbrüchen und Verlegung neuer Wasserleitungen, Renovierung des Kinderspielplatzes und eine notwendige, aber mit hohen Kosten verbundene Installation einer Tiefenwasserbelüftungsanlage für den See. Für den Vereinsgründer Wilhelm Janda wurde am Vereinshaus eine Gedenktafel angebracht. Der Fischereiverband ist nach wie vor aktiv, beklagt jedoch mangelnden Nachwuchs. Hervorzuheben ist, dass der Verein zwei »Alterssitze« hat. Für zwei betagte Mitglieder, welche sich die Pacht/Betriebskosten nicht leisten können, übernimmt der Verein die Kosten.

11. Bezirk

Gaswerk[608]

Ähnlich wie der Nachbarverein Simmeringer Haide gehen die Wurzeln des Vereins auf die Hungerjahre im Ersten Weltkrieg zurück. Offiziell wurde der Verein 1917 gegründet. Als Namensgeber fungierte das Gaswerk, wohl auch weil viele dort Beschäftigte ihren Garten hatten. Analog der Simmeringer Haide musste das ehemals von Militärs als Exerzierplatz benutzte Gelände erst mühsam urbar gemacht werden.

Aus der Anfangszeit ist überliefert, dass Wachposten aufpassten, damit die Grenzen der Parzellen nicht willkürlich verschoben wurden. Eine große Schwierigkeit für die KleingärtnerInnen war die nicht vorhandene Verkehrsanbindung. Lange Fußmärsche waren die Regel.

Leider sind die Aufzeichnungen aus den Anfangsjahren in den Kriegswirren verloren gegangen. Verbrieft ist ein Vereinshaus mit einer Greißlerei zur Nahversorgung der Mitglieder. Aus der Greißlerei wurde in den 1970er-Jahren eine Konsumfiliale. Frühzeitig

606. Kleingärtner Oktober 2011, S. 51
607. Kleingärtner September 1999, S. 58 sowie Gespräch mit Wolf-Dieter Brüstl am 22.6.2024
608. 100 Jahre KGV Gaswerk XI. Die Suche nach den Wurzeln eines der ersten Kleingartenvereine in Simmering, Wien 2017 sowie Gespräch am 12.9.2017 und am 27.5.2024 mit dem Obmann des KGV Gaswerk Helmut Bayer

wurde eine Sommerwasserleitung verlegt, ein Novum für diese Zeit. Möglich war dies, weil die KleingärtnerInnen durch ihre Beschäftigung beim Gaswerk Zugang zu den erforderlichen Materialien hattten.

Mathilde Hafner[609], geb. 1932, wuchs in der Anlage auf. Ihre Eltern wohnten seit 1928 ganzjährig in der Anlage. Es gab kaum Einfriedungen, nur einzelne Gärten waren eingezäunt. Wasser musste von einem recht weit entfernten Hydranten geholt werden. Hierfür verwendete man Bottiche, die auf Wagen gezogen wurden. Im Zweiten Weltkrieg schützte man sich durch angelegte Splittergruben im Graben vor Luftangriffen. Die Gruben wurden mit Brettern abgedeckt, darauf fand der Aushub Platz, auf dem Kartoffeln angebaut wurden.

Zu Kriegsende kam es zu Plünderungen, die Mutter übersiedelte mit den Kindern (der Vater kam erst im August vom Krieg heim) in Notunterkünfte. Das Haus war devastiert. Mit Ziegeln aus der Umgebung baute man das Haus wieder auf und zog 1946 wieder ein. Man war nicht die einzige Familie, die ganzjährig im Garten wohnte. Auf Grund der Wohnungsnot in der Nachkriegszeit war dies auch toleriert. Gegen die Kälte und Feuchtigkeit im Winter wurde unter dem Fußboden Schlacke eingezogen. Geheizt wurde mit Koks. Eine Anbindung an die öffentlichen Verkehrsmittel war nicht vorhanden. Man musste weite Fußwege zur Linie 71 oder zur nicht mehr existierenden Linie 106 zurücklegen.

Im Vereinshaus war ein Greißler untergebracht, später ein Konsum. An Samstagen gab es in den Sommermonaten Feste mit Musik; für Jugendliche ein »Heiratsstüberl«, wo sich Jugendliche zurückziehen konnten.

Abb. 67

Die Elektrifizierung der Anlage und die Verlegung einer Winterwasserleitung erfolgten – im Vergleich mit anderen Vereinen – recht früh, nämlich 1949. Nächst der Haidestraße und der Haidequerstraße befand sich in der Nachkriegszeit ein Flüchtlingslager – viele KleingärtnerInnen zeigten Solidarität mit den Vertriebenen.

In den 1990er-Jahren ersetzte ein Kanal die Senkgruben. Nach der Widmungserteilung Eklw setzte ein Bauboom ein. Alte Häuser wurden umgebaut und erweitert bzw. neue 50m²-Häuser gebaut. Seit 1986 gibt es eine aktive Frauenfachgruppe und neuerdings auch einen Imker. Eine eigene

609. Gespräch mit Mathilde Hafner am 12.9.2017 im KGV Gaswerk

Materialverwaltung sowie das Gasthaus sind Treffpunkt und dienen der Kommunikation innerhalb des Vereins. Ins Gasthaus kommen auch viele Leute der Umgebung und lernen die Kleingartenanlage kennen. Seit 1991 ist Helmut Bayer Obmann des Vereins, seit 2013 ist er auch Landesverbandsobmann der Wiener KleingärtnerInnen.

Simmeringer Haide

Der Kleingartenverein Simmeringer Haide ist mit 767 Parzellen die größte Kleingartenanlage in Simmering. Die ersten Parzellen wurden 1918 vergeben.

Wie die Schmelz oder die Wasserwiese war die Simmeringer Haide zuvor als Exerzierplatz benutzt worden. Die Schusslinie und die Ravelinstraße erinnern noch heute daran. Die benachbarten GärtnerInnen betrachteten die KleingärtnerInnen anfangs mit einer gewissen Belustigung, weil hier nichts wachsen könne.

1931 wurde das Areal als Kleingarten gewidmet, eine Widmung auf Dauerkleingartenanlage besteht seit 1951. In diesem Jahr wurde unter Obmann Franz Eder und freiwilligen Mitarbeitern in 4059 Arbeitsstunden das Vereinshaus erbaut. Eine Tafel im Gang des Vereinshauses erinnert daran. Die Verkehrsfläche vor dem Vereinshaus heißt seit 2012 Franz-Eder-Weg.

Abb. 68: Bau des Vereinshauses (1951)

Wie in vielen Kleingartenanlagen war der Verein in den 1960er-Jahren durch Absiedlungen betroffen. 1966 wurden für den Bau einer Wohnhausanlage die Parzellen 919-954 abgesiedelt, ein Jahr später für den Ausbau der Verkehrsfläche »Unter der Kirche« die Parzellen 47-71, 103-105 und 971-974. Insgesamt verlor der Verein 68 Parzellen.

In den 1990er-Jahren wurde die Infrastruktur der Anlage verbessert. Der Bau eines Abwasserkanals und eine Winterwasserleitung ermöglichen 1994 die Umwidmung auf Eklw (Erholungsgebiet Kleingarten ganzjähriges Wohnen). Nunmehr dürfen 25 Prozent der Parzelle verbaut werden, maximal 50 m^2 zuzüglich Keller mit max. 83 m^2. Durch die Umwidmung kommt es zu reger Bautätigkeit. Der Abschluss der Gesamtparzellierung ermöglicht seit 2003 den Eigentumserwerb.

Im Jubiläumsjahr 2008 waren 517 Parzellen in Unterpacht, 243 Parzellen befanden sich im Eigentum. Mit Stand 2024 befinden sich 294 Parzellen im Eigentum (Auskunft Obmann Helmut Kratky).

Eine Besonderheit war die Kleintierzucht. Diese Sektion wurde 1927 gegründet. Hühner, Enten, Gänse und Kaninchen wurden für Ernährungszwecke gehalten, und es wurde Wolle produziert (Angora-Kaninchen). In der Verbandszeitschrift findet sich 2001 ein ausführlicher Bericht über die Kleintierzucht. Die Simmeringer Haide stellte 50 Tiere aus, davon 24 Kaninchen.[610] Von 1981 bis 2000 war Ludwig Beschera (1937–2000) Obmann der Kleintierzucht. Mit seinem Tod endete die Tradition der Kleintierzucht im KGV Simmeringer Haide. Beschera hatte im Verein auch Positionen wie Obmann-Stellvertreter und Aufsichtsrat bekleidet.

Regelmäßig fanden Kleintierschauen statt, insbesondere nahm man 1964 im Rahmen der WIG im Donaupark, 1966 an der Ausstellung »Tiere, Haus und Garten« im Rathaus sowie 1974 im Rahmen der WIG in Oberlaa teil. Die Kleintiersektion nahm auch an Europaschauen in Deutschland, Italien und den Niederlanden teil. Sie errang zahlreiche Preise auf nationaler und internationaler Ebene.

Eine Tradition aus der Ersten Republik wurde in den 1980er-Jahren in Simmering reaktiviert. Otto Stein (1903–1996), Mitbegründer der Kleintiersektion, verwirklichte die Idee des »Simmeringer Haidechors«. Man begann mit einfachen Volksliedern, später wurde das Repertoire durch klassische und moderne Lieder erweitert. Konzertreisen führten in die Bundesländer, aber auch nach Tschechien und Ungarn. Der Chor singt bei Preisverleihungen wie dem Kleingartenpreis im Wiener Rathaus und anderen Veranstaltungen. Mehrere CDs und eine DVD wurden publiziert. 2010 feierte man das 25-jährige Bestandsjubiläum.[611] Der Chor gehört nicht mehr zum Verein, weil kein Vereinsmitglied mehr aktives Mitglied im Chor ist. Der Name blieb bestehen.

2002/03 wurde eine Kultur- und Sportfachgruppe gegründet. Ziel war und ist es, kulturelle, sportliche und gesellige Aktivitäten zu setzen. 2006 bekam man im Rahmen der Kleingartenpreisverleihung im Rathaus in der Kategorie Kultur den ersten Preis zugesprochen.

Aktiv im Verein sind nach wie vor die um 1948 von Emmy Kamesch gegründete Jugendgruppe sowie eine Frauengruppe. Die Jugend(Kinder)gruppe wurde durch Theateraufführungen bekannt. 2021 berichtete die Obstbaufachgruppe über den Erhalt des Vereinsgartens und der Initiative, einen naturnahen Nutzgarten zu verwirklichen: »Unser Team mit fundiertem Wissen und jahrlanger Gartenerfahrung will Gartenbesitzer inspirieren, den eigenen Garten mit neuen Augen zu sehen!«[612] Insbesondere will man alte Obstsorten für die junge Generation bewahren.

Gründer und Leiter des Vereins: Inspektor Franz Schiller. Obmänner: Hans Hinterecker (bis 1926), Karl Kotbra (1926–1932), Franz Benedikt (1932–1942), Ferdinand Huber

610. Kleingärtner März 2001, S. 65 sowie Kleingärtner Jänner 2021, S. 36
611. Kleingärtner Juni 2010, S. 56 sowie Gespräch mit Helmut Kratky am 29.5.2024
612. Kleingärtner März 2021, S. 56

(1942–1950), Franz Eder (1950–1971), Johann Diesner (1971–1975), Wilhelm Trummer (1975–1990), Ing. Helmut Kratky (seit 1990).

12. Bezirk

Am Anger[613]

Der Kleingartenverein wurde ursprünglich unter dem Namen »Franz Siegel« in der Nähe des Technischen Museums gegründet, musste jedoch bald der Stadterweiterung weichen. Nach Interventionen und Bittgängen bekamen die Kleingärtner das Ersatzgrundstück »Am Gatterhölzl« in Meidling, wo sich vormals ein Barackenlager russischer Kriegsgefangener befunden hatte. Nachdem man mühsam Schotter und Betontrümmer durch Kleingärten ersetzt hatte, wurde man 1927 wieder gekündigt. Mit den Vereinen »Grünberg« und »Schwenkgasse« bekam der Verein die sumpfige Aufschüttung des Altmannsdorfer Angers als Ersatzgrund. Die offizielle Gründung als Dauer-Kleingarten-Anlage-Franz-Siegel erfolgte 1928. 133 Gärten im Umfang von 190 bis 238 m^2 wurden erschlossen, Wasserleitungsrohre verlegt, und eine Umzäunung wurde geschaffen.

Der Namensgeber Franz Siegel (1876–1927) war Maurer, Baugewerkschafter und seit 1923 sozialdemokratischer Stadtrat für technische Angelegenheiten in Wien. Unter anderem forcierte er die Wiederherstellung von Gärten. Nach dem Bürgerkrieg 1934 musste die Bezeichnung »Franz Siegel« auf »Dauerkleingartenanlage Am Anger Wien XII« geändert werden, weil »den neuen Machthabern im Rathaus damals die Patronanz eines sozialdemokratischen Anwalts der Kleingartenbewegung nicht tragbar erschien.«[614] 1936 wurde ein Vereinshaus gebaut.

Als einziger zwischen den Straßenzügen Breitenfurter Straße/Altmannsdorfer Straße/Sagedergasse gelegener Verein konnte man sich vergrößern. 1962 kam der sogenannte »Josef-Schmidt-Acker« hinzu. Der Verein wuchs um 14 Parzellen (die heutigen Parzellen 134-147). 1982 wurde ein Teil der Stachegasse als Prekarium den angrenzenden Parzellen zugeteilt.

In den 1980er-Jahren erfolgten auch die entscheidenden infrastrukturellen Schritte: Bau einer winterfesten Wasserleitung und eines Kanals, der 1991 fertiggestellt war. Anlässlich des 60-Jahr-Jubiläums 1988 wurde eine Festschrift herausgebracht. 1994 erhielt man die begehrte Umwidmung auf ganzjähriges Wohnen (Eklw).

In den 1990er-Jahren bestand der Plan einer Durchzugsstraße zwischen Altmannsdorfer Straße und Breitenfurter Straße (B 222), der dank einer Bürgerinitiative verhindert

613. Website des Vereins sowie Günter Kotisch/Ewald Lackner/Fritz Wittmann: Vom Schrebergarten zur Kleingartenanlage KGV Am Anger. Zum Jubiläum 80 Jahre Kleingartenverein am Anger, Wien 2008, und 60 Jahre Kleingartenanlage »Am Anger«, Wien 1988

614. 60 Jahre Kleingartenanlage »Am Anger«, S. 6

werden konnte. Anlässlich des 70. Geburtstags des Vereins feierte man den 90. Geburtstag von Franz Sauer (1908–2007), der seine Parzelle 98 über Jahrzehnte bewirtschaftete.[615]

1993 feierte der Verein sein 65-jähriges Jubiläum mit einem Gartenfest und einem Umzug durch die Anlage. Mit dem Umzug wurde eine Spendenaktion für krebskranke Kinder im St.-Anna-Kinderspital verbunden.[616] 1998 beging man das 70-jährige Bestandsjubiläum.[617]

In den 2000er-Jahren wurde die Anlage vermessen und ein Teilungsplan erstellt, womit die Mitglieder ihre Parzellen auch käuflich erwerben können. 2004 gingen die ersten Parzellen in Eigentum über. Mittlerweile war die Anlage auch mit Gas versorgt, und Parkplätze waren geschaffen worden (später mit elektronischem Zugangssystem). Die Beleuchtung wurde auf LED umgestellt.

Intern war es im Jahr 2003 zu Konflikten gekommen; Vereinsfunktionäre wurden ausgetauscht: Walter Balbach (gest. 2015) wurde Obmann und stellte den Verein auf eine neue finanzielle Basis.[618] Seit 2016 ist der Postbeamte Ewald Lackner Obmann. Für ihn sind das jährliche Vereinsfest (vor dem Vereinshaus ist Platz für die Aufstellung eines Festzeltes) und die Ausschöpfung aller Kommunikationskanäle, möglichst zeitnah, Voraussetzungen für ein erfolgreiches Miteinander. Bestätigung erfährt er dadurch, dass fast alle PächterInnen und auch EigentümerInnen Vereinsmitglieder sind.

Eine herausragende Persönlichkeit im Verein war der gelernte Tischler, Lehrer, Musiker und Gewerkschafter Karl Skacel (1905–2000). Er hatte mit seiner Frau 1962 eine Parzelle erworben und übte verschiedene Vereinsfunktionen aus. 1974 wurde er Gartenfachberater. Er war Ehrenobmann der Landes- und Bezirksfachgruppe. Anlässlich seines 80. Geburtstags wurde er von Wohnbaustadtrat Werner Faymann für besondere Verdienste um die Kleingartenbewegung geehrt.[619] August Woditschka war in der unmittelbaren Nachkriegszeit Obmann des Wiener Kleingartenverbandes.

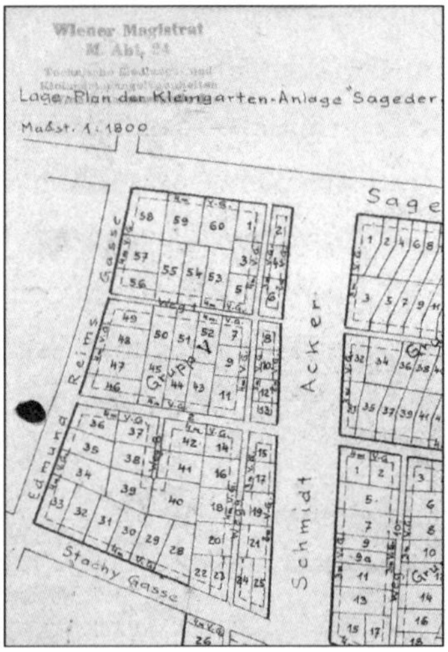

Abb. 69 Plan KGV Am Anger und der Nachbaranlage Sagedergasse (1955)

Der Verein hat 149 Parzellen inklusive Vereinshaus, davon werden 80 Parzellen nur im Sommer genutzt. Die restlichen 68 Parzellen sind Dauerwohnsitz. 51 Parzellen befinden sich in Eigentum.[620]

615. Kleingärtner Mai 2007, S. 66
616. Kleingärtner 10/1993, S. I
617. Kleingärtner 10/1998, S. V
618. Kleingärtner September 2015, S. 49
619. Kleingärtner Juli-August 1995, S. I und Kleingärtner Mai 2000, S. 67
620. E-Mail Obmann Ewald Lackner vom 18.8.2017 sowie Telefonat am 24.6.2024

Gartenfreunde XII[621]

Die Gründungsversammlung des Vereins erfolgte am 7. Juni 1914. Vorsitzender des Proponentenkomitees war der Amtsdiener Johann Kozel, der auch erster Vorsitzender des Vereins wurde. Die ursprüngliche Anlage war klein. Es stand nur der hofärarische Remisacker (Parzellen 242 und 243 der Katastralgemeinde Altmannsdorf) zur Verfügung, aber es gelang den Gründern eine sukzessive Ausweitung. Privatgründe wurden gepachtet und in den Verein integriert. 1922 feierte man die Eröffnung des Schutzhauses, und in der Folge wurde laufend in die Infrastruktur investiert (Errichtung einer Sommerwasserleitung, einer Futtermittelstelle und Schaffung von Lichtanschlüssen). 1923 wohnten bereits 22 Mitglieder (mit ihren Angehörigen 78 Personen) über den Sommer in der Anlage, 1929 waren es rund 220 Personen.

Eine bedeutende Rolle spielte anfangs die Sektion Kleintierzüchter, ursprünglich war sie sogar ein eigener Vereinskörper. Ferner gab es eine Obst- und Gartenbausektion, eine Bienenzuchtsektion und eine Frauensektion. Bis 1931 gab es eine Musikkapelle und eine Gesangssektion.

Abb. 70: Es geht auch anders. Großzügige Öffnungszeiten in den Gartenfreunden

Im Schutzhaus wurde ein Gasthaus und ein Lebensmittelgeschäft eingerichtet. Der Verein war Verpächter beider Einrichtungen. Zwischen 1926 und 1930 gab es sogar eine Buschenschenke am Eibesbrunnerweg. Ein Rückschlag war das Jahr 1930: Durch Erweiterung des Umspannwerks gingen Parzellen verloren.

1934 feierte man das 20-jährige Vereinsjubiläum.[622] Die Freude darüber hielt sich in Grenzen, wurde doch die frei gewählte Vereinsleitung nach dem Bürgerkrieg abgesetzt und durch einen ernannten Vereinsausschuss ersetzt. Dieser wiederum wurde 1938 von den Nationalsozialisten abgesetzt.

Im Zweiten Weltkrieg wurde die Kleingartenanlage durch Bombentreffer stark beschädigt. Plünderungen und Brandlegungen zu Kriegsende und in der unmittelbaren Nachkriegszeit bedeuteten einen weiteren Rückschlag für den Verein. Der Wiederaufbau dauerte Jahre. Insbesondere musste die Infrastruktur (Wasserleitungen, Lichtanlage) völlig neu aufgebaut werden.

Der bis Anfang der 1970er-Jahre recht große Verein musste bedeutende Flächenverluste auf Grund einer Umwidmung einiger Teile von Grün- in Industrieland hinnehmen. Anlässlich des 60-jährigen Bestehens im Jahr 1974 wurde ein Kinderspielplatz gebaut. Eine

621. Website der Gartenfreunde XII, Redemanuskript von Obfrau Edith Frithum zur 100-Jahr-Feier und eigene Recherchen
622. Vgl. auch Kleingärtner, Oktober 1934, S. 6

wichtige Rolle – sowohl im Verein als auch in der Bezirksorganisation – spielte Leopold Satzinger (1920–2012), der 1948 im Verein die Tätigkeit eines Fachberaters für Obst- und Gartenbau übernahm. Am Rande ist in diesem Zusammenhang interessant, dass Satzinger zweimal Opfer von Kleingartenräumungen wurde (Esparsette, Schöpfwerk), aber trotzdem nicht aufgab und im Verein Gartenfreunde XII eine dritte Heimstätte fand.[623]

Erst in den 1990er-Jahren konnten die KleingärtnerInnen aufatmen. Nach Errichtung eines Kanalanschlusses bekam man die Widmung Eklw (ganzjähriges Wohnen), womit die Anlage endgültig abgesichert war. Verantwortlich hierfür war Obmann Ernst Dworzak. Kurze Zeit später wurde noch einmal aufgegraben: Die Gaswerke verlegten die Rohre, um die Gartenfreunde mit Erdgas zu versorgen.

Unter Obmann Alois Toth fand ein Wandel im Denken der PächterInnen statt. Die bisher offene und frei zugängliche Anlage wurde mit Eingangstoren versehen, die in den Nachtstunden verschlossen werden. Ein Grund hierfür war die nahe U-Bahn-Station Tscherttegasse, zu dieser Zeit ein Drogenumschlagplatz, aber auch Ort zahlreicher Autoeinbrüche.

Da der Verein hinter dem Technologiezentrum »Am Europlaza« mit seinen zahlreichen Firmen liegt und vermehrt Mitglieder ganzjährig im Kleingarten leben, harrte die Parkplatzproblematik einer Lösung. Im Zuge der Neugestaltung der »Kapschgründe« konnten zusätzliche Grundflächen erworben und Parkplätze beim Schutzhaus geschaffen werden. Im Bereich der Pottendorfer Straße wurden durch Grundstücksteilungen Carports errichtet.

In den 2000er-Jahren wurde verstärkt in die Infrastruktur investiert: Wasserleitungstausch, Asphaltierung der Wege, Anschaffung von Funkwasserzählern und Umrüstung der Wegebeleuchtung auf LED.

Am 5. Juli 2014 feierte man das 100-Jahr-Jubiläum.[624] Aus diesem Anlass überreichte das Mitglied Melanie Berger Obfrau Edith Frithum eine Bilddokumentation von ihrer Parzelle, welche seither in der Vereinskanzlei hängt. Seit der Vereinsgründung 1914 bewirtschaftet ihre Familie eine Parzelle.

Seit 2008 steht Edith Frithum als erste Frau in der Geschichte des KGV Gartenfreunde XII an der Spitze des Vereins. Das Verhältnis Eigentums- und Pachtgründe ist ausgewogen. Bis auf wenige Ausnahmen blieben die EigentümerInnen Mitglied im Verein. Aktives Zugehen und Erläuterung der Vorteile einer Mitgliedschaft auch für EigentümerInnen ist dabei unbedingt erforderlich. Die Zuteilung der vereinseigenen Parkplätze, die nur an Mitglieder erfolgt, spielt hierbei eine wichtige Rolle. Auf telefonische Nachfrage

623. Würdigung für Leopold Satzinger im Kleingärtner September 1998, S. X
624. Kleingärtner November 2014, S. 43

am 21.6.2024 teilte Obfrau Frithum dem Verfasser mit, dass sich seit Erscheinen der Erstauflage des Buches nichts wesentlich Neues im Verein getan hat.

Sagedergasse[625]

Basis der heutigen Anlage war ein brachliegendes Feld, welches 1913 urbar gemacht wurde. Der Verein hieß ursprünglich Altmannsdorf,[626] wurde aber bald in Sagedergasse umbenannt. Gründer, erster Obmann (1926–1929) und später Ehrenobmann war Josef Freihaut (gest. 1963).[627] Unter ihm wurde Anfang der 1920er-Jahre auch das erste Vereinshaus errichtet.

Abb. 71: KGV Sagedergasse (1930)

Der Vereinsname bezieht sich auf die angrenzende Sagedergasse, die 1892 nach der Wohltäterin Anna Sageder (1818–1873) benannt wurde.

1929 übernahm Anton Hofstetter (1889–1965) die Vereinsleitung und erreichte 1932 die Umwidmung auf Dauerkleingartenanlage. In der Zweiten Republik war er von 1955 bis 1958 auch Obmann des Wiener Landesverbandes.[628] Hofstetter führte den Verein bis 1962 als Obmann. Anlässlich des 20-Jahre-Jubiläums wurde 1933 ein großer Kinderspielplatz eingerichtet, der aber bald neuen Kleingartenparzellen geopfert wurde.

1947 wurde die Anlage in Eigenregie elektrifiziert, 1955 ein neues Vereinshaus gebaut, 1962 der Teil des »Josef-Schmidt-Ackers«, der nicht zum KGV Am Anger gehörte, in den Verein eingegliedert. Es entstanden 20 neue Parzellen. Zehn Jahre später mussten 80 Gärten der Firma Höchst weichen und einige wurden um die Hälfte reduziert. Heute steht auf dem ehemaligen Betriebsgelände eine Wohnhausanlage.

Unter Obmann Walter Albrecht (1981–1994) wurde das Vereinshaus erweitert, Wege wurden saniert und die Anlage mit neuen Lampen versehen. 1990 wurden Kanal und Winterwasser verlegt. Die Anlage wurde auf Eklw umgewidmet. In der Folge verlegten viele Mitglieder ihren Wohnsitz ganzjährig in den Verein. Später war auch der Erwerb der Parzellen als Eigentum möglich.

Eine weitere Investition in die Infrastruktur war 2001 der Anschluss an das Gasnetz. Der Bau einer Lärmschutzwand zur viel befahrenen Sagedergasse hin schützt vor ärgstem

625. So nicht anders angeführt nach: 100 Jahre KGV Sagedergasse. 1913–2013, Wien 2013
626. Kleingärtner 1.2.1954, S. 2
627. Freihaut starb im 95. Lebensjahr, vgl. Kleingärtner Juli 1963, S. 9
628. Kleingärtner Juli 1965, S. 9. Dank an den Enkel, Herbert Hofstetter, für die Ermittlung der Lebensdaten (Auskunft 24.8.2017)

Straßenlärm. Geht man durch die Anlage, so ist ein ständiges Rauschen vom umflutenden Verkehr (Sagedergasse, Altmannsdorfer Straße, Breitenfurter Straße) nicht zu überhören. 2012 wurde das Vereinshaus generalsaniert.

Erfreulich sind die vielen Gemeinschaftsaktivitäten: Im Frühjahr gibt es einen Blumenmarkt und einen Frühschoppen, im Sommer ein Gartenfest, im Herbst ein Sturmfest und im Winter ein Adventfest. Derzeit ist Markus Grießbauer Vereinsobmann.

13. Bezirk

Beim Hermestor

Der Verein wurde 1957 gegründet. Begonnen als Grabeland, haben sich die Parzellen zu einer gern besuchten Anlage entwickelt. Einige Gärten erhielten in den letzten Jahren die Auszeichnung »Schönster Kleingarten in Hietzing«.

Nutzung und Bewirtschaftung der Gärten haben sich seit der Vereinsgründung, der allgemeinen Entwicklung folgend, verändert. Aus Nutzgärten wurden Erholungsgärten. Laufend wurde in die Infrastruktur investiert. Wie in anderen Vereinen auch waren die Errichtung einer Winterwasserleitung und eines Kanalanschlusses jene Meilensteine, welche zur Widmung Eklw führten. Verglichen mit anderen Vereinen erhielt man diese Widmung relativ früh.

Abb. 72: Teich beim Hermestor (alte Aufnahme)

1996 feierte man mit einem Ausflug in die Wachau, an dem 40 Mitglieder teilnahmen, das 40-Jahr-Jubiläum.[629] Als die Gemeinde Wien einen Gehsteig vor dem Vereinsgelände in der wenig befahrenen Kalmanstraße errichten wollte, schaltete sich die Vereinsleitung ein, und man erzielte den Kompromiss eines Nutzungsvertrages. Die Grünfläche vor dem Vereinsgelände blieb (bis auf zwei Behindertenparkplätze), darf aber nicht kleingärtnerisch genutzt werden. Für das Mähen des Rasens ist der Verein zuständig.

Im Jahr 2017 feierte der Verein sein 60-jähriges Bestandsjubiläum im Schutzhaus am Rosenhügel. Der Lehrer und Reiseleiter Obmann Ing. Gerhard Chrobak berichtete über das mühevolle Werden bis zum heutigen zeitgemäßen Standard einer Dauerkleingartenanlage

629. Kleingärtner Dezember 1996, S. IX

mit 62 Mitgliedern.[630] Er zeigte alte Bilder und akutelle Fotos aus dem Vereinsleben und machte den Mitgliedern deutlich, was die Vereinsleitung (ehrenamtlich) für sie leistet. Chrobak pachtete 1978 eine Parzelle und bekleidete bald verschiedene Funktionen im Verein. Seit 2015 ist er Obmann. Wegen besonderer Verdienste um die Kleingartenbewegung wurde er vom Landesverband und vom Zentralverband ausgezeichnet.

Ein Problem war einige Zeit der Grundwasserspiegel des Teichs bei der Lainzerbachstraße, zumal die Häuser rund zehn Meter dahinter stehen. Das Naturparadies Lainzer Teich wurde 2016 von der Gemeinde saniert und damit eine Gefahrenquelle für den Verein behoben.[631] Dauerthema im Verein ist das Offenhalten der Eingangstore. Ausflüge wie noch in den 1990er-Jahren oder andere gemeinsame Aktivitäten sind mangels Interesse eingeschlafen. Die Zukunft des Vereins ist abgesichert, aber es wird immer schwieriger, Mitglieder für die Vereinsarbeit zu motivieren. Insbesondere neuen EigentümerInnen muss oftmals erst klar gemacht werden, dass der Verein für den Erhalt der Infrastruktur verantwortlich ist. Und dass der weiter oben erwähnte Nutzungsvertrag für die Grünfläche entlang der Kalmanstraße auch beinhaltet, dass angrenzende PächterInnen wie EigentümerInnen allfällige Überhänge regelmäßig schneiden müssen, bedarf einer laufenden Überzeugungsarbeit. Im schlimmsten Fall droht die Errichtung eines Gehsteiges vor den Parzellen, den anteilig alle PächterInnen und EigentümerInnen finanzieren müssten.

14. Bezirk

Am Ameisbach[632]

Wo vormals einmal Weingärten waren, entstanden knapp vor dem Ersten Weltkrieg Kleingärten. 1915 wurde der Verein »Am Ameisbach« in das Vereinsregister eingetragen. Die Namensgebung geht auf den seit 1908 eingewölbten Ameisbach zurück. Daran erinnern noch heute die Ameisbachzeile und die Ameisgasse. 1925 feierte man das 10-jährige Bestandsjubiläum. Bürgermeister Seitz bekräftigte die tiefe Verbundenheit der Stadt Wien mit den KleingärtnerInnen.[633]

Die Anfangsjahre waren schwierig, so gab es nur eine einzige Wasserentnahmestelle an der Ecke zur Breitenseer Straße. Erst mit dem Anschluss an die Wientalwasserleitung entfiel das mühevolle Wasserholen. 1919 wurde ein Schutzhaus mit Gasthauskonzession errichtet. Mitte der 1920er-Jahre schloss man sich zu einer Lichtgemeinschaft zusammen. Leider fehlen Aufzeichnungen, sodass auch ein kurzer Abriss der weiteren

630. Kleingärtner Juli 2017, S. 51 sowie im Folgenden Gespräch mit Obmann Ing. Gerhard Chrobak am 26.7.2017 im Vereinshaus und Telefonat am 1.7.2024
631. Vgl. Rathauskorrespondenz 17.11.2016
632. Festschriften 80 Jahre und 100 Jahre Kleingartenverein Am Ameisbach
633. Siedler und Kleingärtner, Oktober 1925, S. 4 f.

Vereinsgeschichte nicht möglich ist. Bekannt ist lediglich, dass Funktionäre des Vereins in den späten 1920er-Jahren heftige Kritik am Zentralverband äußerten.

Umlagenklasse I—IV.

№ 615 von 1919.

Einverleibungs=Bestätigung

über **Einhundertundfünfzig** Kronen, welche die Vorstehung der Genossenschaft der Gastwirte in Wien als satzungsmäßig festgesetzte Gebühr

von ~~Herrn~~ ~~Frau~~ dem p.t. VEREIN der "SCHREBERGÄRTEN am AMEISBACH"

für den Betriebsort: WIEN, XIII., Nußallee,

als Gast-Gewerbeinhaber (~~Pächter)~~

richtig erhalten und im Mitglieder-Grundbuche Seite 882 von 1919 gebucht zu haben bestätigt.

Vorstehung der Genossenschaft der Gastwirte in Wien.

Wien, am 2. Oktober 1919.

Vorsteher.

Abb. 73: Das seit 1919 bestehende Schutzhaus hat einen großen Veranstaltungssaal und ist beliebter Treffpunkt.

Jahrzehntelang wurden im Verein Kinderbälle abgehalten, und einmal im Jahr zum Muttertag wurden die weiblichen Insassen des Pflegeheims Baumgarten zu einer Muttertagsfeier in das Schutzhaus eingeladen. Heute gibt es neben einer Weihnachtsfeier nur noch einen jährlich abgehaltenen Flohmarkt, dessen Erlös wohltätigen Zwecken zugeführt wird.

Etwas kompliziert war lange Zeit die Widmungsfrage. Heute hat die Anlage die Widmung Eklw (Erholungsgebiet Kleingarten – ganzjähriges Wohnen). Das war jedoch nicht immer so. Es gab die Widmungen: Sondergebiet (Erweiterung für den Wasserbehälter), Verkehrsfläche, Erholungsgebiet Park, Bauland-Wohngebiet und Ekl (Erholungsgebiet Kleingarten).

Durch die Vorschrift der Gemeinde Wien, Abstellplätze für Kleingärten zu errichten, wurden in den Jahren 2003, 2008 und 2012 zahlreiche Parkplätze geschaffen. Für alle an einen Straßenzug angrenzenden Parzellen mussten neue Hausnummern aufgestellt werden, was im Falle des Falles für Einsatzkräfte von Vorteil ist, da diese nunmehr auch auf ihren Navigationsgeräten aufscheinen.

Der Kleingartenverein zählt 564 Parzellen. Rund ein Drittel der Parzellen befinden sich im Eigentum, zwei Drittel sind Pachtgründe. Erfreulicherweise sind die neuen EigentümerInnen mehrheitlich Vereinsmitglieder, der Verein erhält auch Meldungen von allfälligen Verkäufen.

Den Stopp des Eigentumsverkaufs sieht Obmann-Stellvertreter Harald Glück positiv. Nur rund ein Drittel der Eigentumsankäufe waren »normale« Käufe, die restlichen Käufe waren Spekulation, was man daran erkennen kann, dass nach Ablauf der 10-jährigen Spekulationsfrist die Gärten umgehend weiterveräußert wurden.

Die Thematik »Raus aus Gas« ist für die Mitglieder natürlich aktuell. Wärmepumpen mit Photovoltaikanlagen sind aber eine gute Alternative, solange die Förderungen von der Gemeinde Wien hoch bleiben.[634]

2012–2015 wurde das Schutzhaus komplett renoviert. Der Großteil der Kosten konnte aus der Erbschaft von Helmuth Landzsar (1949–2014) finanziert werden; einen Teil trugen

634. Gespräch mit Obmann-Stellvertreter Harald Glück am 23.8.2024 sowie E-Mail vom 6.9.2024

Der Simmeringer Haidechor wurde
im September 1985 von
Otto S t e i n
gegründet.

Die erste Zusammenkunft fand am 3. Oktober 1985 statt. Der Chorleiter Herr Heinrich K U G L E R und seine Gattin Christine konnten folgend, angehende Sänger begrüßen.

Antal Elisabeth
Brandl Willi
Denk Michael
Fuhrmann Erna
Harthum Maria
Heidinger Hans
Kreim Christine
Machacek Anton
Nepl Margarethe
Pecher Peter
Stuparek Hubert

Brandl Renate
Denk Maria
Feyertag Gerlinde
Gottwald Heidemarie
Heidinger Henriette
Hering Gisela
Machacek Sissy
Mach Hilda
Rotter Walter
Stein Otto
Wohlauf Günter

Im KGV Simmeringer Haide wird gesungen und noch heute Kleintierzucht betrieben.

Erinnerung an die Gründung des KGV Kefedergrund (oben links)
Schutzhaus Zur Zukunft auf der Schmelz mit Sillergedenkstein (unten)

Altes Haus im KGV Ferdinand Hanusch, 1170 (oben)
Erntelandmitgliedschaft Bezirksgruppe Leopoldstadt (unten)

Gedenkstein für Karl Fürstenhofer im KGV Frohsinn, 1100 (oben links)
Eingangstor KGV Sagedergasse und Am Anger, 1120 (oben rechts)
Schaukasten KGV Große Bucht, 1220 (unten)

auch die Schutzhauspächter bei. Eine am Schutzhaus angebrachte Tafel erinnert an Landzsar. Obmänner: Franz Knotzer (1916–1925), Josef Hütterer (1925–1927), Anton Wittek (1927–1930), Holavitzki (1930), Alois Kolb (1930–1936), Heinrich Taschner (1936–1938), Franz Künstler (1938–1947), Anton Neumann (1947–1967), Theodor Schellig (1967–1981), Johann Müllner (1981–1987), Erich Saure (1987–2008), Wolfgang Fehlau (seit 2008). Nach Erich Saure und Wolfgang Fehlau sind die Eingangsbereiche im Schutzhaus benannt.

Rosental

Die Gründung dieses ersten Kleingartenvereins auf Wiener Boden wurde bereits an anderer Stelle ausführlich beschrieben.

Über das Rosental, dem ersten Kleingartenverein in Wien, wurde 1912 im Verbandsorgan berichtet: »Man muß diesen Kulturerfolg mit eigenen Augen gesehen, mit eigenen Sinnen empfunden haben, um zu würdigen, was zwischen Ostern und Herbst 1911 mit der Errichtung der Schrebergärten in Wiens XIII. Bezirke geleistet wurde. Wo sich früher im Hütteldorfer Rosental, wo die Dornen wahrlich reicher wie die Rosen waren, unterhalb des Steinhofes ein verwahrloster grasiger Abhang mit einzelnen Bäumen hinzog, ein zerklüfteter Steinbruch mitten drin, den Gassenbuben zum Räuberspielen hochwillkommen, sah das staunende Auge mehr denn 200 bestgehaltener Gemüse- und Blumengärtchen von 100 bis 500 m^2 Fläche, jedes mit leicht gezimmerten Häuschen, das Ganze wie ein riesiges farbiges Schachbrett und fleißige Männer und Frauen darauf, die Kinder an der kräftigenden Arbeit der Großen teilnehmend.«

Retrospektiv hieß es 1915: »Als wir im Jänner 1911 unsere jetzt so schön entwickelte Kolonie Rosental als wüstes Ödland pachtweise übernahmen, hätte niemand diesen Aufschwung vorherzusagen gewagt. Wie melancholisch stand die Ruine der aufgelassenen Schotterquetsche, an deren Stelle sich jetzt unser schmuckes Schutzhaus befindet, da. Nur eine mit dem Titel des Vereines versehene Blechtafel kündete den Vorübergehenden die Besitzergreifung des wüsten Territoriums durch den Verein, das bis dahin im Verborgenen vegetiert hatte, an.«[635]

Nach dem Bau des Schutzhauses, der Herstellung der Einfriedung (ein 3 km langes und 1,60 m hohes Gitter) und der Versorgung des Rosentals mit Hochquellwasser (1913) warb man eifrig um Mitglieder und investierte sukzessive in die Infrastruktur der Anlage.

Interessant zu wissen ist, dass während des Ersten Weltkriegs rund um die Kleingartensiedlung Rosental auch Kriegsgemüsegärten entstanden (Ärzte, Beamte, Pfleger der Heilanstalt »Am Steinhof« pflanzten Kartoffeln und Gemüse). Nach dem Ersten Weltkrieg schlossen sie sich dem Verein Rosental an, damit sie einerseits ihre Parzellen behalten konnten und andererseits, damit sie im Falle einer Kündigung einen starken

635. Mitteilungen des Vereins Schrebergarten 20.7.1915, S. 1 (zu den Daten vgl. Kapitel »Entstehung der Kleingartenbewegung«)

Schutz im Hintergrund hätten. Die Gemüseparzellen hatten im Durchschnitt rund 200 m^2; durch Zusammenlegungen (wenn jemand seinen Garten aufgab, hatte der Nachbar das Vorrecht des Erwerbs) erhielten die Parzellen bald eine Größe von durchschnittlich 400 m^2.

Abb. 74: Zentraldepot der freiwilligen Feuerwehr Rosental-Satzberg

Dem Verein Rosental gelang es ferner, weitere Grundstücke zu bekommen. Neben dem Bierhäuselberg und Gründen beim Dehnepark erhielt man 1920 auch den abgeholzten Satzberg in Pacht. Der Satzberg war von den WienerInnen zwecks Beschaffung von Brennmaterial für den Winter in der unmittelbaren Nachkriegszeit abgeholzt worden. Für die neuen PächterInnen war die Landnahme eine mühsame Angelegenheit: Baumwurzeln mussten entfernt werden, ehe man an Bepflanzung denken konnte, und eine Wasserleitung gab es erst 1925. Nachteil der Erwerbung war ein kurzfristiger Pachtvertrag.[636] Weitere Vereine vor Steinhof schlossen sich im Laufe der Jahre dem Rosental an.

In den Anfangsjahren war es üblich, dass Versicherungsbeiträge direkt von einem Vereinsbeauftragten eingehoben wurden. Ein Problem waren Pachtrückstände, wobei diesbezüglich mit Konsequenzen gedroht wurde: »In der nächsten Nummer, welche gegen Ende Oktober erscheint, werden die säumigen Zahler namentlich genannt.«[637]

Abb. 75: Gartenhäuschen Rosental (um 1920)

Was heute selbstverständlich erscheint, nämlich, dass man bequem mit dem Auto vom großen zum kleinen Schutzhaus Rosental gelangt, war es damals nicht. Der Rosenbach trennte das Rosental vom Satzberg. Es musste erst eine Verbindung in Form eines Steges errichtet werden. Um allfällige Brände raschest löschen zu können, wurde eine freiwillige

636. Festschrift 25 Jahre Rosental, S. 42 f.
637. Mitteilungen, 7.10.1915, S. 8

Feuerwehr Rosental-Satzberg gegründet, mitsamt einem eigenen Zentraldepot. Das Depot diente auch als Sanitätsstätte.

1931 musste nach einem Kündigungsprozess ein Teil des Vereins, der Spiegelgrund, ohne Entschädigung geräumt werden. Die Gemeinde benötigte den Grund für Wohnbauten. Betroffen waren 78 Parzellen.[638] Für die Abgesiedelten wurden vom Verein Ersatzgründe am Abhang des Satzbergs erstritten. Die Schleifung der Gruppe Baumgartner Höhe konnte verhindert werden.

1933 wurde die Anlage elektrifiziert. Wie in vielen anderen Kleingärten auch war ein hoher Prozentsatz der Mitglieder Ende der 1920er- und in den 1930er-Jahren arbeitslos. Damit die Arbeitslosen ihre Parzellen nicht verlieren, konnten sie ihre Schulden an den Verein (Pacht) durch Arbeit im Interesse aller abdienen.

Nach den Februarkämpfen 1934 wurde die Vereinsleitung abgesetzt. In der Folge kam es zu einer ernsthaften Gefährdung der Vereinsexistenz, da der eingesetzte Liquidator und treuhänderische Verwalter Dr. Felix Tänzer das gesamte Vereinsvermögen veruntreute. Die Vereinsauflösung wurde widerrufen und ein Vereinsausschuss eingesetzt. Der sozialdemokratisch ausgerichtete Verein wurde aber weiterhin schikaniert.

In der NS-Zeit war die Kleingartenanlage besonders gefährdet, da in unmittelbarer Nähe Gauleiter und Reichsstatthalter Baldur von Schirach seine Zentrale aufgeschlagen hatte, mit dem Bunker am Wilhelminenberg. Durch Bombenangriffe der Alliierten auf den Bunker geriet die Anlage schwer in Mitleidenschaft.[639]

In der Nachkriegszeit diente vielen RosentalerInnen der Kleingarten als Überlebenshilfe. Zum Teil wurden die Gartenhäuser auch winterfest hergerichtet, wenn die eigene Wohnung ausgebombt war. Mit dem beginnenden Wirtschaftsaufschwung wurde die Infrastruktur sukzessive ausgebaut. Investiert wurde in Wege, Wasser, Elektrizität, Müll- und Fäkalienentsorgung.

1982 wurde der Verein in Würdigung der Pionierleistungen für die Kleingartenbewegung mit der »Goldenen Rose«, der höchstmöglichen internationalen Auszeichnung, gewürdigt.

Mit der Einführung des ganzjährigen Wohnens setzte eine rege Bautätigkeit ein. Bis auf die Gruppe Stanaboden erhielten alle die Widmung Eklw; Stanaboden erhielt nur zum Teil Eklw (der andere Teil ist Ekl). 1999 wurden die ersten Parzellen im Eigentum erworben. Im Jahr 2010 hatten 135 Mitglieder ihre Parzelle gekauft.

2000 feierte der Verein sein 90-jähriges Bestandsjubiläum.[640] 2009 wurde der Vereinsname, der bis dahin offiziell »Kleingarten- und Wirtschaftsverein Rosental« lautete, auf Kleingartenverein Rosental geändert. Ein Jahr später feierte man das

638. Festschrift 25 Jahre Rosental, S. 50
639. Im Folgenden: Kleingartenverein Rosental. 100 Jahre Schrebergärten in Wien. Festschrift, Wien 2010, S. 20 ff.
640. Kleingärtner November 2000, S. 46

100-Jahr-Bestandsjubiläum mit einer Festschrift und einer Ausstellung alter Schriften, Bilder und Kunstgegenstände.[641] Mit 896 Parzellen ist der Verein der größte Kleingartenverein in Österreich.

Heute besteht der Kleingartenverein Rosental aus 12 Gruppen (in Klammer das Gründungsjahr): Rosental Stammlage (1911), Volksheim (1911), Baumgartner Höhe (1915), Dehnepark (1915), An der Steinhofmauer (1915), Stanaboden (1916), Sanatoriumstraße (1916), Satzberg alt (1920), Raimannstraße (1920), Starchant (1921), Satzberg neu (1931) und Brunnerwiese (1950). In diesem Zusammenhang ist erwähnenswert, dass die Gruppe Volksheim einst eine Versuchsanlage der Volkshochschule Ottakring war. Außerdem ist interessant, dass die einzelnen Gruppen zum Teil recht weit voneinander entfernt liegen. Von 2007–2022 war Alfred Krcal Obmann des KGV Rosental, seit 2022 ist Elke Papouschek Obfrau. Ihre Stellvertreter sind Georg Grundei und Helmut Petrik. Seit Erscheinen der Erstauflage wurde in der Nähe des Schutzhauses ein Parkplatz geschaffen, wodurch der Verein 893 Parzellen umfasst. Rund ein Drittel der Parzellen befindet sich im Eigentum. Wie auch in anderen Vereinen ist die Kommunikation mit den EigentümerInnen nicht immer einfach. Den von der Gemeinde Wien verhängten Verkaufsstopp von Pachtgärten sieht die Obfrau positiv: »Das System der Verpachtung ist der Kleingartenidee näher und durch die Möglichkeit des Eigentums konnten Gärten zu Spekulationsobjekten werden.«[642]

Spallart[643]

Die Anfänge des Vereins gehen auf das Jahr 1914 zurück. Die Brüder Florian und Leopold Wiesinger, der Geldbriefträger Johann Klapka, der Justizwachebeamte Franz Geitner und der Eisenbahner Anton Bergdold teilten die Flächen der heutigen Gruppen I und II unter Mitwirkung von Ing. Maas (Gemeinde Wien) in Lose. Wie in vielen anderen Vereinen auch musste mangels Wasserleitung das Trinkwasser mühsam von einem öffentlichen Hydranten geholt werden; die Gärten wurden mit aufgefangenem Regenwasser gegossen. Die offizielle Vereinsgründung erfolgte 1918 durch Josef Feldhofer, Franz Geitner, Wilhelm Schnobel und einige andere Personen. 1919/20 konnte mit der Errichtung einer Sommerwasserleitung das Problem Wasserversorgung gelöst werden.

1932 konnten die von der Gummiwarenfabrik Semperit brachliegenden Gründe gepachtet und 1935 schließlich erworben werden. 1938 und 1940 vergrößerte sich der Verein durch jeweils 20 Gartenlose (Gruppe IV und V).

In den 1950er-Jahren musste der Verein durch Wohnbauten Verluste hinnehmen

641. Kleingärtner November 2010, S. 45
642. Gespräch mit Elke Papouschek (Obfrau KGV Rosental) am 17.6.2024 im Vereinshaus und E-Mail vom 26.6.2024
643. Website des Vereins (Zugriff 25.7.2017)

(fünf Gartenlose 1950, 15 Gartenlose 1957). Anfang der 1960er-Jahre wurde die Anlage elektrifiziert. Eine Kuriosität ist die freiwillige Räumung der Lose 1-8 der Gruppe I für den Bau von Eigentumswohnungen der Jungen Generation. Es ist dies der einzige dem Verfasser bekannte Fall einer freiwilligen Aufgabe von Vereinsgründen zu Gunsten eines Wohnbauvorhabens.

Nach Errichtung einer Winterwasserleitung und dem Bau eines Kanals (1993) erhielt der Verein die Widmung Ekl (1996) und schließlich Eklw (2000). 2008 feierte man das 90-jährige Bestandsjubiläum.

Anlässlich des 100-jährigen Bestehens wurde 2018 eine Festschrift aufgelegt, welche auch auf der Vereinswebsite zum Download bereit steht.

Derzeit umfasst der Verein 180 Parzellen, zirka hälftig in Eigentum, hälftig in Pacht. Obmann Wolfgang Michael Auer[644] schätzt, dass rund ein Drittel der Mitglieder ganzjährig in der Anlage wohnt. Die Widmung ist Eklw. Nur ein kleiner Streifen links vom Eingang Dampierrestraße 16, angrenzend an die Wohnhäuser, hat vorübergehende kleingärtnerische Nutzung (max. 16 m² Bauten zulässig).

Beim Vereinshaus ist eine Bücherecke eingerichtet, jährlich finden mehrere Vereinsfeste statt. Spendenerlöse werden karikativen Zwecken zugeführt. Für den Erhalt der Infrastruktur wird jährlich ein kleiner Beitrag von allen Mitgliedern eingehoben. Traditionell ist die gute Nachbarschaft zum KGV Am Ameisbach hervorzuheben.

Das Verhältnis zwischen EigentümerInnen und PächterInnen ist im KGV Spallart insofern ein Sonderfall, als dass der Verein, da keine Vermessung erfolgt ist, die Nutzungsrechte vergibt. Anders formuliert: Die Eigentumsweitergabe erfolgt in üblicher Weise, aber der Vereinsausschuss stimmt betreffend der Nutzungsrechte ab. Aus diesem Grunde sind die neuen EigentümerInnen leichter in den Verein integrierbar.

Siedlungen und Kleingartenvereine.

Siedlung Kagran, 21. Mittwoch den 1. Februar, 7 Uhr abends, Gemeindeneubau, 21, Wurmbrandgasse. Vortrag über Obstbau, Pflanzen, Bodenkultur, Rosenzucht.

Arbeiter-Schrebergärtnerverein Rudolfshügel, 10. Sonntag den 12 Februar, 2 Uhr nachmittags, Fröhlichs Gasthaus, 10., Inzersdorferstraße 101. Generalversammlung.

Kleingartenverein Spallart, 13. Sonntag den 12. Februar, 8 Uhr nachmittags, Gasthaus Wicha, 13., Hütteldorferstraße. Generalversammlung.

Arbeiter-Zeitung 30.1.1928

Den Stopp des Eigentumsverkaufs sieht Obmann Auer positiv. Die Kleingartenbewegung war durch diese Vorgangsweise ad absurdum geführt worden. Das aktuelle Thema »Raus aus Gas« sieht Auer kritisch. Die Umstellung muss vorfinanziert werden, PächterInnen erhalten in der Regel mangels Besicherungsmöglichkeit durch die Bank keinen Kredit. Außerdem tragen Luft-/Wärmepumpen zur Lärmverschmutzung bei.

644. Im Folgenden Gespräch mit Obmann Wolfgang Michael Auer am 5.10.2024 im Vereinshaus sowie E-Mail vom 9.10.2024. Dank auch an Gerhard Burda für die Übermittlung von Unterlagen.

Obmänner seit 1950: Wilhelm Schnobl (1950/51), Eduard Machacek, Magazineur (1952–1977), OAR Leopold Tutter (1978–1984), Komm.-Rat Gerhard Filippits (1985–2021), seit 2021 ist der Techniker ADir. Wolfgang Michael Auer Obmann des KGV Spallart.

Langjähriger Obmann-Stellvertreter war Peter Kirchner, außerdem Vorsitzender der BO 13/14.

15. Bezirk

Zukunft auf der Schmelz

Auf der heutigen Kleingartenanlage bestand von 1864 bis 1919 ein Exerzier- und Paradeplatz der Wiener Garnison. 1911 gab das Militär einen Teil des Exerzierplatzes frei, wenige Jahre später wurde der Verein »Nordrand Schmelz« gegründet: »In schwerer Kriegszeit waren damals einige Pioniere der Kleingärtner im Jahre 1915 darangegangen, das steinige Exerzierfeld auf der Schmelz in urbares Ackerland zu verwandeln, um den bedrängten Volksgenossen eine Erleichterung ihrer Lebensführung zu gewährleisten«, berichtete der »Ostmärkische Kleingärtner« anlässlich des 25-Jahr-Jubiläums.[645]

1919 gab das Staatsamt für Heerwesen 65.000 m^2 am Südrand der Schmelz für Kleingärten frei. Die Anlage wurde parzelliert und eine Wasserleitung gebaut. 1920 wurde ein weiterer Teil freigegeben, womit insgesamt 152.614 m^2 für Kleingärten zur Verfügung standen.[646] Die neuen SiedlerInnen schlossen sich dem bereits bestehenden Verein an, der seinen Namen in »Freie Vereinigung der Schrebergärtner Zukunft« änderte. Ein erstes Schutzhaus wurde gebaut.

Abb. 76: Schmelz Exerzierplatz

1921 wurde ein befristeter Pachtvertrag mit der Gemeinde Wien abgeschlossen. Anschließend wurde ein Wirtschaftsgebäude errichtet und sukzessive die Infrastruktur geschaffen: Beleuchtung der Hauptwege und Errichtung einer Umzäunung. 1924 wurde das noch bestehende Sillerdenkmal im Gastgarten des Schutzhauses enthüllt.

1929 wird die Anlage zum Parkschutzgebiet erklärt, 1937 ein allgemeines Fahrverbot erlassen. Interessant ist, dass die Parzellen rasterförmig angelegt und in den Anfangsjahren

645. Ostmärkischer Kleingärtner, September 1939, S. 198
646. Kleingärtner, November 1990, S. 12

mit durchschnittlich 110 m^2 recht klein waren. Dies deshalb, weil es sich ursprünglich um Mietergärten der nahe gelegenen Mareschsiedlung zur Nahrungsmittelversorgung handelte.

1939 wurde eine Kleintiersektion eingerichtet, die bis 1952 bestand. 113 Hühner, 7 Hähne, 27 Kaninchen, 1 Ziege und 23 Bienenvölker waren der Letztbestand.[647]

Im gleichen Jahr wurde der Kleingartenverein Hagengrund als Gruppe 8 in den Verein integriert. 1952 musste dieser Teil einem Gemeindebau weichen. 1949 wurde ein unbefristeter Pachtvertrag zwischen der Republik Österreich als Verpächter und dem Zentralverband als Pächter abgeschlossen.

In den 1970er-Jahren wurde die alte Infrastruktur erneuert, insbesondere eine neue Wasserleitung verlegt. Außerdem wurden das Wirtschaftsgebäude und das Schutzhaus mit seinem Gasthaus einer Totalrenovierung unterzogen.

In den 1980er-Jahren konnte nach langem Bemühen eine Umwidmung von »Parkschutzgebiet« auf »Erholungsgebiet Kleingarten« verwirklicht werden. Dies war nicht selbstverständlich, aber Vizebürgermeister Hans Mayr (1928–2006) erklärte im Zuge der 60-Jahr-Feier des Vereins, dass die Zukunft gesichert wäre, und griff helfend in der Umwidmungsfrage ein. Offen war jedoch noch immer ein Teilungsplan, also eine Vermessung der gesamten Anlage durch einen Geometer. Dies wurde 1988 abgeschlossen, und 1993 erhielt der Verein die Eintragung in das Grundbuch. Damit konnten Bauten nunmehr »ohne Widerruf« errichtet werden.

Ein anderes Problem war das Servitutrecht an die Gemeinde Wien, welches 1991 gelöst werden konnte. Da der Verein über große Durchgangswege verfügte, die er bis dahin erhalten musste (inklusive Beleuchtung und Schneeräumung im Winter), wurde er damit eine große Belastung los. In der Folge übernahm die Gemeinde Wien die Ausgestaltung und Begrünung der Hauptwege. Der vormals monotone Hauptweg wurde mit Ruheplätzen in eine parkähnliche Landschaft verwandelt. Ausgenommen von dieser Regelung ist der Hauptweg von der Guntherstraße beim Schranken bis zum Schutzhaus.

1995 feierte man das 75-jährige Bestehen. Anwesend war auch Dr. Martha Kyrle (1917–2017), Medizinerin, Philanthropin und mit ihrem Vater, dem Bundespräsidenten Adolf Schärf, jahrelang Mitglied des Kleingartenvereins.[648] Seit 1990 erinnert eine Gedenktafel an Schärf:[649] Er besaß in der Gruppe V, Parzelle 77 einen Kleingarten, den er von seiner Mutter übernommen hatte.

1997 wurde zwischen der Republik Österreich und dem Zentralverband eine Unkündbarkeit der Anlage bis 2043 vereinbart. In den 2000er-Jahren wurde erneut in die

647. Festschrift zum 80. Jubiläum des Kleingartenvereines Zukunft auf der Schmelz, Wien 2000, S. 21
648. Kleingärtner November 1995, S. I
649. Kleingärtner Mai 1957, S. 2, sowie auch Nachruf auf Dr. Adolf Schärf im Kleingärtner April 1965, S. 1 (»Als er in sein hohes Amt berufen wurde, blieb er seinem Garten treu. Erst die unbezähmbare Neugierde der Mitmenschen vergällte ihm den Aufenthalt im Garten so sehr, daß er sich veranlaßt sah, diesen jüngeren Verwandten zur weiteren Betreuung zu überlassen.«)

Infrastruktur investiert, insbesondere eine neue Wasserleitungsanlage mit frostsicheren Zählerschächten errichtet. Das Bauvorhaben war nicht friktionsfrei, kam es doch mit der Baufirma zu erheblichen Schwierigkeiten, da diese weder ihre Leistung erbrachte noch den vereinbarten Zeitraum einhielt.

Die Umwidmung des Vereins in Eklw, aber auch die weitere Aufschließung und Elektrifizierung fielen in die Ära von Obmann Kurt Weger (1980–1998); er verstarb 2009.[650] Harald Guggenberger amtiert als Vereinsobmann.

2000 feierte man das 80-jährige Bestandsjubiläum mit einer Ausstellung, welche über Obstverwertung und Imkerei informierte. Zu Ehren von Franz Siller wurde ein Gedenkstein enthüllt.[651]

Der Verein zählt 659 Parzellen und umfasst ingesamt 146.587 m^2. Die Kleingartenanlage ist damit die größte im verbauten Stadtgebiet in Mitteleuropa. Beliebt ist das Schutzhaus mit dem großen Gastgarten und dem Veranstaltungssaal sowie der jährlich abgehaltene Flohmarkt.

2020 feierte der Kleingartenverein sein 100-jähriges Jubiläum. Da dieses jedoch in die Zeit der Pandemie fiel, konnte eine Festveranstaltung erst mit zweijähriger Verspätung im Schutzhausgarten abgehalten werden.

Aufsichtsratsvorsitzender DI Gerhard Bartak wies in der zum diesem Anlass erschienenen Festschrift auf die jüngsten Erfolge (Errichtung einer kostensparenden LED-Beleuchtung auf den Wegen der Anlage), aber auch auf die Bedeutung dieser »grünen Lunge« während der Pandemie hin.

Das Team des KGV Zukunft auf der Schmelz hob das Engagement bzw. die gegenseitige Hilfe der Mitglieder hervor: »Zu erwähnen ist der Umstand, dass dadurch die Kosten für diverse Reparaturen und Instandhaltungen um ein Vielfaches niedriger ausfallen, als es durch die Arbeit von Firmen möglich ist.«[652]

Die Verbesserungen und Sanierungen in den letzten Jahren werden in der Festschrift detailliert aufgelistet, unter anderem wurde in die Schrankenanlage, in das Vereinshaus und in das Schutzhaus investiert. Brief- und Paketabholkästen wurden eingezäunt, ebenso die Müllcontainer (wodurch eine illegale Müllentsorgung durch Nichtmitglieder verhindert wird). Ein Defibrillator wurde angeschafft. Im Schutzhaus wurde die komplette Beleuchtung des Gastgartens erneuert sowie alle im Schutzhaus bestehenden WC-Anlagen saniert bzw. erneuert.

Eine von 2016–2019 durchgeführte Studie zur Biodiversität, an der auch die Schmelz

650. Kleingärtner September 2009, S. 60
651. Kleingärtner November 2000, S. 47
652. Festschrift 100 Jahre Zukunft auf der Schmelz sowie Gespräch mit Harald Guggenberger (Obmann KGV Zukunft auf der Schmelz) am 6.7.2024 im Vereinshaus und E-Mail vom 21.8.2024

teilnahm, zeigte eine große Pflanzenvielfalt in der Anlage. Diskutiert wird eine Umwidmung der Kleingartenanlage auf legales ganzjähriges Wohnen.

16. Bezirk

Montleart[653]

Der Vereinsname geht wie die Montleartstraße auf Wilhelmine Prinzessin Montleart-Curland (1827–1895), die 300.000 Kronen für den Bau eines Krankenhauses (das heutige Wilhelminenspital) und große Beträge für die Armenfürsorge spendete, zurück.

Der Kleingartenverein wurde im Hungerjahr 1917 gegründet. Die Gärten dienten der Versorgung der Familien und ihrer Freunde, Bekannten und Verwandten mit Obst und Gemüse. Auf einem Teil des heutigen Areals standen Lazarettbaracken, die in der Zwischenkriegszeit abgebrochen und dem Verein übertragen wurden. In den 1920er-Jahren wurden die ersten kleinen Gartenhütten in Eigenregie errichtet und im Sommer bewohnt.

Leider gibt es kaum Unterlagen zur Vereinsgeschichte. Genaue Aufzeichnungen existieren erst seit den 1990er-Jahren. Interessant ist, dass sich die insgesamt 182 Parzellen im Jahr 1993 auf 117 EigentümerInnen, 52 PächterInnen und 13 Prekariate aufteilten. Durch Einbeziehung der benachbarten Anlage Herther gab es später 193 Parzellen, davon nur noch 15 Pachtgründe. Mittlerweile hat der Verein 174 Parzellen, davon nur noch einige wenige Pachtgründe.

In den 1990er-Jahren wurde kräftig in die Infrastruktur investiert (Winterwasser, Kanal, Erdgas), womit die Umwidmung der Anlage von Öffentlicher Zweck (mit Bauverbot) in Eklw bzw. GS möglich wurde. In der Folge setzte eine rege Bautätigkeit ein. Alte Gartenhütten wichen sukzessive modernen Kleingartenhäusern.

2003 wurde ein neues Vereinshaus in der Steinbruchstraße 52 errichtet. Jährlich findet ein beliebtes Sommerfest statt. Der Reinerlös dient für allfällige Reparaturen in der Anlage. Seit 2005 wird mit der Volkshilfe im November ein Punschfest veranstaltet. Die Grundstücke gehörten ursprünglich dem Bund, ehe der Zentralverband die Flächen ankaufte.

Nach 30 Jahren Obmannschaft legte Heinz Enderl seine Funktion als Obmann am 6.5.2022 zurück. Dem Verein bleibt er als Obmann-Stellvertreter noch erhalten: »Der Obmann hinterlässt große Fußstapfen. Seitens des Vorstandes gibt es eine Urkunde und einen Gutschein.«[654] Auch vom Zentralverband bekam Enderl als Dank eine Urkunde und eine Medaille. Der Verein wählte ihn zum Ehrenobmann.

An den inneren Verhältnissen hat sich seit der letzten Auflage wenig geändert. Es gibt nach wie vor ein Sommerfest und ein Punschfest mit Beteiligung eines sozialen

653. Kleingartenverein Montleart 1917–2017. Festschrift, Wien 2017
654. Kleingärtner Oktober 2022, S. 44

Vereines.[655] Die Vereinsstatuten wurden angepasst (EigentümerInnen und PächterInnen werden extra ausgewiesen), die Verwaltungsgebühren für die (wenigen) Nichtmitglieder erhöht. Das Vereinsleben ist weitgehend problemlos, nur die Torfrage zum Teil ein ungelöstes Problem. Vom allfälligen Weiterverkauf von Eigengärten erfährt der Verein in der Regel durch gute Kontakte, aber auf den neuen Eigentümer muss er aktiv zugehen.

Obmänner seit 1956: Josef Weber (1956–1966), Franz Fast (1966–1969), Josef Vitek (1969–1983), Hugo Beran (1983–1989), Walter Gradl (1989–1992), Heinz Enderl (1992–2022), seither Andreas Skrinjar.

Sillergärten[656]

Der Kleingartenverein wurde 1917 gegründet, 1918 wurde die Anlage parzelliert. Die Gärten wurden an kinderreiche Familien vergeben, um die Nachkriegsnot zu lindern. Vereinstafeln, Kassabücher, Vereinsstempel und Protokollbücher wurden angeschafft. Eine Wasserleitung wurde in Eigenregie errichtet, ein Nachtwächter angestellt. Erster Obmann war Richard Fiedler. Namensgeber des Vereins ist Franz Siller, Leiter der Kleingartenstelle in der Ersten Republik.

Schwierigkeiten im Verein Sillergärten gab es zu Beginn mit einem Kassier, der des Einbruchdiebstahls verdächtigt wurde. Ihm wurden seine beiden Parzellen – bis 1922 gab es noch Doppelparzellen – aberkannt. Von den weiteren Jahren bis 1939 existieren leider keine Aufzeichnungen.

1939 schlossen sich die Vereine Probieranstalt, Sillergärten und Waidäcker II zusammen, weil man für eine Umwidmung in eine Dauerkleingartenanlage damals 100 Mitglieder benötigte. Man einigte sich auf den Namen »Sillergärten« für alle drei Vereine. Die Bestimmungen für Daueranlagen wurden aber 1943 auf Kriegsdauer zurückgestellt.

Nach Kriegsende wurde der Verein reorganisiert. Arisierte Gärten wurden rückgestellt. 1947 feierte man das 30-jährige Bestandsjubiläum. Im Vergleich zu anderen Vereinen erfolgte eine frühzeitige Elektrifizierung eines Großteils der Anlage schon 1949. Ein interessanter Aspekt ist, dass jedes Mitglied fünf Arbeitsstunden pro Jahr für Gemeinschaftsarbeiten aufzuwenden hatte. Für nicht geleistete Arbeitsstunden musste ein Betrag von vier Schilling pro Stunde bezahlt werden. In den Folgejahren fanden sich aber nur wenige Mitglieder dazu bereit, weshalb geplante Arbeiten oftmals nicht durchgeführt werden konnten. Solidarität unter KleingärtnerInnen war auch in früherer Zeit nicht immer so ausgeprägt.

1956 erwarb der Verein ein Privatgrundstück, wodurch fünf neue Parzellen

655. Im Folgenden: Gespräch mit Herrn Andreas Skrinjar am 16.10.2024 im Vereinshaus
656. Festschrift 90 Jahre Kleingartenverein Sillergärten. Ein Kleingartenverein im Wandel der Zeit (1917–2007), Wien 2007, sowie Kleingärtner Dezember 2007, S. 49

aufgeschlossen werden konnten. Ein Jahr später feierte man das 40-jährige Bestandsjubiläum mit einer Ehrung langjähriger Mitglieder und verdienstvoller Funktionäre.

Eine Besonderheit des Vereins sind die Besitzverhältnisse: Gemeinde Wien sowie Privatgrundstücke von Tierschutzverein, Hoppe und Weiss. Da sich die Privatgrundstücke quer durch den Verein zogen, war die Gefahr des Verlustes durch Wohnbautätigkeit der Gemeinde Wien nicht gegeben. Andererseits musste der Verein mit den privaten Grundstückseignern gesonderte Pachtverträge aushandeln.

Ein großes Problem war der Bau der Müllverbrennungsanlage Flötzersteig 1959/60. Durch die Erdbewegungsarbeiten wurden Kleingartenhütten in Mitleidenschaft gezogen: zwei Hütten mussten gehoben, eine musste neu errichtet werden. Durch den Umbau der Ameisbachzeile (Zufahrt zur Müllverbrennungsanlage) mussten einige Gärten bis zu sechs Meter rückversetzt werden.

Ein Erfolg dagegen war die Umwidmung der Gruppen A, B und C in Dauerpacht 1963. Oberamtsrat Gartner, der als Bediensteter der Stadt Wien daran wesentlichen Anteil hatte, wurde zum Ehrenmitglied ernannt, Vereinsobmann Neumeister für Verdienste um den Kleingartenverein und Erlangung der Widmung mit dem Ehrenring ausgezeichnet.

Anlässlich der 50-Jahr-Feier 1967 wurde der amtsführende Stadtrat für öffentliche Einrichtungen Hubert Pfoch (1920–2008) zum Ehrenmitglied des Vereins ernannt. Seit 1968 werden die Funktionäre (Obmann, Kassier, Schriftführung und Kontrolle) nur mehr alle drei Jahre gewählt. Dem neu gewählten Obmann Franz Fuchs fiel auf, dass kein Mitglied einen Unterpachtvertrag hatte; es gab nur Mitgliedsbücher. Dieses Manko wurde in der Folge mit dem Zentralverband gelöst, die Mitglieder erhielten 1970 Unterpachtverträge.

1972 verkaufte der Tierschutzverein seine Anteile in der Gruppe F an die dortigen Mitglieder. In den 1970er-Jahren häuften sich Einbrüche in der Anlage; die Polizei kontrollierte vermehrt. In den 1980er-Jahren wurde verstärkt in die Infrastruktur investiert, insbesondere in die Wasserleitungen. 1983 wurde die Gruppe F, bis dahin noch nicht elektrifiziert, endlich auch mit Strom versorgt.

Nach dem Tod von Frau Hoppe (Besitzerin von Gründen in der Gruppe D und F) fielen die Grundstücke an die Republik Österreich; der Zentralverband kaufte sie und bot sie den Mitgliedern zum Kauf an. 1993 erwarb der Zentralverband auch die letzten Anteile des Tierschutzverbands in der Gruppe D.

Nach langen Verhandlungen mit Bezirk und Gemeinde erhielt man 1996 die Widmung Eklw durch Beschluss des Gemeinderats (mit Ausnahme der Gruppe F, welche mangels Kanals erst 1999 umgewidmet werden konnte). Zur 80-Jahr-Feier 1997 wurde eine Festschrift aufgelegt. Anfang der 2000er-Jahre wurde die Kleingartenanlage vermessen und ein Teilungsplan erstellt als Voraussetzung für Eigentumserwerb. Dieser war ab 2003 auch möglich. Etwa ein Drittel der Mitglieder hat Eigentum erworben, zwei Drittel der Gärten sind Pachtgründe.[657] (Stand Sommer 2017)

Ein Dauerproblem der Sillergärten ist die angrenzende Müllverbrennungsanlage. Sie war lange Zeit auf Grund der Emissionen Gegenstand öffentlicher Diskussionen im Bezirk und Gesundheitsgefahr für die KleingärtnerInnen. Erst nach Einbau zusätzlicher Filteranlagen 1992/93 konnte das Emissionsproblem behoben werden. Der Verkehrslärm vom Flötzersteig und insbesondere die wartenden Müllautos der MA-48 bei der Zufahrt zur Müllverbrennungsanlage dagegen sind nicht zu ändern.

2007 feierte der Verein sein 90-jähriges Bestandsjubiläum mit einer Festveranstaltung im Schutzhaus Ameisbach. Langjährige Mitglieder wurden geehrt, und eine Festschrift wurde verteilt.[658] 2017 wurde der Verein 100 Jahr alt. Obmann Josef Herz ließ aus diesem Anlass eine DVD, die über die Vereinsgeschichte informiert, produzieren. Obmänner des KGV Sillergärten: Herr Neumeister (1945–1967), Franz Fuchs (1968–1992, gest. 2001),[659] Erwin Denk (1992–2004), Josef Herz (2004–2018, gest. 2018), seither Christian Steiner.

Waidäcker[660]

Der Name des Kleingartenvereins leitet sich wie die 1905 benannte Waidäckergasse vom 1368 erstmals erwähnten Flurnamen Waidäcker ab. Die Wurzeln des Vereins sind in den Hungerjahren des Ersten Weltkriegs zu suchen, als die brachliegenden Waidäckergründe auf Initiative des Pfarrers von Alt-Ottakring der Bevölkerung zum Gemüseanbau überlassen wurden. 1917 gründete sich ein Verein; der erste Obmann war Josef Gogg, der in der Ersten Republik im Verbandswesen eine bedeutende Rolle spielte.

Abb. 77: Johann-Staud-Straße 1951. Rechts die Kleingärten

Der ursprüngliche Verpächter war das Schottenstift, das die Gründe aber bald der Gemeinde Wien verkaufte. Kleintierhaltung und Nahrungsmittelversorgung waren in der Not nach dem Ersten Weltkrieg vorrangig. Die ersten Vereinsstatuten nannten als Vereinsziel aber auch, den Sinn für Natur und deren wohltätigen Einfluss auf Körper und Geist fördern zu wollen. Hauptproblem in den Anfangsjahren war, wie auch in den anderen Gärten am

657. Mündliche Auskunft von Obmann Josef Herz am 7.8.2017 im Vereinshaus
658. Kleingärtner Dezember 2007, S. 49
659. Fuchs war auch Mitglied der Bezirkskleingartenkommission, vgl. Nachruf im Kleingärtner September 2001, S. 59
660. Soweit nicht anders angeführt nach Ferry Kovarik: 100 Jahre Waidäcker. 1917–2017, Wien 2017

Wilhelminenberg, die mangelnde Wasserversorgung. Besser erging es den PächterInnen mit der Zufahrt zum Verein. Sie hatten das Glück, dass die Straßenbahnlinie 47 den Flötzersteig hinauf zum Otto-Wagner-Spital fuhr, womit die Fußwege zur Parzelle nicht mehr so weit waren. Eine wirkliche Anbindung erfuhr der Verein erst nach dem Zweiten Weltkrieg, als die Johann-Staud-Straße ausgebaut und durch eine Buslinie erschlossen wurde.

1921 erwarb der Verein die Konzession zur Führung eines Kantinenbetriebs. Auf Grund des großen Andrangs – der Wilhelminenberg war schon damals beliebtes Ausflugsziel – wurde 1924 ein Schutzhaus errichtet. 1933 feierte man das 15-jährige Bestandsjubiläum, aber schon ein Jahr später musste sich der Verein aus politischen Gründen umorientieren. Um das Vereinsvermögen nach dem Bürgerkrieg 1934 zu sichern, wurde mit »Alt Ottakring« ein Nachfolgeverein gegründet, und in den Statuten wurde der vaterländische Gedanke hervorgehoben. Dem bis dahin amtierenden Obmann Anton Mikus folgte Johann Fuchs als Obmann nach. Nach dem »Anschluss« 1938 wurden die Statuten neuerlich geändert.

Abb. 78: Mandolinenorchester

Einladung

Sonntag, den 2. Juli 1933, im Falle ungünstiger Witterung am Samstag, den 9. Juli 1933, in der Anlage, Wien XVI, Eduard Langgasse—Waidäckergasse, stattfindenden

15jährigen Gründungsfest der Waidäcker

Das Festkonzert besorgt die beliebte Straßenbahnerkapelle.
Zum Tanz spielt eine Bauern- und Jazzkapelle.
Für die Gemütlichkeit sorgt ein beliebtes Quartett mit Sängern und Komikern.
Reichhaltiger Juxbasar, Schubkarrenfahren und Juxheirat mit Preisen, Schnellphotographie etc.

Damen-Schönheitskonkurrenz

In die engere Wahl kommen die von der Jury einstimmig zugelassenen Damen.
Die auf Grund der abgegebenen Kupons gewählte Schönheitskönigin wird mit einer **goldenen Armbanduhr** prämiiert.

Anfang 15 Uhr **Ende 24 Uhr**

Karten im Vorverkauf 50 g an der Kassa 70 g.

Zur besonderen Beachtung!

Am Vorabend des Festtages, bei Einbruch der Dunkelheit, Lichterumzug mit Musik in der Kolonie. Nachher gemütliche Zusammenkunft im Schutzhaus. (Lampions bei Koll. Fischinger)

Am Festtag vormittags, um punkt 10 Uhr, Enthüllung eines Gedenksteines und Ehrung der Gründer.

Nachmittags 14 Uhr, gemeinsamer Abmarsch vom Schuhmeierplatz Wien XVI, mit Musik und feierlichem Umzug des Festzuges zum Festplatz. Abends Feuerwerk!

Für reichhaltiges Büffet und erstklassige Getränke wird bestens vorgesorgt. (Ottakringer Lager-Bier und naturbelassene Weine)

Um zahlreichen Beteiligung ersucht

Das Festkomitee.

Vorverkaufskarten sind erhältlich im Schutzhaus und bei allen Pächtern.

Buchdruckerei „Margaretha". (Carl Schwabe) Wien V. Obere Amtshausgasse 42.

Abb. 79: Einladung zur 15-Jahr-Feier (1933)

Anton Mikus, der beide politischen Systeme als Sozialdemokrat überlebt hatte, erwarb sich Verdienste um den demokratischen Wiederaufbau des Vereins. Obmann wurde aber kurzfristig Josef Noli und dann bis 1953 Hans Mantsch. Der Verein erhielt seinen ursprünglichen Namen »Waidäcker« wieder zurück.

Wie auch nach dem Ersten Weltkrieg war die Nachkriegszeit von Not und Hunger dominiert. Der Kleingarten diente der Nahrungsmittelversorgung, im KGV Waidäcker gab es intensive Kleintierzucht. Etwa 100 Mitglieder hielten Tiere. Eine Viehzählung ergab 70 Hasen, 95 Hühner und drei Gänse. Der ehemalige Obmann Ferry Kovarik kann sich in seiner Kindheit auch an Nymphensittiche erinnern, heute gibt es wieder Hühner im Kleingarten.[661] Reichlich vorhanden war Obst, welches in größeren Mengen an das Wilhelminenspital und an das damalige Kinderheim (heute Schloss Wilhelminenberg) gespendet wurde.

1948 wurde ein Sparverein gegründet, welcher bis 2016 existierte. 1953 übernahm für eine lange Zeit – bis 1972 – Franz Hermann die Obmannschaft des Vereins. In dieser Zeit gab es ein reges Vereinsleben (Erntedankfeste, Mandolinenorchester).

1961 konnte der Verein mit über 60 Parzellen erweitert werden, da die damaligen Betreiber der noch existierenden Heurigenschenke »Blaue Nos'n« ihre Weingärten aufließen und an den Verein verkauften. Lange Zeit änderte sich an der mangelnden Infrastruktur des Vereins wenig. Erst 1989 schloss sich der Verein mit seinen Nachbarvereinen Gartenfreunde und Liebhartstal zwecks Errichtung eines Kanals und Herstellung einer frostsicheren Winterwasserleitung zusammen. Jeder Parzelleninhaber musste die hohe Summe von 47.000 Schilling aufbringen und später für die Wegsanierung nochmals 5000 Schilling. Für Härtefälle war gemeinsam mit dem Zentralverband ein Sozialplan errichtet worden. Insgesamt war die Investition mit rund 28 Millionen Schilling veranschlagt. Verantwortlich für die Abwicklung war von Seiten des Vereins Waidäcker Obmann Ing. Otto Cerny (Obmann 1986–1997).

1997 legte Ing. Cerny aus gesundheitlichen Gründen seine Funktion nieder. Sein Nachfolger bis 2008 war Prof. Ferdinand (Ferry) Kovarik, ein gelernter Installateur und Mitarbeiter beim Bürgerdienst der Stadt Wien. Er ist als Bezirkshistoriker bekannt (»100 Jahre Ottakring bei Wien«) und hielt viele Jahre lang launige Lesungen mit seinen »Schmankerln aus Ottakring« ab. Von 1979 bis 1996 war er Bezirksrat (SPÖ).

Unter seiner Obmannschaft wurde der Parkplatz an der Johann-Staud-Straße verwirklicht. Um Eigentumserwerb zu ermöglichen, musste die Anlage neu vermessen werden. Flächendifferenzen konnten aufgedeckt und beseitigt werden (die geschätzten Flächen mancher Parzellen stimmten mit den tatsächlichen Ausmaßen nicht immer überein). 2008 legte Kovarik seine Funktionen nieder und wurde Ehrenobmann. Sein Nachfolger Eduard Grünauer steuerte das Vereinsschiff erfolgreiche sechs Jahre. Von 2014 bis 2024 war Ernst Straka Obmann, seit April 2024 ist dies der technische Angestellte Robert Baumgärtner.

2016 wurde die gesamte Beleuchtung der Anlage erneuert. Beliebt sind die Flohmärkte des Vereins. Sie werden von den »Waidäcker Hexen«, der recht aktiven Frauengruppe des Vereins, organisiert.[662] Eine spezielle Einrichtung im Verein war lange Zeit die Fachgruppe für Obst- und Gartenbau Ottakring. Sie war bereits in der Zwischenkriegszeit

661. Gespräch mit Ferry Kovarik am 24.7.2017 in der »Blauen Nos'n«
662. Gespräch mit Robert Baumgärtner am 19.9.2024 im Schutzhaus Waidäcker sowie E-Mails vom 23. und 24.9.2024

aktiv, versandete dann und wurde in den 1960er-Jahren reaktiviert. Fachgruppenobmann Leopold Krouzek zeichnete hierfür verantwortlich. 1982 erwarb man ein eigenes Haus, 1990 wurde ein Schul- und Versuchsgarten feierlich eröffnet. Er diente als Anschauungsgarten, Kurse wurden abgehalten (Veredelung von Obst- und Beerensträuchern), Beratungen angeboten. Leider ließ das Interesse sukzessive nach. Mittlerweile gibt es die Fachgruppe Obst- und Gartenbau im KGV Waidäcker nicht mehr.

Neben Helmut Buchta (vom benachbarten Verein Gartenfreunde) war der Gärtner und Angestellte der MA-42-Gartenbauabteilung Josef Steindl (1920–2013) lange Zeit prägende Persönlichkeit in der Obstbaufachgruppe.[663] Er war seit 1947 Garteninspektor für den 16. Bezirk, seit 1957 werkte er in der Obstbaufachgruppe. Buchta sammelte über 500 Exponate von Krankheiten und Schädlingen an Pflanzen und Bäumen und legte eine Fachbibliothek an. Zudem betreute er ein Alpinum.

Seit vielen Jahren wird auch Bienenzucht im Verein aktiv betrieben. Die Bienenstöcke befinden sich neben dem Schutzhaus Waidäcker. Dort kann man auch den Honig vom »Bienen-Rudi« erwerben.

Der Verein zählt 270 Parzellen, davon 204 in Pacht und 66 in Eigentum. In den letzten drei Jahren war eine rege Bautätigkeit zu bemerken. Die Einstellung des Kleingartenverkaufs kam für Obmann Baumgärtner überraschend. Er findet dies nicht schlecht, weil Pacht günstiger wie Eigentum ist – die Preise für Eigentumsgärten sind mittlerweile sehr hoch. Abgesehen davon erfährt der Verein nicht immer von Weiterverkäufen, und bei nicht kleingärtnerischer Nutzung von Eigentumsgärten hat der Kleingartenverein keine Handhabe einzuschreiten.

Das in vielen Kleingartenanlagen aktuelle Thema »Raus aus Gas« stellte sich im Verein nur bedingt, weil es nur sechs Gasanschlüsse gibt. Ein Problem allerdings ist die Parkplatznot. Möglicherweise ergibt sich in Bälde neuer Parkplatz auf der Fläche der aufgelassenen Gärtnerei Tuna. In naher Zukunft wird der Verein Investitionen, z.B. in die Sanierung der Wege, tätigen, wofür seit heuer auch ein moderater Sanierungsbeitrag von allen Mitgliedern zu leisten ist.

17. Bezirk

Alt-Klampfelberg-Kolonie[664]

1915 bot der Dornbacher Landwirt Anton Blöckinger 60 Parzellen am Schafberg zur Pacht an: »Die Eltern des verstorbenen Hofrates Dr. Blöckinger haben schon im Jahre

663. Kleingärtner April 2000, S. 58 (Bericht zu seinem 80. Geburtstag)
664. Zur Vereinsgeschichte vgl. Kleingärtner Mai 1975, S. 2, Oktober 1985, S. 2, sowie ein E-Mail von Obmann Peter Cermak vom 16.6.2017, Festschrift Alt-Klampfelberg-Kolonie 1915–1990, Wien 1990 und Petra-Elisabeth Cermak, Nutzungsänderungen in Wiener Kleingärten, S. 23 ff.

1915 in sozialer Einsicht ihre Grundstücke den Schrebergärtnern zur Verfügung gestellt.«[665] Das war der Beginn der heutigen Kleingartenanlage. Wie damals in vielen Fällen üblich nannte man sich Kolonie. Interessant ist, dass die ersten PächterInnen die Größe der Parzellen selbst bestimmen konnten. Von daher rührt die unregelmäßige Parzellierung der heutigen Gruppe A.

Der Weg auf den Schafberg war mühsam. Die Czartoryskigasse war nur eine schmale Gasse. Wasser war von weit her zu holen, aber vor dem Hintergrund der sich rapide verschlechternden Ernährungslage im Ersten Weltkrieg war eine Parzelle überlebenswichtig. 1916 wurde der Verein initiiert, um dem Wunsch nach einer Wasserleitung Nachdruck zu verleihen, 1917 als Verein »Klampfelberg-Kolonie« offiziell gegründet. Der Name rührt vom Klampfelberg, einem Ausläufer des Schafbergs, her. Die erste Vereinssitzung wurde unter Obmann Ernst Stopfer abgehalten, und schon 1918 konnte eine Wasserleitung installiert werden.

Abb. 80: Parzelle 27 (um 1930)

Ein Wirtschaftsausschuss wurde gegründet, um Samen, Pflanzen und Düngemittel günstiger einkaufen zu können, und ein Gartenausschuss erstellte Anbautabellen und gab Ratschläge. Das Zusammengehörigkeitsgefühl war groß: Es wurden Familienabende und sogar ein Kirtag am Schafberg abgehalten. 1932 wurden Stromleitungen auf den Schafberg verlegt, doch die meisten KleingärtnerInnen konnten sich den Anschluss nicht leisten: Petroleumlampen, Kohleherde und Holzkohlenbügeleisen blieben der Alltag. Lebensmittelgeschäfte gab es keine. Besorgungen mussten über den steilen Himmelmutterweg nach Dornbach oder über den etwas weiteren, aber weniger

Abb. 81: Ernteausstellung

665. Kleingärtner Mai 1975, S. 2; Anton Blöckinger starb 1936 im Alter von 91 Jahren; sein Sohn Dr. Anton Blöckinger setzte das Erbe seines Vaters fort, seine Witwe bewirtschaftete bis zu ihrem Tod 1986 noch einen Teil der Anlage. Über Dr. Anton Blöckinger vergleiche aus Unser Schafberg, 15.6.1935, S. 3. Die Kolonie Blöckinger am Heuberg geht ebenfalls auf Anton Blöckinger zurück.

beschwerlichen Weg nach Gersthof erledigt werden. In späterer Zeit gab es zwei kleine Kioske und das Gasthaus Maresch, das auch ein Lebensmittelgeschäft betrieb.

Als 1921 für den ganzen Schafberg die »Kleingarten- und Baugenossenschaft Schafbergsiedlung« gebildet wurde, löste sich der Verein auf. Ziel der Genossenschaft war der Bau von Einfamilienhäusern, was jedoch scheiterte. Daher gründeten die »Klampfelberger« den Verein 1923 neu, diesmal unter dem Namen »Alt-Klampfelberg-Kolonie«. Vor dem Hintergrund der großen Arbeitslosigkeit übergab die Gemeinde 1933 Notstandsgärten für Arbeitslose in Pacht und schloss diese als Gruppe B dem Verein an. Diese bekam einen Dauerpachtvertrag für 25 Jahre, ehe die Gründe 1959 als Kleingartengebiet umgewidmet wurden. Auch der Anschluss an das städtische Stromnetz war erfolgt. Die Folge waren rege Bautätigkeit und Neuanlage der Gärten.

Unter dem Buchhalter und späteren leitenden Angestellten der Wohnungs- und Siedlungsgemeinschaft Neue Heimat Obmann Fritz Oszwald[666], der den Verein 1934 bis 1966 leitete, wurde 1934 eine neue Vereinshütte gebaut und die Anlage elektrifiziert. Erstmals gab es auch eine regelmäßige Müllentsorgung. Da es bei Gartenarbeiten häufig zu Verletzungen kam und kein Arzt unter den KleingärtnerInnen vorhanden war, wurde eine provisorische »Rot-Kreuz-Station« eingerichtet.

1935 bis 1937 wurde die Czartoryskigasse zur Erleichterung der PächterInnen verbreitert. Im Zweiten Weltkrieg und in der Nachkriegszeit waren die Gärten Nutzgärten zum Überleben, ehe der wirtschaftliche Aufschwung spätestens in den 1960er-Jahren aus den Parzellen wieder Erholungsgärten machte.

Zur 70-Jahr-Feier im Jahr 1985 wurde die Anlage in Ekl umgewidmet. Obmann Georg Dlapa enthüllte einen kleinen Gedenkstein für verdienstvolle Mitglieder. Eine Vereinsfahne wurde in Handarbeit hergestellt. Endgültig vom Tisch war die Gefahr einer Verkleinerung der Anlage wegen des Baus eines Parkplatzes für das Schafbergbad. 1988 wurde mit dem Erben der Familie Blöckinger, Herrn Rudolf Klein, ein neuer Pachtvertrag geschlossen, ein Jahr später fand die Aufschließung der noch im Besitz der Familie Blöckinger verbliebenen Gründe in der Gruppe A durch den Zentralverband statt.[667] Sechs neue Parzellen konnten geschaffen werden.

Anfang der 1990er-Jahre wurden Kanal und Winterwasser in der Gruppe A errichtet, Voraussetzung für die Widmung Eklw, welche 1996 dem Verein zugesprochen wurde. In der Gruppe B wurde der Kanalbau erst 1998 abgeschlossen und im selben Jahr die Eklw-Widmung erteilt. Von 1997 bis 2014 war Franz Höfling Obmann der Kolonie. Er war auch Gartenfachberater sowohl für den Verein als auch für den 17. Bezirk. Auf

666. Fritz Oszwald war der Vater von Edith Meindl (siehe Seite 39).
667. Im Kleingärtner wird eine Fläche von 13.616 m^2 angeführt, allerdings findet sich der Bericht erst im Kleingärtner Juli-August 2004, S. 50

Grund einer schweren Erkrankung, der er 2015 erlag, trat er als Obmann zurück.[668] Seither ist Peter Cermak Vereinsobmann. Er war vor seiner Pensionierung leitender Versicherungsangestellter.

2003 kaufte der Zentralverband die gesamte Grundfläche der Gruppe A, seit 2008 war Eigentumserwerb möglich. Elf Mitglieder (bei 48 Parzellen) haben hiervon Gebrauch gemacht. Die Gruppe B besteht nur aus Pachtgründen.[669] Im Oktober 2015 feierte man im Schutzhaus am Schafberg das 100-Jahr-Jubiläum. Die damals 91-jährige Edith Meindl erzählte vom schwierigen Ablauf eines Tages in den 1930er-Jahren.[670] 2016 wurde ein neues Vereinshaus errichtet. Interessantes Detail: Es gibt einen eigenen Raum, in dem Kärcher, Heurigentische und Bänke untergebracht sind, die allen Mitgliedern zur Verfügung stehen. Geht man durch die Gärten, so sieht man gepflegte Kulturen und reichlich Obstbestand. 1999 waren 90 % der Häuser nicht größer als 35 m², was sich jedoch in den letzten Jahren durch Neubauten geändert hat. Es gibt nur noch wenige kleine ältere Häuser.

Die anderen Obmänner: Ernst Stopfer (1915–1920), (?) Bauer (1920–1929), Ernst Stopfer (1930–1934), Fritz Oszwald (1934–1966), Josef Mayer (1966–1981), Georg Dlapa (1981–1997).

Ferdinand Hanusch

Der Kleingartenverein Ferdinand Hanusch wurde 1928 gegründet. Das Eröffnungsfest fand am 15. September 1929 unter prominenter Beteiligung statt. An der Eröffnungsfeier nahmen zahlreiche deutsche Gäste teil, unter anderem der Vorsitzende des 1921 gegründeten Reichsverbandes der Kleingartenvereine Deutschlands, Heinrich Förster (Frankfurt am Main). Der Name Hanusch war wohl ausschlaggebend dafür, dass auch deutsche Gäste nach Wien reisten.

Abb. 82: Eröffnungsfeier (1929)

Aus dem im Verein aufliegenden Gästebuch geht hervor, dass die (zweite) Ehefrau des Namensgebers, Julia Hanusch (geb. Gill, gest. 1950), bei der Eröffnung anwesend war.[671] Ihr Mann,

668. Kleingärtner Februar 2015, S. 43
669. Gespräch mit Obmann Peter Cermak am 17.8.2017 im Vereinshaus und Telefonat am 12.7.2024
670. Kleingärtner Dezember 2015, S. 42
671. Hanusch war in erster Ehe mit Anna Domes verheiratet (1891). Die gemeinsame Tochter starb 1893, Anna bereits 1895. Noch im selben Jahr heiratete er seine Mitarbeiterin Julia Gill, mit der er zwei Söhne und eine Tochter hatte; vgl. Ferdinand Hanusch (1866–1923). Ein Leben für den sozialen Aufstieg, hrsg. Otto Staininger, Wien 1973, S. 28

Ferdinand Hanusch (1866–1923), stammte aus einer schlesischen Weberfamilie, ging als Webergeselle auf Wanderschaft und wurde anschließend in der Arbeiterbewegung aktiv. 1891 trat er in den Arbeiterverein »Eintracht« ein, 1897 wurde er Partei- und Gewerkschaftssekretär in Sternberg (Österreich-Schlesien). 1900 wurde er Obmann der Union der Textilarbeiter, 1907 sozialdemokratischer Abgeordneter. Er erreichte eine gesetzliche Arbeitslosenunterstützung für Textilarbeiter und 1918 eine sechsstündige Arbeitszeit an Samstagen.

1918 wurde er Staatssekretär für soziale Fürsorge (entspricht heute der Position eines Ministers). In den zwei Jahren seiner Tätigkeit legte er den Grundstock für den heutigen Sozialstaat. Nach dem Ausscheiden der Sozialdemokratie aus der Regierungskoalition wurde Hanusch 1921 Direktor der neu geschaffenen Arbeiterkammer Wien. Die noch existierende Sozialwissenschaftliche Studienbibliothek in der AK geht auf seine Initiative zurück.

An Ferdinand Hanusch erinnern die Hanuschgasse im ersten Bezirk, das Hanusch-Krankenhaus, der Hanuschhof und vor allem das Hanuschdenkmal als Teil des Denkmals der Republik am Ring. Ein Flugblatt aus dem Jahr 1930 zeigt, dass der eben gegründete Verein anlässlich eines Erntefestes und des Blumentages der Kleingärtner das Denkmal am Ring schmücken ließ (siehe Abb. 53).

Abb. 83: Josef Reißberger (links vom Rednerpult)

Ein weiteres interessantes Detail, welches man dem Foto der Eröffnungsfeier entnehmen kann, zeigt, dass dort, wo heute Kleingarten(wohn)häuser stehen, damals noch grüne Wiese war. Nur einige wenige Häuser waren bereits errichtet worden. Unterhalb der einzeln stehenden Häuser sieht man die 1923/24 von Adolf Loos errichtete Heubergsiedlung (»Mustersiedlung Heuberg«). Im Jahr der Eröffnungsfeier wurde übrigens die Trenkwaldgasse (diese befindet sich auf dem Foto zwischen den Häusern und den Festgästen) fertiggestellt; benannt nach dem Historienmaler Matthias Trenkwald (1824–1897).

Herausragende sowie auch umstrittene Persönlichkeit war Josef Reißberger, Gründungsmitglied des Vereins und Obmann bis 1932. Er spielte in der Ersten Republik eine wichtige Rolle im Verbandswesen. Als einziger Funktionär des Zentralverbandes überstand er den Bruch 1934 und war während der NS-Zeit Schriftleiter des »Ostmärkischen Kleingärtners«. Nach 1945 hatte Reißberger im Verein nur mehr eine untergeordnete Tätigkeit inne (Mitglied der Obstbaufachgruppe). Interessanterweise wurde er bereits in jungen Jahren (1931) Ehrenmitglied des Vereins, 1948 erhielt er die Goldene Ehrennadel des Verbandes. In der Kleingartenanlage erinnert der Reißbergerweg an ihn.

Die Geschichte des Vereins nahm einen für viele Kleingartenvereine typischen Verlauf. Lange Zeit bestanden nur einfache Lauben. Die Erschließung des Areals war auf Grund des steilen Geländes schwierig. Die Wasserversorgung erfolgte durch einen Auslaufbrunnen, der sich Ecke Heuberggasse und Andergasse befand. Versammlungen fanden in der Bieglerhütte, einem beliebten Ausflugslokal in der Andergasse 71, welches bis 1966 bestand, statt. Eine Haltestelle der Autobuslinie 44 B erinnert noch an dieses Gasthaus.

1936 wurde der Verein Heubergkuppe (nicht zu verwechseln mit dem heutigen Verein gleichen Namens[672]) gegründet. Er bestand aus rund 30 Gärten, welche vom KGV Ferdinand Hanusch mitbetreut wurden. Diese Erntelandvereinigung hatte nur eine Zapfstelle für Wasser; teilweise holten sich die PächterInnen auch Wasser aus einer nahe liegenden Quelle im Wald. Nach dem Zweiten Weltkrieg schloss sich die Heubergkuppe an den Verein als »Bergkuppe« an. Neben dieser Bergkuppe besteht der Kleingartenverein Ferdinand Hanusch noch aus einer Talgruppe und einer Berggruppe. Die verschiedenen Kleingartengesetze ermöglichten größeres Bauen. Besonders die Umwidmung in ganzjähriges Wohnen löste eine vermehrte Bautätigkeit aus. Um die Widmungen zu erreichen, waren vorab auch große Investitionen in die Infrastruktur notwendig (Kanal, Winterwasserleitung etc.).

Ein interessantes Detail ist die Parkplatzfrage. Die Motorisierung in den 1960er-Jahren hatte eine große Parkplatznot zur Folge. Mit Bewilligung der Gutsverwaltung Stift St. Peter, dem der Wald oberhalb des Vereins gehört, konnten gegen geringes Entgelt Autos im Wald abgestellt werden. Mit Aufkommen des Umweltgedankens verschwand diese Unsitte. Heute existiert ein Parkplatz oberhalb des Vereinshauses, und ein Stück weiter teilt man sich Parkplätze mit dem Nachbarverein.

Das Vereinshaus wurde im Spätherbst 2009 fertiggestellt, ebenso der Parkplatz beim Vereinshaus. Auf Grund des gebirgigen Geländes waren für einen 460 m^2 großen Parkplatz 1100 m^3 Erdbewegung und Aushub, 100 m^3 Fertigbeton und 3700 kg Stahl für die Bewehrung notwendig.[673]

Eher untypisch für eine Kleingartenanlage ist die unterschiedliche Widmung. Die Talgruppe hat eine Ekl-Widmung (Bebauungsvorschrift 35m^2, Pachtgärten), Berggruppe und Bergkuppe dagegen haben seit 2003 die Widmung Eklw (Bebauungsvorschrift 50m^2, Möglichkeit des ganzjährigen Wohnens). In den letztgenannten beiden Gruppen besteht auch die Möglichkeit des Eigentumserwerbs. Laut Obmann Herbert Forster haben

672. Der benachbarte Kleingartenverein Heubergkuppe wurde erst 1983 aufgeschlossen (vgl. auch Kleingärtner Juli-August 1982, S. 3)
673. Kleingärtner Februar 2009, S. 44

rund ein Drittel der KleingärtnerInnen vom Eigentumserwerb Gebrauch gemacht. Dies entspricht auch der Erfahrung in vielen anderen Kleingartenanlagen. Die Vereinsstruktur seit 1945 ist recht stabil, was sich vor allem in den langen Funktionsperioden der Vereinsobmänner widerspiegelt.

Karl Frauenhofer, der seit 1933 eine Parzelle bewirtschaftete, war erster Obmann nach dem Krieg (1945–1951). Ihm folgte Hubert Verhonig (1951–1965). Sein Nachfolger war der bekannte Wienerlied-Interpret Viktor Michalek (1909–1984; Obmann 1965–1984). Michalek trat unter anderem als Duo mit Fritzi Trepka auf. Bekannt ist die Schallplatte »Kinder, heute geh ma nimmermehr ham«. Der Bereich vor dem Vereinshaus wurde zu seinen Ehren 1986 in Viktor-Michalek-Platz benannt (vorher Hauptweg).

Auf Michalek folgte Ewald Arnold (1936–2018, Obmann 1984–2008). Arnold war auch Funktionär im Zentralverband der Kleingärtner. Beruflich war er Prokurist in der Textilbranche. Seit 2008 ist der ehemalige Bankangestellte Herbert Forster (geb. 1950) Obmann des Vereins.

Im Jahr 2024 hat der Kleingartenverein 99 Parzellen, 71 sind Widmung Eklw, 28 haben die Widmung Ekl. 36 % der Parzellen befinden sich im Eigentum (26 von 71 Eklw-Parzellen). 2018 feierte der Verein sein 90jähriges Jubiläum.[674]

Aktuell stellt sich das Problem „Raus aus Gas“: Obmann Herbert Forster sieht Solaranlagen in Verbindung mit Energiegemeinschaften als Zukunftsmodell und unterstützt eine derartige Initiative im Verein. Ladestationen für Elektroautos am Vereinsgelände lehnt er aus mehrfachen Gründen ab; dies sei generell eine kommunale Aufgabe. Zwischen EigentümerInnen und PächterInnen gibt es im Verein kaum Probleme. Alle EigentümerInnen sind auch Vereinsmitglieder. Die Vereinsleitung wurde bis dato auch von Verkäufen immer im Vorhinein informiert. Problematisch für das Vereinsleben könnte jedoch die Untervermietung einer Eigentumsparzelle sein.

Predigtstuhl

Die Anfänge des Vereins gehen auf das Jahr 1916 zurück. Die ersten Lose in der Franz-Glaser-Gasse wurden vergeben, Kartoffeln und Gemüse angebaut. Es gab keine Zäune, keine Einfriedungen, keine Thujenhecken und vor allem: kein Wasser. Im extrem trockenen Sommer 1917 musste die Feuerwehr die Anlage bespritzen.

1919 wurde der Verein offiziell als »Schrebergarten- und Kleintierzuchtverein Predigerstuhl« gegründet, 200 Parzellen werden ausgewiesen. Wie mühsam die Anfangsjahre waren, zeigt folgender Text: »In der nächsten Nähe des ehemals dem Erzherzog Salvator gehörigen Schlosses bietet sie ihren Bearbeitern ein geradezu entzückendes Bild gegen das Dornbachtal, die Hänge des Kahlenbergs einerseits und

674. Gespräch mit Obmann Herbert Forster am 1.8.2024

gegen das Häusermeer der Stadt anderseits (…). Es ist ein herrliches Stück Land, was die Aussicht betrifft. Denn sonst haben die Schrebergärtner dort nichts zu lachen (…). Aber das Schleppen des Wassers vom Auslaufbrunnen bis in die Gärten verursachte solche Mühe, wie sie nur von Leuten auf sich genommen wird, die von ihrer Sache heilig begeistert sind.«[675]

Bereits im Dezember 1922 war die Idylle bedroht: Am Predigtstuhl war die Errichtung von 800 bis 1000 Siedlungshäusern geplant, aber es kam nicht zum Bau. 1928 gab es Schwierigkeiten mit dem Grundeigentümer Leopold Salvator (1863–1931), worauf ein Teil der PächterInnen eine eigene »Pächtergemeinschaft Salvatorgründe« schuf, die aber 1939 wieder in den Verein Predigtstuhl zurückkehrte.

1929 wurde der Verein als Dauerkleingartenanlage ausgewiesen. Die Errichtung von Wohnhäusern an der Franz-Glaser-Gasse und damit eine Verkleinerung des Vereins konnte in der Folge ebenso verhindert werden wie der Plan der Gemeinde, den stillgelegten Steinbruch hinter der Franz-Glaser-Gasse 1 als Mülldeponie zu verwenden. Heute befindet sich das Waldstadion der Sportvereinigung Arminen Wien auf diesem Gelände.

1941 mussten alle Vereinsmitglieder Fragebögen ausfüllen, aus denen u. a. hervorgeht, dass die Mehrheit der PächterInnen ArbeiterInnen waren, ein kleinerer Teil Beamte und Angestellte.

In der Nachkriegszeit war der gelernte Mechaniker Gottfried Krenn (1895–1981) prägende Persönlichkeit im Verein. Er war 22 Jahre Obmann. Ursprünglich Sozialdemokrat trat er nach dem Bürgerkrieg 1934 der KPÖ bei und engagierte sich dort nach 1945. Er war seit 1949 führend im Zentralverband der Sozialrentner engagiert, von 1953–1972 Obmann, anschließend Ehrenobmann.[676] Der KPÖ-nahe Verband hatte um 1948 rund 16.000 Mitglieder (bei einer Personengruppe von rund 85.000 SozialrentnerInnen).[677] Bei den Wahlen 1953 war Krenn Spitzenkandidat der »Wahlgemeinschaft Österreichische Volksopposition« (VO) im 17. Bezirk.[678]

Abb. 84: Gottfried Krenn

Im Verein schloss Krenn ehemalige NSDAP-Mitglieder aus, was zu Aufregung und Prozessen führte. Dass er eigenhändig minderbelastete Nationalsozialisten terrorisierte

675. Siller/Schneider, Wiens Schrebergärten, S. 21
676. Sozialrentner und Pensionist. Organ des Zentralverbandes der Sozialrentner und Pensionisten Österreichs, November/Dezember 1972, S. 1 (Dank an Mag. Manfred Mugrauer für diesen Hinweis)
677. Manuskript (Unterlage) zum 14. Parteitag der KPÖ/Massenorganisationen (Zentrales Parteiarchiv der KPÖ); der Verband bestand seit 1924 und erreichte in der Ersten Republik die Altersfürsorge für ArbeiterInnen, in der Zweiten Republik leistete er einen Beitrag zum Erhalt des 13. Monatsgehalts für SozialrentnerInnen.
678. Die VO bestand aus der KPÖ, der linksliberalen Demokratischen Union um Univ.-Prof. Dr. Josef Dobretsberger und der Sozialistischen Arbeiterpartei (SAP) um den ehemaligen SPÖ-Zentralsekretär Erwin Scharf.

und vertrieb, war falsch. Diese Behauptung hatte das »Kleine Volksblatt« unter der Überschrift »Strafanzeige wegen Raubes und missbräuchlicher Bereicherung« kolportiert, musste dies aber zurücknehmen.[679] Krenn war in den Anfangsjahren auch führend im Zentralverband tätig.

In den 1960er-Jahren wurde die Anlage elektrifiziert, die Wege saniert und das Gasthaus mit Hilfe eines Kredits des Zentralverbandes gekauft. Es ist heute nach wie vor im Eigentum des Vereins und wird verpachtet. In den 1980er-Jahren wurde ein Kanal gebaut, 1989/90 eine Winterwasserleitung verlegt. 1999 wurde die Gasversorgung hergestellt, ein Jahr später wurden Innenbeleuchtung und Tore installiert. 2002 wurde Obmann Helmut Hajicsek (gest. 2015) für seine insgesamt 25-jährige Tätigkeit im Verein geehrt. Mittlerweile hat der Verein die Widmung Eklw. Der Verein zählt 208 Parzellen (Schutzhaus, Vereinshaus und einen Kräutergarten nicht mitgezählt). 121 Parzellen befinden sich in Eigentum, 85 Parzellen sind Pachtgründe, zwei Parzellen Vereinseigentum und werden verpachtet.[680] Seit Erscheinen der Erstauflage des Buches wurde, noch unter der Ära von Obmann Eichler, die Beleuchtung der Anlage auf LED umgestellt. Im Jahr 2022 erfolgte ein Wechsel in der Vereinsleitung. Als Obmann fungiert seither Ing. Roland Miksche.

Vor dem Vereinshaus wurde auf Initiative des damaligen Obmann-Stellvertreters und Arztes Dr. Andreas Gatterer ein Defibrillator mit entsprechenden Schulungen für die Mitglieder installiert.[681] Auch ein Bienengarten auf einem ehemaligen Vereinsgrund am Jenschikweg geht auf seine Initiative zurück. Größere Projekte waren und sind die laufende Sanierung von Vereinswegen sowie eine Kanalspiegelung. Ein jährlich stattfindendes Vereinsfest sowie ein Punschfest vor Weihnachten sollen ein positives Miteinander und die Kommunikation unter den Mitgliedern fördern.

Der Eingangsbereich vor dem neu renovierten Vereinshaus wurde nach dem langjährigen verdienten Vereinsfunktionär Erich Lieb (1947–2022) in Erich-Lieb-Platz benannt.

Obmänner nach 1945: Karl Wagner (1946–1949), Gottfried Krenn (1950–1972), Lorenz Schindler, Gemeindeangestellter (1973–1988), Helmut Hajicsek, Angestellter (1989–2007), DI Dr. techn. Thomas Novak (2007–2009), Bernhard Eichler (2009–2022), seither Ing. Roland Miksche.

18. Bezirk

Brunnstube

Der Kleingartenverein am Schafberg wurde offiziell im Jahre 1917 gegründet, am 2.9.2017 wurde das 100-Jahr-Jubiläum mit einem Ausflug nach Bratislava gefeiert. Der

679. Kleines Volksblatt 26.8.1954 sowie Entgegnung am 11.9.1954
680. E-Mail von Ing. Roland Miksche (Obmann KGV Predigtstuhl) vom 14.10.2024
681. Kleingärtner Mai 2023, S. 46

Zentralverband der Kleingärtner und Siedler überreichte dem Verein eine Ehrenurkunde und einen Pokal in Form eines schwarzen Steines.[682] Anlässlich des 90-jährigen Bestehens erschien eine repräsentative Festschrift, welche detailliert über die Geschichte des Vereins Auskunft gibt.[683]

So wie bei anderen Vereinen gehen die Ursprünge des Vereins weiter zurück, vermutlich wurden die ersten Parzellierungen bereits 1915 vorgenommen. Offiziell erstatteten der Beamte Ferdinand Streitriedl und der Modezeichner Ludwig Thonner am 10.9.1917 bei der k.k. Statthalterei Anzeige im Sinne des Vereinsgesetzes über die Gründung des Vereins »Schrebergarten-Verein Brunnstube«. Die Vereinsgründung entstand vor dem Hintergrund der Wasserfrage: Die Vereinspioniere mussten das für die Gärten benötigte Wasser mühsam vom Schafbergbad oder von einem Brunnen im Pötzleinsdorfer Park holen.

1918 zählte der Verein bereits 130 Mitglieder, die erste Vereinshütte zur Aufbewahrung von Vorräten wurde gebaut und vom Magistrat eine Wasserleitung auf dem Schafberg bewilligt. Vom Magistratischen Bezirksamt erhielt der Verein Diplome für die vorbildlich geführten Gärten. Ein Jahr später wurde die Anlage eingezäunt. Ein Nachtwächter wurde engagiert, um Diebstähle einzudämmen. Die Hungersnot der Nachkriegszeit verleitete manche Notleidende, sich an der Ernte zu bedienen.

Die Kleingartenanlage wurde im Laufe der Jahre sukzessive erweitert, 1920 wurde ein Aquarellbild von der Kolonie gemalt, welches noch im Vereinshaus hängt. 1923 führte die Siedlungsgenossenschaft Gesiba eine Kernhauslotterie durch. Erster Preis waren zwei vor dem Rathaus aufgestellte Musterhäuser. Ein Haus gewann ein Mitglied der Brunnstube, das Haus wurde auf seinem Grund aufgestellt, ein von seiner Parzelle wegführender Weg wurde Trefferweg benannt.

Abb. 84 b Trefferweg

So heißt er bis heute. 1925 wurde ein Denkmal für den verstorbenen Kleingarteninspektor Franz Siller (siehe S. 44) aufgestellt.

Ein Kuriosum in der Ersten Republik war die Gründung der sogenannten »Brunnstubenbauern«. Einige Mitglieder hatten sich zu diesem »Unterverein« zusammengetan, sprachen sich grundsätzlich mit per Du und als Bauern an. Um 1938 schlief das Vereinsleben dieser Gruppe ein und wurde nicht wieder aufgenommen.

Schwierigkeiten gab es, wie in vielen Vereinen auch heute noch, mit der Gastwirtschaft. 1931 kam es zu Auseinandersetzungen mit einem Pächter, was letztlich dazu führte, dass eine neue Betreiberfamilie gefunden werden konnte, welche bis 1963 die »Gastwirtschaft

682. Kleingärtner November 2017 S. 43
683. 90 Jahre Brunnstube. Festschrift 1917–2017 (Der Autor dankt dem langjährigen Obmann Josef Knogl für die leihweise Überlassung der Festschrift und ergänzende Bemerkungen.)

zur Brunnstube« betrieb. Es gab hernach noch einen Nachfolger, 1980 war die Schank freilich schon ziemlich desolat und wurde daher abgerissen.

1934 wurde der Vereinsvorstand vom neuen Regime ausgewechselt. Der neuen Vereinsleitung gelang die Umwidmung der Anlage in einen öffentlich zugänglichen Kleingartenpark. Ein Novum in der Geschichte des Kleingartenwesens. 1936 wurde der Verein offiziell in »Kleingartenanlage Brunnstube« umbenannt. 1937 wurden arbeitslose Pächter für Erhaltungsarbeiten angestellt.

Ein Jahr später wurde der Vereinsvorstand durch einen kommissarischen Vereinsleiter, den Nationalsozialisten Nekwasil, abgelöst. Am 16. Juni 1938 übermittelte er der Wirtschaftsstelle eine Liste der zehn jüdischen Vereinsmitglieder. Spitzel erstatteten Meldung, wenn Mitglieder verbotenen Kontakt mit Juden hatten. Nach dem Krieg gingen die ehemaligen Nationalsozialisten ihrer Gärten verlustig, einige klagten und hatten zum Teil Erfolg. So kam es, dass einem ehemaligen Widerstandskämpfer, der einen »NS-Garten« erhalten hatte, ein Teil der Parzelle weggenommen werden musste und darüber hinaus musste er dem vormaligen Pächter eine Ablöse bezahlen.

1946 wurde eine neue demokratisch legitimierte Vereinsleitung gewählt. Unter Obmann Dr. Adolf Resch, der dem Verein bereits 1923/24 vorstand, und dem langjährigen Obmann Leopold Jurik (1950–1969) wurde sukzessive die Infrastruktur neu aufgebaut (u.a. Erneuerung der Wasserleitung und Asphaltierung der Wege). Dass Kleingärten in der Nachkriegszeit weiterhin der Nahrungsmittelversorgung dienten, kann man daran ablesen, dass 1955 eine Obstpresse zur besseren Obstverwertung angeschafft wurde. Erst 1995 wurde das Pressen eingestellt.

Abb. 84 c Bauernweg

Wie in vielen anderen Vereinen auch war die Vereinsleitung ausschließlich mit Männern besetzt, erst 1960 zog mit Gertrude Dodes als Schriftführerin eine Frau in die Vereinsleitung ein. Statistisch interessant ist, dass im Jahr 1971 von 168 Vereinsmitgliedern die Hälfte über 65 Jahre alt war. Dies entsprach dem allgemeinen Trend (Kleingarten galten in den 1970er Jahren als Pensionistenoasen).

Bis 1978 gab es eine Einkochküche, 1981 übernahm die Gemeinde Wien den Vorpark zum Verein. In den 1980er Jahren wurden sukzessive die Wege saniert, 1989 wurden die bis dahin üblichen Gemeinschaftsarbeiten abgeschafft. 1991 wurde Josef Knogl neuer

Obmann und blieb dies bis 2012. Unter seiner Ägide wurde die Anlage kanalisiert, Gasanschlüsse errichtet, und die Wege wurden beleuchtet.

Ab 2001 konnten die Parzellen im Eigentum erworben werden, 21 Mitglieder nahmen im selben Jahr von dieser Möglichkeit Gebrauch. Das bereits in die Jahre gekommene Vereinshaus wurde renoviert.

Der Verein zählt 169 Parzellen.[684] Zur Einstellung des Kleingartenverkaufs ist anzumerken, dass im Verein nur 28 Mitglieder von der Kaufmöglichkeit Gebrauch gemacht haben. Deshalb gibt es auch kaum Probleme mit EigentümerInnen.

Grundsätzlich sieht Obmann Wltavsky verwaltungstechnische Probleme, wenn EigentümerInnen ihre Parzelle weiterverkaufen. Der Verein sollte davon erfahren, damit die neuen EigentümerInnen z.B. auch die Gartenordnung kennen(lernen). Es kann auch vorkommen, dass die Schlosszylinder von den Garteneingängen ausgetauscht werden. Dies ist freilich problematisch, weil der Verein im Falle eines Wasserschadens oder, wenn sich der Wasserzähler am Grundstück befindet, keinen Zugang zur Parzelle hat. Auch die Untervermietung einer Eigentumsparzelle kann mangels Bindung der UntermieterInnen an den Verein zu Problemen führen.

Die Anpassung der Infrastruktur (»Raus aus Gas«) kann für ältere Mitglieder eine nicht zu stemmende finanzielle Hürde darstellen. Der Umstieg auf alternative Energien wird vermutlich nicht so schnell gehen wie angekündigt, aber Solarpanele/Wärmepumpen sind die Zukunft.

Obmänner seit 1945: Dr. Adolf Resch (1946–1950), Leopold Jurik (1950–1968), Ing. Eduard Grolig (1969–1977), Helmut Wltavsky sen. (1977–1991), Josef Knogl (1991–2012), Johann Simonetti (2012–2015), Gerhard Schweigl (2015–2021), seither Helmut Wltavsky jun.

19. Bezirk

Franz Staudinger[685]

Der Name ist ein Gedenken an den Vater des Ehrenobmanns Karl Staudinger. Die Anfänge der Anlage gehen auf das Jahr 1931 zurück, offiziell fing der Verein mit der Installierung einer Vereinsleitung im Jahr 1932 zu existieren an. Er liegt westlich des Wasserschlosses, dem Wahrzeichen am Hackenberg. Der Grund bestand aus dem Erdaushub des Wasserreservoirs und dem vom Wasserschloss aus dem Jahr 1910, somit aus Felsblöcken, Lehm und blauem Tegel. Die Anlage der Parzellen war entsprechend aufwendig und mühsam.

Einfriedungen und Wasserversorgung wurden so gelöst, dass jedes Mitglied monatlich

684. Im Folgenden: Gespräch mit Obmann Helmut Wltavsky jun. am 5.8.2024 im Vereinshaus

685. Kleingärtner September 1997, S. VII-VIII sowie Festschrift zum 75-jährigen Bestand (Auszug als E-Mail von Obmann Mag. Herbert Riess vom 24.9.2017)

zwei Schilling anteilige Kosten bezahlte. Auf Grund der abschüssigen Lage der Gärten mussten Abflussrinnen gebaut und Stiegen hergestellt werden. Die Wasserzuleitung hielt übrigens 40 Jahre, ehe sie durch eine PVC-Leitung ersetzt wurde. Gemäß den gesetzlichen Bestimmungen konnten in den Anfangsjahren 16 m^2-Gebäude errichtet werden. Eine gemeinsame Vereinswerkzeughütte wurde eingerichtet. Der Verein erhielt – damals ein Novum – eine Dauerwidmung und nannte sich »Dauerkleingartenanlage am Hackenberg«. Die »Dauerwidmung« galt allerdings nur für 15 Jahre.

Die Zeit zwischen 1934 und 1945 brachte einen Einschnitt in das Vereinsleben. Nach dem Bürgerkrieg wurde – wie in allen anderen Vereinen auch – die Vereinsleitung durch einen Verwaltungsausschuss abgelöst. Während der NS-Zeit verlor der Verein seine Selbstständigkeit und wurde in die größere Nachbaranlage am Hackenberg eingegliedert.

1946 wurde auf Wunsch der Mitglieder der Verein wieder selbstständig. Bis in die 1950er-Jahre änderte sich wenig am Zustand des Vereins. 1955 konnte der Verein mit Strom versorgt werden, und 1957 erhielt die Anlage die Bezeichnung »Dauerkleingartenanlage Franz Staudinger« in Gedenken an den bei einem Verkehrsunfall tödlich verunglückten Obmann. Er war auch Redakteur der Zeitschrift »Kleingärtner«.[686] Mitte der 1990er-Jahre wurde die Infrastruktur durch Kanalbau und Winterwasserleitung verbessert. 1996 erhielt man die Widmung Eklw. 1997 feierte man den 65-jährigen Bestand und das 40-Jahr-Jubiläum der Namensnennung, 2006 das 75-Jahr-Jubiläum. 2012–2024 war Mag. Herbert Riess Vereinsobmann. Der Verein besitzt 34 Parzellen, davon sind ungefähr 20 im Eigentum. Rund ein Drittel der Mitglieder wohnt mittlerweile ganzjährig im Kleingarten.[687]

Den Stopp des Eigentumsverkaufs sieht Mag. Riess positiv, da eine Trennung Eigentum/Pacht praktisch unmöglich ist. Seit April 2024 ist Marian Salletmayr Obmann des KGV Franz Staudinger.

Hackenberg[688]

Auf dem 306 Meter hohen Hackenberg befindet sich die mit über 500 Parzellen größte Kleingartenanlage im 19. Bezirk. Sie liegt zwischen Obersievering und Neustift am Walde. Der Vereinsname geht wie auch der Name des Berges auf ein altes Wiesenmaß (Hacken) zurück.

Die Anfänge des Vereins gehen auf den Ersten Weltkrieg zurück, als am Hackenberg 1917 Kriegsgemüsegärten angelegt wurden; 1921 erfolgte die offizielle Gründung.

686. Kleingärtner April 1957, S. 1
687. E-Mail von Marian Salletmayr (Obmannn KGV Franz Staudinger) vom 16.9.2024 bzw. Mag. Herbert Riess vom 3.9.2024
688. Soweit nicht anders angeführt laut Website des Vereins und Hanns Blauensteiner/Fritz Walla, Kleingärtnerverein »Hackenberg«. Festschrift zum 60-Jahr-Jubiläum, Wien 1981

Anders als in vielen Vereinen war die Wasserversorgung für die »Hackenberger« kein so großes Problem, weil bereits im Zuge des Baus der zweiten Hochquellwasserleitung ein Wasserbehälter erbaut und am Südabhang 1909 eine Wasserleitung errichtet wurde. Der Wasserbehälter unterhalb des Gipfels ist das Wahrzeichen des Kleingartenvereins.

Leider sind aus den Anfangsjahren kaum Aufzeichnungen vorhanden. Einer der Pioniere war Franz Kranl, nachdem die heutige Kranlgruppe ihren Namen hat. Weitere Daten sind erst für die Zeit nach 1945 bekannt: 1948 wurde ein Schutzhaus gebaut, 1949 erhielt man die erforderliche Gaststättenkonzession. 1960 wurde ein Elektroausschuss gegründet, 1969 ein eigenes Elektroreferat – die Elektrifizierung des Vereins war eine langwierige Angelegenheit, die erst Anfang der 1980er-Jahre ihren Abschluss fand.

Abb. 85: Eingang zum Vereinshaus

1965 wurde das noch bestehende Vereinshaus gebaut. Der nächste Schritt zur Verbesserung der Infrastruktur war der Kanalbau. Nachdem sich 1993 67 Prozent der Mitglieder für das Kanalisierungsprojekt ausgesprochen hatten, wurde ein Kanalausschuss gebildet. Auch der Bau einer Winterwasserleitung wurde in Angriff genommen; beides Voraussetzung für die ersehnte Umwidmung auf Eklw, die man jedoch erst 2009 erhielt.

Am 22. September 1996 fand der Spatenstich für dieses Großprojekt im Beisein von Stadtrat Fritz Svihalek und Bezirksvorsteher Adolf Tiller statt. Von Seiten der Stadt Wien wurden 1,3 km und von Seiten des Vereins 17 km Wasser- und Abwasserleitungen im Wert von rund 52 Millionen Schilling, mit denen ca. 500 Parzellen ver- und entsorgt werden, verlegt. Die Bauzeit betrug zwei Jahre.[689] Jeder Gartenbesitzer wurde mit rund 80.000 Schilling anteilig belastet.

Langjähriger und verdienter Vereinsfunktionär war der gelernte Eisendreher Fritz Fischer (1900–1972). Er war bei Gräf & Stift beschäftigt, später bei den ÖBB. Nach dem Bürgerkrieg 1934 wurde er zwangspensioniert, 1938–1945 fand er wieder bei der Eisenbahn eine Anstellung (die Nationalsozialisten stellten viele ehemalige gemaßregelte Sozialdemokraten aus politischen Gründen wieder ein). Fischer engagierte sich seit 1945 in der Eisenbahnergewerkschaft und wurde bald leitender Sekretär. Im Kleingartenverein war er Schriftführer, 1953–1972 Obmann. 1965 wurde er Obmann des Landesverbandes Wien. Er starb 1972, zwei Jahre später wurde das Schutzhaus in »Fritz-Fischer-Hütte am Hackenberg« umbenannt.[690] Fischer hatte große Verdienste um die Erweiterung der Anlage: 1954 hatte man 352 Parzellen, 1972 über 500. Fischers Nachfolger war Hans Diwoki

689. Kleingärtner November 1996, S. VI
690. Kleingärtner Juli-August1970, S. 2, bzw. Nachruf Kleingärtner März 1972, S. 2

(1972–1979), von 1979 bis 2007 war Rudolf Schüch Obmann. Unter ihm geschahen die beschriebenen wesentlichen Infrastrukturmaßnahmen im Verein. 2004 feierte er seine 25-jährige Obmannschaft.[691] Die nächsten drei Jahre war Walter Stastny Obmann, von 2010–2018 Johannes Böhnel, seit 2018 ist Michael Weber Obmann des KGV Hackenberg. Nach dem verdienstvollen ehemaligen Obmann Böhnel wurde am 26. Oktober 2023 in der Anlage der Johannes-Böhnel-Weg benannt. Die feierliche Eröffnung nahm der ehemalige Bezirksvorsteher von Döbling, Adolf Tiller, vor.

2006 feierte man das 85-Jahr-Jubiläum mit einer Festveranstaltung,[692] zum 90-Jahr-Jubiläum 2011 wurde eine kleine Festschrift aufgelegt.[693] Stolz ist man auf den bereits 1683 erwähnten Marienbildstock am Ährengrubenweg, welchen man im selben Jahr auf eigene Kosten renovieren ließ. Ebenfalls seit 2011 bestand die Möglichkeit des Erwerbs der Parzelle.

21. Bezirk

Frohes Schaffen

Offiziell wurde der Verein am 25. März 1962 gegründet. Erster Vorsitzender war Vinzenz Macholda, erster Obmann Josef Koci (gest. 1979).[694] Angestrebt wurde eine Mustersiedlung, »die der Gesundheit, Entspannung, Erholung und Freude dienen soll. Der Gemeinschaftssinn soll durch Freundlichkeit, Höflichkeit und Hilfsbereitschaft gefördert werden.«[695] Diese sehr späte Gründung eines Kleingartenvereins hat eine geradezu typische Geschichte: Die Elektrifizierung der Anlage wird beschlossen, 1963 eine Gasthauskonzession erworben und 1964 ein Kantinenbetrieb aufgenommen. 1968 wurde ein Schutzhaus eröffnet, wobei sich 94 Mitglieder am Bau beteiligten und 39 Mitglieder eine Spende leisteten; ferner wurde bis in die 1980er-Jahre sukzessive die Infrastruktur (Beleuchtung, weitere Elektrifizierung hinzugekommener Gruppen, Wasserversorgung, Außenzäune) geschaffen und seit

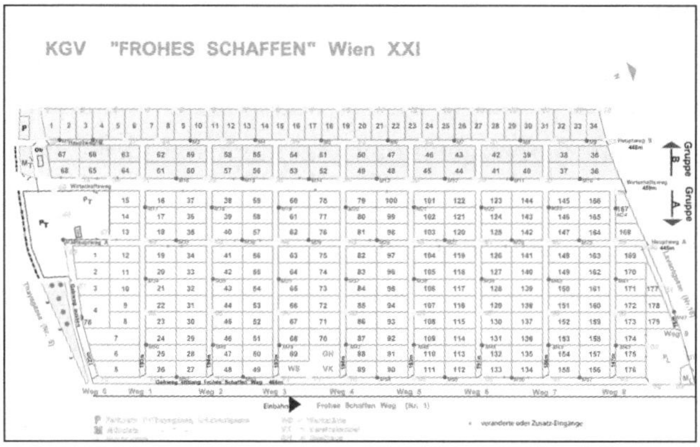

Abb. 86: Plan der Anlage Frohes Schaffen

691. Kleingärtner Juni 2004, S. 53
692. Kleingärtner September 2006, S. 61
693. 90 Jahre Kleingartenverein Hackenberg, Wien 2011
694. Vgl. Nachruf im Kleingärtner Jänner 1980, S. 3
695. 75 Jahre Bezirksverband der Kleingärtner Floridsdorf, Wien 1998, S. 45

Ende der 1970er-Jahre vermehrt gebaut. In den Jahren 1973/74 wurden Gäste aus der BRD und der ČSSR empfangen. Eine Vereinsmitteilung (»Der Gartenzwerg«) erblickte 1980 das Licht der Welt.

Mit Inkrafttreten des Kleingartengesetzes 1978, welches 35 m^2 Wohnfläche erlaubt, setzte weitere Bautätigkeit ein. 1981 feierte man 20 Jahre KGV Frohes Schaffen. Auf Antrag des Vereins wurde 1982 der Frohe-Schaffen-Weg benannt.

Anfang der 1990er-Jahre fanden im Schutzhaus Dreharbeiten zur beliebten TV-Sendung »Kaisermühlen Blues« statt. 1995/96 wurde die Infrastruktur durch Winterwasser, Gasanschluss und Kanalisation aufgewertet und damit die Voraussetzung für ganzjähriges Wohnen geschaffen. Die ersehnte Umwidmung auf Eklw wurde am 28. April 1995 im Gemeinderat beschlossen. Zahlreiche Mitglieder verlegten von da an ihren Hauptwohnsitz in die Kleingartenanlage. 1999 bot die MA-69 die Pachtgärten zum Kauf an. Ein Drittel der Mitglieder nahm dieses Angebot an. 2007 wurde der Parkplatz an der Thayagasse erweitert, sodass für jedes Mitglied ein Parkplatz vorhanden ist. Außerdem wurden 2011/12 Carports errichtet.

Detail: 34 Parzellen der Anlage gehören einem Bauern aus Leopoldau, der seine Gründe an den Zentralverband verpachtet hat. Da er nicht verkauft, wird in dieser Anlage längerfristig eine Mischung aus Eigentums- und Pachtgärten bestehen.[696]

1998 erhielt der langjährige Funktionär des Vereins, Rudolf Siegl, vom Zentralverband auf Grund besonderer Verdienste um die Kleingartenbewegung die goldene Verdienstplakette.[697] Im Jahr 2012 feierte man das 50-jährige Bestandsjubiläum mit einem großen Fest und im Beisein von Politprominenz, allen voran Stadtrat Dr. Michael Ludwig. Acht Gründungsmitglieder wurden geehrt.[698]

Seit der Erstauflage des Buches hat sich im Verein wenig geändert. Die langjährige Pächterin des Gasthauses (28 Jahre!), Martina Haslinger-Spitzer, beendete einvernehmlich ihren Pachtvertrag. Ein neuer Pächter wurde bereits gefunden. Der Stopp des Eigentumsverkaufs hatte laut Obmann Wolf Wenter keine wesentlichen Veränderungen zur Folge: »Die Probleme scheinen aber daher zu kommen, dass gegenüber den Erstkäufern die Nachfolgenden nichts vom ursprünglichen Kaufvertrag wissen. Es hätten also Passagen, wie z.B. Regelung für Gemeinschaftskanal (Zugang zu den Schächten ...) ins Grundbuch aufgenommen werden sollen.«[699]

696. Auskunft Obmann Ing. Wolf Wenter vom 21.4.2017
697. Kleingärtner Jänner 1998, S. V
698. Kleingärtner September 2012, S. 57
699. E-Mail von Wolf Wenter an den Verfasser vom 15.9.2024

Groß Jedlersdorf[700]

Die Anfänge dieses größten Floridsdorfer Vereins gehen auf den Ersten Weltkrieg zurück. Brachliegende Felder von Groß-Jedlersdorfer Bauern dienten im Hungerjahr 1917 der Nahrungsmittelversorgung.

1919 schlossen sich die KleingärtnerInnen dem Verein »Schrebergärten, Wien XXI« als Ortsgruppe Groß Jedlersdorf an. Der Zustrom an Mitgliedern hielt an, 1926 zählte der Verein bereits 403 Mitglieder. Die Mehrzahl wohnte in der Umgebung. In den Gärten wurde Obst und Gemüse angebaut, Kleintierzucht war weit verbreitet. Das Areal gehörte lange Zeit Bauern aus Groß-Jedlersdorf und ging erst Jahre später in den Besitz der Gemeinde Wien über. Da es für alle ParzelleninhaberInnen Pflicht war, beim Eingang einen Kirschbaum zu pflanzen, entstand eine Kirschenallee, die freilich in späteren Jahren den üblichen Thujen- und Ligusterhecken weichen musste.

Abb. 87: Mitgliedskarte aus dem Jahr 1924

1927 wurde der Verein selbstständig. Anlässlich der Arbeiter-Olympiade 1931 wurde die Anlage von vielen Gästen besucht. Der Verein entfaltete ein reges Kulturleben; unter anderem gab es Theateraufführungen. Prominentes Mitglied war die Gewerkschafterin und spätere Nationalratsabgeordnete Rosa Weber (1919–1967), deren Vater eine Parzelle bewirtschaftete. Der 2001 benannte Rosa-Weber-Weg führt von der Siemensstraße zum Schutzhaus Groß-Jedlersdorf.

Im Zweiten Weltkrieg wurde die Anlage durch mehrere Bombentreffer schwer verwüstet; die Alliierten hatten die nahe gelegenen Industrieanlagen im Visier. Nach dem Wiederaufbau der Anlage wurde 1951 ein Schutzhaus (Vereinslokal und Gasthaus) in Betrieb genommen. Ein Teil der Vereinsmitglieder spaltete sich ab und gründete den Verein »Alberti«, der später Gewerbebetrieben weichen musste. Einige Abgesiedelte fanden im KGV Stammersdorf eine neue Heimat.

In den 1970er-Jahren wurde die Infrastruktur vorangetrieben. 1974 war die Elektrifizierung der Anlage abgeschlossen; der Verein erhielt die Widmung »Grünland«. 1978 mussten einige Parzellen einem Gemeindebau weichen, später weitere Parzellen der Verbreiterung der Brünner Straße. Erst in den 1980er-Jahren wurde das Brunnenwasser durch den Bau einer Trinkwasserleitung ersetzt.

700. Website des Vereins, Festschrift 90 Jahre Kleingartenverein »Groß-Jedlersdorf« 1919–2009, Gespräch mit Ernesto Kern (Obmann KGV Groß-Jedlersdorf) am 9.9. 2017 sowie Kleingärtner November 2000, S. 47 f.

1995/96 wurden die Senkgruben durch eine Kanalisation ersetzt; Voraussetzung für einen Antrag auf Änderung der Flächenwidmung in Eklw, die schließlich 1997 vom Gemeinderat bewilligt wurde. Nunmehr konnten Kleingartenwohnhäuser mit einer Grundfläche von 50 m^2 errichtet werden. Die Vollversorgung mit Erdgas komplettierte 1999 die Infrastruktur. Letztlich wurde im Jahr 2000 ein neues Vereinshaus eröffnet und im Jahr 2006 eine 240 Meter lange Lärmschutzwand zur Brünner Straße fertiggestellt. Im selben Jahr wurde das ein Jahr zuvor abgebrannte Gasthaus wieder eröffnet. Seit 2009 können die Mitglieder ihre Parzellen käuflich erwerben.

Der Zugang zur Anlage ist großzügig gestaltet; die Sperrzeiten beschränken sich auf die Nachtstunden (der Eingang zum Schutzhaus nach dessen Öffnungszeit). Für die Mitglieder gibt es einen Gartengeräteverleih und die Möglichkeit des Pflanzenkaufs. In den Schaukästen finden sich Einladungen zu gemeinsamen Ausflugsfahrten und dem beliebten jährlich stattfindenden Lichterfest, das an die Elektrifizierung der Anlage 1974 erinnert.

Der Verein umfasst 427 Parzellen. 102 Parzellen stehen im Eigentum, 110 Familien haben ihren Hauptwohnsitz im Kleingartenverein. Das Verhältnis Parkplätze und Anzahl der Parzellen ist angesichts der vielen ganzjährig in der Anlage wohnenden Mitglieder mit ca. 162 nicht ausreichend, aber es gibt keine Erweiterungsmöglichkeit mehr.[701]

Abb. 87a BO-Obmann Ing. Ferdinand Lesmeister überreicht Obmann Ernesto Kern eine Urkunde zum 100-Jahr-Jubiläum des Vereins

Die Möglichkeit des Pflanzenkaufs gibt es nicht mehr, aber eine Pflanzentauschbörse im Frühjahr und Herbst. Das jährlich stattfindende Lichterfest findet unverändert starken Zustrom, die Organisation von Ausflugsfahrten wurde eingestellt.

2019 fand unter großer Anteilnahme das 100-Jahr-Fest des Vereins statt. An der Festschrift »100 Jahre Kleingartenverein Groß-Jedlersdorf« beteiligten sich viele Autoren: Neben Vorworten von Bürgermeister, Bezirksvorsteher und Zentralverband sowie Landesverband Wien der Kleingärtner dankte der damalige Bezirksobmann XXI, Ferdinand Lesmeister, allen Funktionären und Mitgliedern für die aktive Vereinsarbeit. Der Obmann der Kontrolle, Gerhard Frühwirth, schrieb über seine Funktion, die Fachberater Matthias Repits und Eduard Waneck stellten sich vor. Der Journalist Uwe Mauch steuerte einen Text über Floridsdorf bei, der Verfasser dieses Buches erstellte gemeinsam mit Obmann Kern eine Chronik. Letzterer resümierte:

701. Gespräch mit Ernesto Kern (Obmann KGV Groß-Jedlersdorf) am 19.6.2024 im Schutzhaus sowie E-Mail vom 30.6.2024

»Das Jubiläum heißt aber nicht, sich zurückzulehnen und zufrieden auf das Geleistete zurückzublicken, sondern mit Elan die nächsten 100 Jahre zu starten, was aber nur gemeinsam gelingen kann.«[702]

Seit 2023 ist Ernesto Kern auch Obmann der Bezirksorganisation Floridsdorf, die im selben Jahr auch ihre 100-Jahr-Feier abhielt (über die Bezirksorganisationen vgl. Buch S. 145).

Den Verkaufsstopp von Pachtgärten sieht Obmann Kern positiv, weil die Verwaltung der Eigentumsgärten schwierig ist. Der Verein weiß oftmals nichts von Weitergaben, und die neuen Eigentümer müssen von Mitgliedschaften meist mühsam überzeugt werden. Manchmal sind die Eigentumsverhältnisse unklar, sodass der Verein Grundbuchsabfragen tätigen muss.

Ein Problem ist der Umstieg von Gas auf andere Energieformen (Wärmepumpen, Solarenergie), weil die Kosten hoch sind und die Finanzierbarkeit ohne fixe Förderzusage oftmals nicht möglich ist. Eine Vorfinanzierung dieser kostenintensiven Projekte in voller Höhe durch die Mitglieder ist meist unrealistisch.

Obmänner seit 1945: August Tilzer (1945–1949), Julius Monninger (1949–1965), Otto Bledl (1965–1969), Adolf Stipanitz (1969–1985), Alfred Schön (1985–1993, dann Ehrenobmann), Rudolf Hauer (1993–2005), Ing. Peter Gaider (2005–2013), seither Ernesto Kern.

Stammersdorf

Die Gemeinde Wien kaufte in der damals noch selbstständigen Gemeinde Stammersdorf um die Jahrhundertwende Gründe zwecks Anlage eines Friedhofs. 1919 wurde ein Teil der für den Friedhof vorgesehenen Liegenschaften an KleingärtnerInnen verpachtet. Die Vergabe erfolgte an Arbeiter, Angestellte und Eisenbahner der damals selbstständigen Gemeinde Stammersdorf. Die Gärten waren reine Nutzgärten (Gemüsegärten). Weder Einfriedungen noch die Pflanzung von Obst- und Beerensträuchern waren erlaubt. Die Wasserversorgung erfolgte bis in die 1960er-Jahre durch drei Brunnen. (Erst als sie hohe Nitratwerte aufwiesen, wurden sie durch eine Sommerwasserleitung ersetzt.)

Um 1938 wurde mit dem Bau eines Barackenlagers für das Militär begonnen, dem einige Parzellen zum Opfer fielen. Nach 1945 wurden Einfriedungen gestattet; ebenso durfte man Obst- und Beerensträucher pflanzen.

Anna Schinko[703], 1929–2023, Schwiegertochter des Obmanns Johann Schinko, erinnert sich an die Besatzungszeit: Floridsdorf war sowjetisch besetzt, im Kleingarten wurden Patrouillen aufgestellt, weil die Soldaten Obst stahlen. Die Frauen fürchteten sich vor ihnen. Die Gärten wurden ausschließlich von Stammersdorfern als reine Wirtschaftsgärten

702. Kleingärtner November 2019, S. 50
703. Gespräch mit Anna Schinko, Anna Frank (Tochter) und Obmann Herbert Wild am 4.10.2017 im Vereinshaus.

genutzt: »Zum Ausrasten ist hier keiner hergekommen«. Angebaut wurde Obst und Gemüse; Kleintierzucht (vor allem Hühnerzucht) war verbreitet. Ihre Mutter hatte eine Viktualienhandlung, in der das Obst auch verkauft wurde. Aus den Einnahmen wurde die Pacht bezahlt. Blumen wurden an eine Gärtnerei in Stammersdorf verkauft. Die Kleingartenanlage wurde durch die Äcker der Stammersdorfer Bauern begrenzt.

Abb. 88: Die Anlage Anfang der 1970er-Jahre

In den Parzellen standen nur kleine Holzhütten. Das benötigte Wasser für die Gärten musste man mit Kannen von einem weit entfernten Brunnen holen. Jahre später hatten die Kleingärtner auf ihren Parzellen eigene Brunnen geschlagen, was eine wesentliche Arbeitserleichterung bedeutete. Bis weit in die 1960er-Jahre änderte sich wenig an diesem Zustand. Nach ihrer Heirat mit einem Polizisten und der Übernahme des Lebensmittelgeschäftes ihrer Mutter baute die junge Familie das Haus als Wochenendhaus aus. Im Vergleich zu den Anfangsjahren vermisst Anna Schinko jene Geselligkeit, die damals üblich war: Am Sonntag saß man mit anderen KleingärtnerInnen zusammen, während heute jeder im Garten allein ist. Anna Schinko fährt noch heute mit dem Fahrrad in ihren Garten, denn der Garten ist Urlaub.

Abb. 89: Obmann Herbert Wild (links) und Ehrenobmann Emmerich Lasinger (rechts)

Zurück zur weiteren Entwicklung des Vereins: 1958 mussten 45 Parzellen einer Friedhofserweiterung weichen, was man drei Jahre später mit einer Erweiterung durch 27 Parzellen in südlicher Richtung teilweise wettmachen konnte. Entgegen dem allgemeinen Trend der damaligen Zeit – Räumung/Verkleinerung von Kleingartenanlagen auf Grund von Wohn- oder Straßenbau – gelang es dem Verein, zahlreiche Parzellen hinzuzugewinnen (1969 46 Parzellen, 1971 und 1977 44 Parzellen und 2013 10 Parzellen). 1969 wurde ein Vereinsheim erbaut. Einige Kleingärtner des aufgelösten Vereins Alberti fanden eine neue Heimat in Stammersdorf (siehe Eintrag Groß-Jedlersdorf).

Nachdem die Anlage bereits in den 1960er-Jahren elektrifiziert wurde, gab es mit dem Kleingartengesetz 1978 einen weiteren Schub. 35-m²-Bauten waren erlaubt, und zahlreiche

KleingärtnerInnen machten von dieser Möglichkeit auch Gebrauch.[704] 1989 wurde ein Mistplatz der MA-48 neben der Anlage errichtet.

Am 6. Dezember 1999 feierte Ehrenobmann Emmerich Lasinger seinen 80. Geburtstag. Er hatte seit 1972 eine Parzelle gepachtet, seit 1975 arbeitete er im Vereinsausschuss mit, 1981 wurde er Obmann und behielt diese Funktion bis 1996. Unter seiner Ära wurde die Wasser- und Gasversorgung gelöst und die Anlage von »Friedhof« auf »Eklw« umgewidmet.[705] Lasinger verstarb 2010.[706]

Lange Zeit hatte der Verein die Adresse Stammersdorfer Straße und war schwer zu finden. In der Bezirksvorstehung wurde erfolgreich lobbyiert – seit 1998 heißt die Adresse nach der mährischen Stadt Mikulov Nikolsburger Gasse 3. Von 180 Parzellen sind 22 im Eigentum.[707] Am 29. Juni 2019 feierte der Verein sein 100-Jahr-Jubiläum mit einem Fest und einer Festschrift.[708] Nach 25 Jahren Obmann-Tätigkeit legte Herbert Wild 2021 diese Funktion in jüngere Hände: »Diese 25 Jahre waren geprägt durch Erneuerungen der Infrastruktur wie Wasserleitungsbau, Erneuerung der Wege, Errichtung von 245 Parkplätzen mit 195 Carports, des Weiteren die Erschließung von 10 neuen Gärten in der Anlage Süd mit der dazu erforderlichen Infrastruktur, sowie letztendlich die Errichtung der Kanalanlage in der Anlage West für 128 Gärten. Nur um einiges zu erwähnen. In diesen 25 Jahren musste Zeit sein für 275 Vereinssitzungen – 200 Sprechtage – 150 Umschreibungen – 250 BO XXI Sitzungen.«[709] Zum neuen Obmann wurde der Bedienstete der Wiener Feuerwehr Josef Reisenauer gewählt.

Das Zusammenleben im Verein ist weitgehend unproblematisch,[710] aber bei Eigengründen ist die Behebung von Beanstandungen (z.B. zu hohe Bäume, ungepflegter bzw. nicht kleingärtnerisch genutzter Garten) schwierig. Die Vereinsleitung hat in solchen Fällen keine rechtliche Handhabe. Aus diesem Grund sieht Obmann Reisenauer den erfolgten Verkaufsstopp von Kleingärten positiv. Die Möglichkeit des Kaufs von Kleingärten auf städtischen Grund sieht er als großen Fehler der Gemeinde Wien. Bei Pachtgründen kann der Verein betreffend hoher Bäume eingreifen: Ein neuer Pächter muss sich bei Übernahme des Pachtgartens schriftlich verpflichten, allfällig zu hohe Bäume rückzuschneiden. Ebenso kann der Verein bei nicht kleingärtnerischer Nutzung eines Gartens eingreifen.

Obmänner seit 1945: Anton Figl (1945–1954), Dominik Ruzicka (1955–1958), Johann Schinko (1958–1966), Johann Michler (1966–1973), Josef Hölbl (1973–1981), Emmerich Lasinger (1981–1996), Herbert Wild (1996–2021), seither Josef Reisenauer.

704. Vergleiche 70 Jahre KGV Stammersdorf, Kleingärtner Juli-August 1989, S. 15
705. Kleingärtner Dezember 1999, S. 42
706. Kleingärtner April 2010, S. 56
707. Gespräch mit Herbert Wild (Obmann des KGV Stammersdorf) am 6.9.2017 im Vereinshaus sowie Gespräch mit seinem Nachfolger, Obmann Josef Reisenauer am 2.10.2024 ebenda
708. Kleingärtner September 2019, S. 53
709. Kleingärtner Dezember 2021, S. 49
710. Im Folgenden Gespräch mit Obmann Josef Reisenauer am 2.10.2024 im Vereinshaus

22. Bezirk

Große Bucht[711]

Der Verein an der Alten Donau zählt 32 Parzellen. Seit 2007 konnte man die Parzelle in Eigentum erwerben, wovon alle Pächter bis auf einen auch Gebrauch gemacht haben. Eine juristische Besonderheit ist, dass der Verein (und nicht wie üblich der Zentralverband) Generalpächter ist.

Trotz Eigentumsstruktur gibt es einen hohen Gemeinschaftssinn mit Vereinsfesten und Jubilarehrungen. Mangels eines Vereinshauses finden alle Veranstaltungen am Vereinsweg statt, auch die jährlichen Vereinssitzungen. Alle fünf Jahre gibt es eine größere gemeinsame Aktivität, 2024 feierte man das 95-Jahr-Jubiläum.

Seit 2016 ist Andreas Schweiger, von Beruf Kindergärtner (mittlerweile in Pension), Obmann des KGV Große Bucht.

Die Gründung des Vereins erfolgte 1929. Maßgeblichen Anteil daran hatte der Sozialdemokrat, Gewerkschafter und Abgeordnete zum Nationalrat (1927–1932) Johann Janecek (1881–1932). Es entstanden ebenerdige Holzhäuser und ein Strandbereich. Da die Strecke zu den Gärten weit war, verlegten findige SiedlerInnen Schienen, um mit kleinen Wägelchen die Baumaterialien zu ihren Parzellen zu bringen. Da auch in der Umgebung zahlreiche Kleingartenanlagen entstanden, fanden sich bald Lebensmittelgeschäfte, welche die BewohnerInnen versorgten.

In den 1930er-Jahren hatten viele KleingärtnerInnen Zillen, die am eigenen Strandabschnitt verankert waren. Mit den Booten ruderte man nach Kaisermühlen, wo man mit dem C-Wagen in die Stadt (Praterstern) gelangte. Die Alternative war ein langer Fußmarsch zur Kagraner Brücke, wo die Linien 16 und 25 verkehrten. An Wochenenden bei Schönwetter gab es eine Bootsverbindung zwischen der C-Linie und einem Gasthaus an der Alten Donau. Autobusse verkehrten erst zu einer späteren Zeit. Im Sommer fand jährlich ein Gondelfest statt. Die meisten Gärten hatten Verbindungstüren zu den Nachbargärten, weil man untereinander freundschaftliche Kontakte pflegte.

Die Große Bucht wurde mit einem an Schwimmbojen hängenden Balkengebilde von der großen Wasserfläche der Alten Donau abgegrenzt, um einerseits den Nichtschwimmerbereich zu markieren und andererseits um Schlingpflanzenmengen fernzuhalten. Die bekannte Film- und Burgschauspielerin Annie Rosar (1888–1963) zählte einige Sommer zu den prominenten Gästen.

Im Zweiten Weltkrieg war die Alte Donau auf Grund des nahen Ölhafens Lobau Ziel von US-Angriffen. Noch immer wird bei Kellerausbauten der Untergrund auf

711. Manuskript von Dipl.-Ing. Robert Walz (ehemaliger Vereinsobmann) und Gespräch mit Andreas Schweiger, Obmann des KGV Große Bucht am 16.10.2017 sowie am 5.6.2024

Fliegerbomben durchsucht. Lange Zeit änderte sich am Vereinsleben wenig. Bis zum Bau der Neuen Donau waren Überschwemmungen ein großes Problem (zum Beispiel 1954). Im Jahr 1981 kündigte die Gemeinde Wien die Uferpacht, um allen WienerInnen einen Zugang zur Alten Donau zu ermöglichen. 1978 feierte der Verein das 50-Jahr-Jubiläum.

In den 1990er-Jahren wurde wie in vielen anderen Vereinen kräftig in die Infrastruktur investiert (Bau einer winterfesten Wasserleitung und eines Kanals), Voraussetzung für die Widmung Eklw, die man 1994 erhielt. 1996 wurde ein Parkplatz mit einer Schrankenanlage errichtet. Neu ist eine Bücherbox, welche von einem pensionierten Grafiker originell gestaltet wurde und sehr gut angenommen wird.

Nach 2022 stellt sich – wie in allen Kleingärten – das Problem des Umstiegs von Gas auf alternative Energieversorgung. Grundsätzlich werden im Falle eines Neubaus die Gasanschlüsse entfernt, bei Altbauten werden zum Teil noch rasch neue Gasthermen eingebaut, weil man auf eine längere Umstiegsphase hofft, oder aber Wärmepumpen (allfällig in Kombination mit Solarpanelen).

Betreffend Eigentumserwerb weist Obmann Schweiger auf die Bautätigkeit in der Umgebung hin. Parzellen mit Althäuserbestand werden von einer Firma aufgekauft, neue Häuser errichtet und zu hohen Preisen angeboten.

Im Gestockert

Die Wurzeln dieses an Parzellen gemessen größten Kleingartenvereins in der Donaustadt gehen auf das Jahr 1974 zurück. Auf ehemaligen Feldern und einer regulären Deponie wurden im Haus des Zentralverbandes und Landesverbandes Wien der Kleingärtner und Siedler Parzellen an Interessenten mittels Los vergeben. Für die Aufschließung mussten 50.000 Schilling hinterlegt werden. Eigentümer des Grundstücks sind Zentralverband und Gemeinde Wien. Die offizielle Vereinsgründung erfolgte 1975. Erster Obmann wurde Ing. Kurt Lieberzeit.

Abb. 89a Vereinshaus

Die neuen PächterInnen bauten gemäß der damals gültigen Widmung 25 m^2 große Sommerhütten. Vom E-Werk waren drei Trafohäuser innerhalb der Anlage errichtet worden, womit eine rasche Stromversorgung gewährleistet war. Ein langfristiges Problem waren die Abwässer. Im Laufe der Jahre mussten etliche Sickerschächte errichtet werden.

1977 wurde ein provisorisches Vereinshaus gebaut; das heutige Vereinshaus datiert aus 1994. Mit dem Kleingartengesetz 1978 konnten erstmals 35-m^2-Häuser gebaut werden. Ein Jahr später wurde die Anlage durch weitere Aufschließung auf die heutige Größe erweitert.

1984 erfolgte ein Obmannwechsel. Der Redakteur der Zeitschrift »Kleingärtner«, Friedrich Hauk, wurde Nachfolger von Kurt Lieberzeit. Er war bereits seit 1981 Funktionär im Verein (1981 Schriftführerstellvertreter, 1983 Obmannstellvertreter). Im selben Jahr kam es auf den Flächen der ehemaligen Deponie zum Austritt von Methangas. Auf Grund von Explosionsgefahr mussten ca. 25 Parzellen geräumt werden. Die Sanierung der kontaminierten Deponieflächen erwies sich als sehr aufwendig. Von 1986 bis 1989 wurden Sperrbrunnen und eine Abfackelungsanlage errichtet, ehe ein Aushub bis zum Grundwasserspiegel durchgeführt, der Sondermüll entsorgt und alles wieder aufgeschüttet und asphaltiert werden konnte.

In den 1990er-Jahren wurde, so wie in vielen anderen Kleingartenanlagen, verstärkt in die Infrastruktur investiert. Sukzessive wurden Winterwasserleitung, Kanal und Gasleitung verlegt. Somit hatte der Verein die Voraussetzung für die Umwidmung in Eklw erfüllt.

Im Jahr 2000 wurde das 25-Jahr-Jubiläum mit einem großen Fest begangen. Die elektrischen Parkplatztore und Bodenmarkierungen stammen aus 2002.

2010 übergab der langjährige Obmann Friedrich Hauk seine Agenden an die vormalige Vereinskassierin Mag.ª Margit Herzog. Sie blieb Obfrau bis April 2024. Seither steht Mag.ª Katharina Kanda-Timel als Obfrau dem Verein vor. Beruflich kommt sie aus der Finanzbranche.[712]

Der Kleingartenverein umfasst 371 Parzellen, davon sind 301 Parzellen Pachtgründe, 41 befinden sich im Eigentum, weitere 29 Parzellen gehören dem Zentralverband. Rund 60 Prozent der Mitglieder wohnen bereits ganzjährig im Verein. Im Jahr 2025 feiert man das 50-Jahr-Jubiläum.

Kleingartenverein Juvavia

Der an der Alten Donau gelegene Kleingartenverein wurde 1930 gegründet. Der Name leitet sich vom römischen Kastell Juvavum (damalige Bezeichnung für die Stadt Salzburg) ab, womit wir bereits mitten in der Geschichte des Vereins sind: 10 Bauern aus Stadlau, darunter der Bauer Rupert Neuhauser und auch der Bürgermeister Josef Genoch (1846–1907), an den der Genochplatz erinnert, bildeten bis 1894 eine »Nachbarschaft«. Danach wurden die Grundstücke in das Eigentum der Mitglieder übertragen. Ein Mitglied war Katharina Neuhauser, nach ihrem Tod ihr Sohn Rupert und seine Frau, die

712. Gespräch mit Mag.ª Katharina Kanda-Timel am 16.7.2024 sowie E-Mail vom 25.7.2024

ebenfalls Katharina hieß. Nach dem Tod des Ehepaars erhielt ihre Tochter, ebenfalls eine Katharina, 1916 jene Grundstücke, die heute den Kleingartenverein Juvavia bilden.

Besagte Katharina heiratete den Elektrotechniker August Mayr und lebte mit ihm seit 1920 in Salzburg. 1929 ließ das Ehepaar die im Grundbuch als Acker geführten Grundstücke für die Errichtung von Sommerhäuschen parzellieren, worauf ein Jahr später der Kleingartenverein mit ca. 50 Parzellen entstand.[713]

Abb. 89b Katharina Mayr (geb. Neuhauser)

Ein Teil der Parzellen wurde im Laufe der Jahre verkauft, die restlichen 27 Parzellen sind im Familienbesitz der Familien Kastinger/Kastinger-Mayr. Diese sind in Generalpacht an den KGV Juvavia vergeben, die Widmung ist heute Eklw.[714]

Die Pachtverträge waren lange Zeit auf zehn Jahre abgeschlossen. Um den Pächtern Planungssicherheit für Investitionen zu geben, wurde der letzte Generalpachtvertrag von den Verpächtern auf 25 Jahre abgeschlossen. Dies hat dazu geführt, dass einige Pächter Neubauten errichteten, andere aber[715] mit Investitionen zögerten, da die Ungewissheit weiter besteht, ob und wieweit die Pachtverträge in Zukunft verlängert werden.

Rund ein Zehntel der Mitglieder wohnt ganzjährig im Verein. Bei Neubauten setzt man auf Wärmepumpen bzw. Photovoltaikanlagen, der größte Teil der Vereinsmitglieder heizt elektrisch in der Übergangszeit, endet doch die Kleingartensaison in der Regel spätestens im Oktober.

Obfrau: Mag.ª Dr.in Helga Wagner, em. Rechtsanwältin

Neu-Brasilien[716]

Der Krankenpfleger, Masseur und Gründer des Gänsehäufel, Florian Berndl (1856–1934), hatte den Verein 1908 gegründet. Die Mitglieder waren verpflichtet, ihren Bedarf bei ihm zu decken, was erheblichen Unmut erzeugte, da er höhere Preise wie andere verlangte. Im Gänsehäufel regierte er als eine Art Bürgermeister, ehe die Stadt Wien ihm den Pachtvertrag kündigte und das Bad selbst betrieb.

1912 spaltete sich eine Gruppe unter dem späteren ersten Obmann Fritz Angeski

713. Aus der Einladung zur 70-Jahr-Feier Juvavia (24.6.2000)
714. Gespräch mit Dr.in Christa Kastinger-Mayr am 8.7.2024 sowie Unterlagen (u.a. Lebenslauf Katharina Mayr)
715. Telefonat mit Herr Hans-Georg Prohazka am 19.8.2024
716. Festschrift 100 Jahre Wiener Kleingartenverein Neu-Brasilien, Wien 2008 (mit bestem Dank an Obmann Helmut Grausenburger) sowie Ostmärkischer Kleingärtner, Oktober, November und Dezember 1940, S. 223 f., S. 249 f. und 271 f. sowie Kleingärtner April 1985, S. 1-3

von der Berndl'schen Kolonie ab; ihre Mitglieder taten es dem Ersten Wiener Lust- und Nutzgartenverein nach, der sich schon 1909 von Berndl losgesagt hatte[717] – und gründeten die »Gartenfreunde Neu-Brasilien in Wien«. Der Name wurde wegen des weißen Sandstrands an der Unteren Alten Donau gewählt.

In den Anfangsjahren war das Badeverbot auf der Alten Donau für die KleingärtnerInnen eine bittere Erfahrung, aber man wusste sich zu helfen. Offiziell durfte man nur knietief im Wasser stehen: »Wem nach mehr verlangte, der verlor eben beim Waschen das Gleichgewicht und fiel der ganzen Länge nach in die aufschäumende Flut.«[718]

Nach dem Ende des Ersten Weltkriegs fusionierte sich »Neu-Brasilien« mit dem »Ersten Wiener Lust- und Nutzgartenverein«. Der Name »Neu-Brasilien« verschwand. Lust- und Nutzgarten wurde gewählt, weil das Liegen am Strand und der eigene Garten als Lust bezeichnet wurden; der zweite Namensteil ist selbsterklärend.

1921 wurde eine Wasserleitung installiert, 1924 eine Stromleitung gelegt. 1925 begann der Verein unter Obmann Matthäus Fitz die Pachtgründe, soweit es sich um Privatgründe handelte, von den Eigentümern (Bauern) aufzukaufen. Folglich gab es dann Vereinseigentum und nach wie vor Pachtgründe der Gemeinde Wien. Der Verein erlebte eine erste Blüte, Feste und Auffahrten mit geschmückten Booten waren in ganz Wien bekannt und beliebt. Zur 25-Jahr-Feier 1933 erschien eine Festschrift. Mit Florian Berndl versöhnte man sich, er wurde Ehrenmitglied des Vereins.

Abb. 90: Vereinsfunktionäre vor dem Schutzhaus Neu-Brasilien (1925)

1938 wurde der Verein in »Deutscher Kleingartenverein Neubrasilien in Wien« umbenannt. 1945 erfolgte auf Wunsch der Mitglieder eine Rückbenennung in 1.Wiener Lust- und Nutzgarten-Verein. In der Nachkriegszeit wurde nicht nur Obst- und Gemüse angebaut, sondern auch Kleintierzucht betrieben. Aus den Aufzeichnungen des Vereins geht hervor, dass sogar Schweine und Ziegen gehalten wurden, was Beschwerden wegen Lärm und Gestank zur Folge hatte.

1954 wurde der Verein durch das Hochwasser der Donau schwer in Mitleidenschaft gezogen. In den 1950er-Jahren wurde verstärkt in die Infrastruktur investiert (Wasserleitung, Elektrifizierung, Errichtung von Betonwegen, da nach Regenfällen die Wege häufig

717. Als erster Obmann fungierte Alois Mickerts, 1911 übernahm Franz Endl die Obmannschaft, 1916 Wenzel Schubert.
718. Ostmärkischer Kleingärtner, Oktober 1940, S. 224

unpassierbar waren), was den Verein finanziell überforderte. Erst in den 1960er-Jahren konnte man sich wieder konsolidieren, auch weil die Stromleitung an die E-Werke übergeben werden konnte.

In den 1970er-Jahren war die gesamte Anlage von Absiedlung bedroht, da auf dem Areal Wohnungen für die Beschäftigten der in Bau befindlichen UNO-City errichtet werden sollten. Obmann Kurt Kratochwill (Obmann 1966–1990) gelang es, mit dem damaligen Bezirksvorsteher Albert Schultz, dies zu verhindern.

In den 1980er-Jahren wurde ein Kanal eingeleitet und der Verein in eine Gartensiedlung (eigene Sektion Kolonie C mit eigenen Funktionären und eigenem Budget) und eine Kleingartenanlage (Kolonie A und B) geteilt. Kratochwill war in der Folge für die Gartensiedlung verantwortlich, Leopold Jäger (Obmann 1992–2005) für den Kleingarten.

In den 1990er-Jahren wurde die alte Wasserleitung durch eine neue ersetzt und Gas eingeleitet. Die Möglichkeit des ganzjährigen Wohnens hatte eine rege Bautätigkeit zur Folge. Mit einzelnen Mitgliedern der Gartensiedlung gab es wegen mangelnder Zahlungsmoral und Verstöße gegen Statuten und Gartenordnung laufend Streit, der 2003 mit einer Vereinstrennung endete. Seit 1. Mai 2003 heißen die Gruppen A und B Wiener Kleingartenverein Neu-Brasilien. Die Gartensiedlung behielt den Namen Erster Wiener Lust- und Nutzgarten.

Von 2005 bis 2007 war Dr. Heinz Paul Obmann, seither ist es Helmut Grausenburger. Das Schutzhaus, ein denkmalgeschütztes Holzhaus, ist ein beliebtes Gasthaus. 2008 feierte man das 100-Jahr-Jubiläum.

23. Bezirk

Schlosssee

In der Erstauflage des Buches wurde auf Basis der Vereinsgeschichte, welche auf der Website des Vereins für alle einsehbar war, sowie zweier Ausgaben der Zeitschrift Kleingärtner die Geschichte des Vereins beschrieben. Eine Kontaktaufnahme mit dem Vereinsvorstand (Vereinsobmann) scheiterte leider.

Im Juni 2024 ersuchte der Verfasser um einen Termin bzw. ein Gespräch betreffend Aktualisierung des Eintrages. Leider kam ein E-Mail mit der Auskunft, dass die Vereinsleitung »der Veröffentlichung unserer Vereinsgeschichte in Ihrem Buch nicht zugestimmt« habe. Und: »Mittlerweile ist unsere Geschichte, aus genau solchen Gründen, nur mehr für unsere Mitglieder auf der Homepage erreichbar. Die Vereinsleitung stimmt daher einer nochmaligen Veröffentlichung NICHT zu und ersucht dies bitte auch zu berücksichtigen.«[719]

719. E-Mail von Andre Filipp, Obmann des KGV Schloss-See. Nach Rücksprache mit dem Verlag wäre rechtlich nichts gegen eine

Wer über die Geschichte des KGV Schloss-See (Stand 2017) etwas wissen möchte, sei auf die Erstauflage des Buches verwiesen.

Steinsee[720]

Wie beim Schlosssee erwähnt, pachtete der Maschinendrucker Ferdinand Hiller 1929 den Steinhof(er)teich für Fischereizwecke. 1931 richtete er auf den heutigen Parzellen 52-55 eine Kantine mit Bootsvermietung ein.

Mit Zustimmung des Inzersdorfer Bürgermeisters Karl Krestan und seines Vizes Ernst Purkyt teilte er 1932 das Areal um den Steinhoferteich I (=heutiger Steinsee) in Parzellen und verpachtete diese. Die PächterInnen errichteten mit Klosetts und Sickergruben ausgestattete einfache Badehütten. Nach dem Verbot der Sozialdemokratie infolge des Bürgerkriegs 1934 wurde der Sozialdemokrat Krestan seines Amtes enthoben. Der neue Bürgermeister Karl Mittmann ersuchte die Siedler, einen Verein zu gründen, um ihre Interessen wahrnehmen zu können, was 1935 auch geschah. Dies war das Gründungsjahr des KGV Steinsee (damals noch Strandbadsiedlung am Steinhoferteich genannt).

Abb. 91: Bootsfahrt am Steinsee

Erster Obmann war August Janu, ihm folgte 1940 für eine lange Periode Heinz Merinsky. Das Areal wurde eingezäunt, das Wasser kam von zwei großen Brunnen, gekocht wurde mit Petroleumkochern. Nach Umbauarbeiten am Teich kam ein Siedler auf die Idee, den Steinhof(er)teich in Steinsee umzubenennen.

Eine Attraktion war das von Hiller 1934 errichtete Eishaus. Es war 60 m lang, 8 m breit und 9 m hoch. Auf dem zugefrorenen See schnitt er Eisblöcke und verkaufte diese an Gast- und Lebensmittelbetriebe sowie an AnrainerInnen – elektrische Kühlschränke gab es damals noch keine.

Im Frühjahr 1941 wurde der Steinsee durch Hochwasser völlig überflutet. Der Bootsverleih und die Fischzucht von Ferdinand Hiller wurden zerstört, worauf er beide

weitere Veröffentlichung einzuwenden gewesen, weil der Verfasser öffentlich zugängliche Quellen für den Text verwendet und nichts Ehrenrühriges geschrieben hat. Außerdem hätten allfällige Wünsche des Vereins (Korrekturen, Ergänzungen) im Zuge eines Gesprächs berücksichtigt werden können. Nach reiflicher Überlegung entschied sich der Verfasser, dem Wunsch des Vereins nachzukommen.

720. 50 Jahre Steinsee. 1935–1985, Wien 1985, Wilhelm Böhm: Vom Steinhoferteich zum Steinsee. 70 Jahre KGV am Steinsee. 1935–2005, Wien 2004 und Kleingärtner Jänner 2006, S. 44

Geschäftszweige aufgab. 1948 zog er sich in den Ruhestand zurück. Eishaus und Büro wurden abgerissen.

In der Besatzungszeit verbrachten sowjetische Soldaten ihre Freizeit am Steinsee. Übergriffe auf Siedlerinnen konnte die Frau des Obmanns Merinsky, eine gebürtige Russin, durch ihre Sprachkenntnisse weitgehend vermeiden.
Das Wasserleitungsnetz wurde ausgebaut, und Betonbrücken ersetzten die alten morschen Holzstege. Mitte der 1950er-Jahre wurde die Anlage elektrifiziert. Infolge der Eingemeindung von Inzersdorf zu Wien wurden die Pachtverträge neu geregelt. Generalpächter ist seit 1957 der Zentralverband der Kleingärtner und Siedler. Ein großes Problem in den 1950er- und 1960er-Jahren war die starke Verschmutzung des Sees durch unsachgemäß errichtete Senkgruben und durch Überschwemmungen der damals unregulierten Liesing. Die Algenplage konnte erst durch eine Entschlammung des Sees 1973 behoben werden.

Abb. 92: Steinsee (alte Aufnahme)

1970 wurde Heinz Merinsky nach Zurücklegung seiner Obmannschaft zum Ehrenobmann ernannt, woran eine Tafel am Vereinshaus erinnert. 1985 feierte der Verein unter Obmann Franz Klima sein 50-jähriges Jubiläum mit einem dreitägigen Festprogramm (Schwimmbewerbe, Bootsauffahrt, Feuerwerk). Zur selben Zeit wurde die längst notwendige Kanalisation der Anlage betrieben und Mitte der 1990er-Jahre abgeschlossen. Um die Wasserqualität des Sees zu verbessern, wurden zwei Wasserumwälzanlagen errichtet.

Nach langen Verhandlungen mit der MA-69 erhielt man die Widmung Ebh (Erholungsgebiet Badehütten). Ein Teil des ehemaligen Grabelandes bei der Altmannsdorfer Straße wurde in den Steinsee eingegliedert, 29 weitere Parzellen bilden seither den Kleingartenverein Hofallee.
Eine Besonderheit der Anlage sind die seit 1936 abgehaltenen Strand- und Bootsfeste (Sommerfeste) sowie eine Fußballmannschaft. Seit 1952 gibt es eine Fischereisektion mit jährlichem Wettfischen. Obwohl die Parzellengrößen zum Teil recht klein sind, durften trotzdem bis auf Widerruf 25 m^2 Fläche verbaut werden. Seit 1997 darf man 50 m^2 verbauen, und nach Errichtung einer Winterwasserleitung nutzen manche die Möglichkeit des ganzjährigen Wohnens am Steinsee. 2005 feierte man das 70-jährige Bestandsjubiläum mit einer Festschrift.

Innerhalb der Anlage gibt es ein Schutzhaus, welches nicht dem Verein sondern dem Zentralverband gehört. Dieser verpachtet es. Boote und Liegeplätze werden durch den

Obmann vergeben. Aus Haftungsgründen und mit Bewilligung des Grundeigentümers MA-69 ist die Anlage auch tagsüber versperrt. Der Verein hat ausschließlich Pachtgründe. Weitergaben finden vorwiegend innerhalb der Familien statt.[721]

Obmänner: August Janu, Beamter in der genossenschaftlichen Zentralbank[722] (1904–1947, Obmann 1935–1940), Heinz Merinsky (1940–1969), Karl Meden (1970–1974), Franz Klima (1975–1986), Wilhelm Böhm (1987–2005), seit 2006 Ing. Michael Pascher.

721. Gespräch mit Obmann Ing. Michael Pascher am 17.8.2017 im Vereinshaus
722. E-Mail von Alfred Janu (Sohn von August Janu) vom 29.3.2018

Gespräch mit Mag. Gerhard Spitzer, Vorsitzender des Wiener Kleingartenbeirates

Der Kleingartenbeirat und die Bezirkskleingartenkommissionen wurden mit der Kleingartennovelle 1986 geschaffen. Seit 2012 ist Mag. Gerhard Spitzer, Gemeinderat und Landtagsabgeordneter der SPÖ-Floridsdorf, Vorsitzender des Wiener Kleingartenbeirates.

Der Kleingartenbeirat hat laut Gesetz in allen Angelegenheiten die Verbindung zwischen dem Magistrat und den Kleingartenvereinen herzustellen. In der Praxis, so Mag. Gerhard Spitzer, ist der Kleingartenbeirat viel mehr. Er ist Andockstation zwischen den Magistratsdienststellen und den Vereinen. In der MA-69-Immobilienmanagement ist eine Stabsstelle eingerichtet.

Zwischen dem Kleingartenbeirat und den Vereinen, vertreten durch Obmänner und Obfrauen der Vereine und Bezirksobmänner bzw. Bezirksobfrauen (diese vertreten die Vereine eines Bezirkes), findet ein regelmäßiger intensiver Austausch statt. Die Vereine äußern gegenüber dem Kleingartenbeirat Wünsche und bekommen andererseits von ersten Hand Informationen über geplante und durchgeführte gesetzliche Änderungen, Kleingärten betreffend. In dieser Hinsicht ist der Kleingartenbeirat politischer Ansprechpartner für die Vereine.

Da der große Drang nach freiwilliger Mitarbeit in den Vereinen begrenzt ist, aber der Verwaltungsaufwand in den Vereinen sehr hoch ist, kann der Kleingartenbeirat durch gezielte und rasche Informationen den Obleuten helfen, sich schnell in einer neuen Materie zurechtzufinden.

Der Kleingartenbeirat wirkt aber auch aufklärend. Wenn Vereine z. B. Pelletsheizungen in neu errichteten $50m^2$-Häusern haben wollten, dann werden sie darauf aufmerksam gemacht, dass man im Kleingarten eben keine festen Brennstoffe wünscht. Zudem könnte eine derartige Bewilligung zu einer kleinen Müllverbrennung ausarten. Und wenn Vereine sich für 50-m^2-Häuser noch zusätzlich 15 m^2 große Wintergärten wünschen, dann muss man ihnen klar machen, dass dies eine Umwidmung auf eine Kategorie Gartensiedlung bedingen würde.

Der Kleingartenbeirat ist zudem Andockstelle für den Zentralverband der Kleingärtner und Siedler sowie auch für die ÖBB-Landwirtschaft. Letztere hat zwar ähnliche Interessen, aber im Gegensatz zu den Kleingartenvereinen ist der Ansprechpartner ÖBB nicht nur Grundstücksbesitzer, sondern auch Grundstücksverwerter. Und die ÖBB-Landwirtschaft hat mit mangelnden Investitionen, wechselnden Ansprechpartnern und der Tatsache, dass nicht die grundverwaltende Stelle, sondern die Infrastruktur Entscheidungen trifft, zu kämpfen.

Dauerthema im Kleingartenbeirat sind Flächenwidmungsfragen, Bauvorschriften und Rechtsinformation.

Spitzer fasst die Funktion des Kleingartenbeirates kurz und bündig so zusammen: Sie ist eine wichtige informierende und koordinierende Stelle, die der Stadt Wien nichts kostet. Sein Wunsch für die Zukunft ist, dass diese Einrichtung bestehen bleibt. Leider gibt es da und dort Diskussionen, die den Kleingartenbeirat als überflüssig ansehen.

Gespräch mit Ing. Wilhelm Wohatschek, Präsident des Zentralverbandes der Kleingärtner und Siedler Österreichs

In seiner Antrittsrede als neu gewählter Präsident am 14. Juni 1987 betonte Ing. Wilhelm Wohatschek die soziale Komponente des Kleingartenwesens.[723] Daran hat sich bis heute für ihn nichts geändert: Niemand soll aus finanziellen Gründen seines Gartens verlustig gehen. Wenn jemand auf Grund seines Verdienstes die Pacht nicht mehr bezahlen kann (ein Nachweis ist selbstverständlich erforderlich), so übernimmt der Zentralverband die Kosten. Es handelt sich hierbei um keinen Kredit, sondern um eine Kostenübernahme, die im Jahr im Schnitt 5 bis 10mal vorkommt. Für diese Zwecke wurde im Zentralverband ein Sozialfond eingerichtet. Anzumerken ist, dass in finanzielle Not geratene KleingärtnerInnen eher zum Zentralverband wie zum Verein kommen, da es für die Leute unangenehm ist, in einer Vereinssitzung ihr Anliegen vorzubringen – die Anonymität des Zentralverbandes wird bevorzugt.

Es gibt noch zwei weitere Fonds, einen Katastrophenfond und eine Solidaritätsfond. Letzerer versteht sich als Verrechnungsvorschuss für Vereine. Es handelt sich oft um ansehnliche Beträge, welche Vereine zum Beispiel für die Errichtung eines Kanals benötigen, ein viel diskutiertes Thema. Es existieren nach wie vor Vereine, die eine Senkgrube haben. Für die Räumung der Senkgruben entstehen mittlerweile – so keine Vorflut vorhanden ist – dieselben Kosten wie für einen Kanal. Aus diesem Grund verschwinden die (letzten) Senkgruben in den Kleingärten. (Vorflut ist die Möglichkeit des Wassers, mit natürlichem Gefälle abzufließen.)

Der Eigentumsfrage stand der Zentralverband reserviert bis ablehnend gegenüber. Man hatte Bedenken, dass die Kleingartenidee verschwindet bzw. eine Lobby begüteter Kaufinteressenten eingesessene PächterInnen verdrängt. Außerdem wäre die ursprüngliche Idee in der Stadtplanung die gewesen, dass mit einer Eklw-Widmung generell alle Pachtzinse in der betreffenden Anlage angehoben werden. Dies konnte aber der Zentralverband als Generalpächter verhindern. Nur wer die Bauvorschriften ausnützt, der zahlt auch die entsprechende Pacht. Insgesamt schätzt Ing. Wohatschek den Anteil der Eigentumsparzellen auf rund 30 Prozent.

Das leidige Problem der Torfrage, also die häufig nicht eingehaltene Verpflichtung,

723. Kleingärtner 7-8/1987, S. 4

die Tore der Kleingartenanlagen in den Sommermonaten zwischen 9 und 19 Uhr offen zu halten, sieht der Zentralverbandspräsident als ein Problem mangelnder Kontrolle durch den Grundstückseigentümer Gemeinde Wien. Er weist noch darauf hin, dass offene Tore eine Zeit lang ein Hundeproblem mit sich zogen, das sich mittlerweile aber erledigt hat. HundebesitzerInnen haben ihr »Sackerl für das Gackerl« in Kleingärten in der Regel mit.

Die Zukunft des Kleingartenwesens sieht Präsident Wohatschek optimistisch. Alle Verträge des Zentralverbandes basieren auf privatrechtlicher Basis nach dem ABGB. Überraschende Pachterhöhungen sind ausgeschlossen, da der Pachtzins vertraglich fixiert ist und valorisiert wird. Einziger Schwachpunkt sind mögliche Umwidmungen, wie zum Beispiel die Umwidmung von bestehenden Kleingartenflächen in Parkplätze. Die Rolle des Zentralverbandes ist es, auf die Kleingärten aufzupassen – und das ist bei rund 44.000 Mitgliedern eine sehr große Aufgabe und Verantwortung.

Geleitworte von Helmut Bayer, Landesverbandsobmann. Landesverband Wien des Zentralverbandes der Kleingärtner und Siedler Österreichs

Zur erweiterten Neuauflage

Kleingärten gelten mittlerweile nach gut 120 Jahren ihres organisierten Bestehens als Kulturgut. Und sie sind, je nach Sichtweise, Spießerparadies, grüne Rückzugsorte und Retter städtischer Biodiversität, Traum junger Familien und »grüne Lungen« der Stadt. Und sie gelten auch als Spielwiese für Funktionäre.

Dies deshalb, weil die allermeisten Grundstücke in Kleingartenvereinen in Pacht oder Unterpacht vergeben sind und so ein Verein auch verwaltet werden muss. Da braucht es das Ehrenamt: Von der Pacht- über Wasser- und Kanalabrechnung bis hin zum einfachen Briefwechsel oder, im schlimmsten Fall, einer juristischen Auseinandersetzung – es sind »Vereinsmeier« gefragt.

Das war von Anbeginn unserer Bewegung so, es haben sich immer Menschen gefunden, die zum Wohl der Allgemeinheit ihren Teil beitrugen – und dafür geschätzt wurden. Das hat sich leider in den letzten Jahrzehnten ein wenig geändert. Und zwar, weil es sehr vielen Menschen gut geht, der Garten ist kaum mehr Nahrungslieferant, er wurde zur Freizeit- und Erholungsstätte. Und damit hat sich offensichtlich auch die Bereitschaft der Menschen geändert, für andere da zu sein und Verantwortung zu übernehmen.

Das Buch »Die Kleingärten Wiens« zeigt die Geschichte und Vielfalt unserer Bewegung, und es bringt vielleicht einige Leserinnen und Leser dazu, den ehemals großen Zusammenhalt in den Vereinen wieder zu beleben und zu stärken. Für seine sicher oft mühsame Recherchearbeit und dem dabei herausgekommenen großartigen Buch sei dem Autor auf's Herzlichste gedankt.

Liste der dem Zentralverband angeschlossenen Vereine

Legende:

Die erste Ziffer unterhalb der Vereinsadresse ist die Anzahl der Parzellen laut Website des Zentralverbandes. Bei jenen Vereinen, die im Anhang extra beschrieben sind, wurden auch die Vereinsfunktionäre befragt – ihre Zahlen sind manchmal leicht abweichend. Nach dem Schrägstrich sind die Widmungen angeführt.

Widmungskategorien:

BB: Besondere Bestimmungen
Ebh: Erholungsgebiet Badehütten
Ekl: Erholungsgebiet Kleingarten
Eklw: Erholungsgebiet Kleingarten für ganzjähriges Wohnen
EPK: Erholungsgebiet Park
GS: Gartensiedlungsgebiet
ÖG: Öffentliches Gut
SWW: Schutzgebiet Wald- und Wiesengürtel
W 1: Wohngebiet

Anmerkung: In den Bezirken 1, 4, 5, 6, 7, 8 und 9 gibt es keine Kleingärten.

2. Bezirk

80er Linie
Unterer Prater /
Kanalwächterhaus 21
92/Eklw

Freudenau
Kanalwächterhausweg
49/Ekl

Grünland
Grünlandgasse
187/Eklw

Heustadlwasser
Stemmerallee
153/Eklw

Kanalwächterhaus
Unterer Prater
48/Eklw

Ober dem Heustadlwasser
Otto-Futterknecht-Weg
124/Eklw

Sonnenschein
Wehlistraße 307
147/Eklw

Sulzwiese
Lusthausstraße
54/Ekl

Unterer Prater
Gärtnerstraße
108/Eklw

Wasserwiese
Stadionallee
858/Eklw/Ekl

3. Bezirk

Arsenal (beinhaltet seit 1982 auch die Anlage St. Marx)
Schlechtastraße 2
83/Eklw

Landstraßer Gürtel
Ghegastraße
57/Eklw

10. Bezirk

Am Lindkogel
Sahulkastraße 11
73/Eklw

An der Rosiwalgasse
Rosiwalgasse
32/Eklw

Anningerweg
Anningerweg 7
44/Eklw

Arbeiterschrebergarten Verein Favoriten
An der Ostbahn
66/Eklw

Aus eigener Kraft/ Rothneusiedl
Liesingbachstraße 243
76/Eklw

Bitterlichstraße
Löwyweg 2
50/Eklw

Blumental
Braheplatz 12
416/Eklw

Boschberg
Laxenburger Straße 157
112/Eklw

Eschenkogel
Sahulkastraße 9
95/Eklw

Ettenreich
Anningerweg 5
67/Eklw

Favoriten
Laaer Wald 5
193/Eklw

Fischeralm
Laaer-Berg-Straße 88
41/Eklw

Frohsinn
Holzknechtstraße 64
624/Eklw

Garten- und Tierfreunde
Urselbrunnengasse
270/Eklw

Gartenfreunde Grenzacker
Klasterskygasse
21/Eklw

Hentzigasse
Hentzigasse
15/Eklw

Heuberggstätten
Macholdastraße 1
69/Eklw

Karl Fürstenhofer
Neilreichgasse 110
77/Eklw

Kriegsinvalide
Lehmgasse 16
18/Eklw

Laxenburger Allee
Laxenburger Straße 149
35/Eklw

Liesingbach
Rosiwalgasse
84/Eklw

Löwygrube-Laaerberg
Laaer-Wald-Straße 20
47/Eklw

Rasenstadt
Sahulkastraße 7
61/Eklw

Reifental
Laxenburger Straße 153
44/Eklw

Rothneusiedl-Gr. Mühlbach
Rosiwalgasse
13/EPK

Rudolfshöhe
Neilreichgasse 107
51/Eklw

Rudolfshügel-Friesenplatz
Friesenplatz 11
37/Eklw

Südhang
Laxenburger Straße 114
41/Eklw

Unterer Gaisberg
Holzknechtstraße 80
53/Eklw

Weichselgarten
Otto-Willmann-Gasse 2
60/Eklw

Wienerberg
Fürstenhoferstraße 1
25/Ebh

Wienerberg-Zwillingsee
Fürstenhoferstraße 1
252/Ebh/Eklw

ÖBB KGV Inzersdorf Zwillingsee
Anton-Balzer-Weg 1
25/Ebh

Wienerfeld
Neilreichgasse 112
54/Eklw

Wilhelmshöhe
Ludwig-von-Höhnel-Gasse 9
142/Eklw

Zum Acker
Bitterlichstraße 60
15/Eklw

11. Bezirk

Bahndamm
Lorystraße 82
44/Eklw

Gartensiedlung Neugebäude
Simmeringer Hauptstraße
347/GS

Gaswerk XI
Oriongasse 33
212/Eklw

Kaiser Ebersdorf
Fuchsbodengasse
154/GS/Eklw

Kleingarten Eigengrund
Leberstraße 98-106
39/Ekl

Leberberg
Etrichstraße
89/Eklw

Sendnergasse
Sendnergasse
17/Eklw

Schreber- und Muttergarten
Hauffgasse/Werkstättenweg
122/Ekl/Eklw

Simmeringer Haide
Auf der Simmeringer Haide
767/Eklw

Vormals Gruppe Krankenkasse
Römerstalgasse
59/Eklw

12. Bezirk

Am Anger
Altmannsdorfer Anger 2
149/Eklw

Am Schöpfwerk
Am Schöpfwerk 33
111/Eklw

Esparsette
Franz-Siller-Weg 116
382/Eklw

Fasangarten
Graf-Sailern-Gasse
16/Eklw

Gartenfreunde XII
Gartenfreundeweg 4
333/Eklw

Jägerhaus
Schlöglgasse
8/Ekl

Josef Winter
Danilovatzgasse
22/Eklw

Sagedergasse
Sagedergasse
119/Eklw

Sommerheim
Max-Hegele-Weg 2
92/Eklw

13. Bezirk

Am Hörndlwald
Josef-Lister-Gasse 76
37/Eklw

Beim Hermestor
Kalmanstraße 60B
62/Eklw

Gartenfreunde Adolfstor
Adolfstorgasse 30
47/Eklw/Ekl

Kulturfreunde, Gr. Hietzing
Wlassakstraße/Hanschweg
13/Ekl

Küniglberg
Elisabethallee
146/Eklw

Ober Sankt Veiter Familiengärten
Wlassakstraße 93
190/Ekl

Rosenberg
Rosenhügelstraße 169
86/Eklw

Trazerberg
Trazerberggasse 8
81/Ekl

Veitlissengasse
Veitlissengasse 31
12/keine Widmung angeführt

Wattmanngasse
Wattmanngasse 79
20/Eklw

14. Bezirk

Am alten Berg
Steinbruchgasse
6/GS

Am Ameisbach
Braillegasse 1-3
564/Eklw

Am Saturnweg
Knödelhüttenstraße
28/Eklw

Am Wolfersberg
Jupiterweg 60-62
442/Eklw

Anzengruber
Anzengruberstraße 82-84
92/Eklw

Breitensee
Josef-Weinheber-Platz
34/Eklw

Eden
Hadersdorf (oberhalb Edenstraße)
11/GS/Ekl

Eisenbahner Laudonwiese
Friedhofstraße 19
124/Eklw

Gartenfreunde Flötzersteig
Flötzersteig 285
23/EKLW

Heimkehrer und Invalide
Steinbruchstraße
82/Eklw

Hietzing und Umgebung
Helene-Odilon-Gasse 5
227/Ekl/GS/W 1/GB II

Jupiter
Robert-Fuchs-Gasse 43
43/Eklw

Klein-Semmering
Flötzersteig
71/Eklw

Knödelhütte
Heinrich-Kneissl-Gasse 38
162/Eklw

Kolbeterberg
Korngoldstraße
73/Eklw

Neu-Rosental
Rosentalgasse 11a
86/Eklw

Neue Wiese
Ramwiesenweg K 39
73/Eklw

Oberbaumgarten
Adresse: Ernst-Bergmann-Gasse/
Kefergasse
19/Ekl

Ried in der Rose
Rosentalgasse
42/Eklw

Rosental
Heschweg 320
893/Ekl/Eklw

Spallart
Gottfried-Alber-Gasse
180/Eklw

Wolf in der Au
Hauptstraße 20
65/Eklw

15. Bezirk

Zukunft auf der Schmelz
Verlängerte Guntherstraße
659/Ekl

16. Bezirk

Frohe Zukunft Ottakring
Ameisbachzeile
19/Eklw

Fuchsenloch
Baumeistergasse 88
24/Eklw

Gartenfreunde Ottakring
Flötzersteig 20a
276/Eklw

Kulturfreunde
Baumeistergasse 59
50/Eklw

Liebhartstal
Johann-Staud-Straße 7
58/Eklw

Maulwurf
Flötzersteig
23/Eklw

Montleart
Steinbruchstraße 52
174/Eklw/GS

Reizenpfennig
Demuthgasse 15
55/Eklw

Sillergärten
Flötzersteig
131/Eklw

Sprengersteig
Sprengersteig 25
26/Eklw

Waidäcker
Johann-Staud-Straße 9
270/Eklw

Wasserwerk im Liebhartstal
Gallitzinstraße
21/Eklw

17. Bezirk

Alsrückenweg
Czartoryskigasse
14/Eklw

Alt-Klampfelberg-Kolonie
Czartoryskigasse
70/Eklw

Am Heuberg
Schrammelgasse 69
85/GS

Ferdinand Hanusch
Röntgengasse
99/Ekl/Eklw

Hanslteich
Amundsenstraße
15/Ekl 25 m²

Heubergkuppe
Trenkwaldgasse
110/Eklw

Hügelwiese
Kleeblattweg 17
44/Eklw

Kreuzbau
Alszeile 74
14/GS

Michaelerwiese
Geroldgasse
62/Eklw BB

Neu-Nachreihen
Nachreihengasse
28/Eklw

Ob der Als
Czartoryskigasse 110
233/Eklw/GS

Oberalsegger
Czartoryskigasse 145
20/Eklw

Oberwieden
Oberwiedenstraße 22
68/Eklw

Predigtstuhl
Oberwiedenstraße 34
208/Eklw

Schafberg Süd
Czartoryskigasse 97
12/Eklw

Schafberg-Obere Kreuzwiese
Josef-Redl-Gasse
30/W 1

St. Peter
Waldegghofgasse
13/Ekl

Stammverein am Heuberg-Kolonie Blöckinger
Pointengasse 29
45/Eklw

Unteralsegg
Czartoryskigasse 77-85
27/Eklw

Waldegghof
Waldegghofgasse
19/Ekl 25 m²

Waldhütte
Waldhüttenweg
9/Eklw BB/SWW

18. Bezirk

An der Buchleiten
Buchleitengasse 48
7/W 1

Bergfriede
Ladenburghöhe
26/GS

Brunnstube
Brunnstubenweg
169/Eklw

Dahlienwiese
Sonnenbadweg 5
11/Eklw

Pötzleinsdorf
Pötzleinsdorfer Straße 220
36/Ekl

Pötzleinsdorfer Höhe
Pötzleinsdorfer Höhe
54/Eklw

Schafberghöhe
Josef-Redl-Gasse 12
24/GS

Schafbergsiedlung
Schönbrunner Graben
260/Eklw

Scheibenberg
Bastiengasse 62
33/W 1/SWW

Schönbrunner Graben
Schönbrunner Graben
20/Eklw

Wallrißgraben
Leschetitzkygasse
20/Ekl/GS

19. Bezirk

Am Nussberg
Nussberggasse 28
20/Ekl/Eklw

Cobenzl
Himmelstraße/Höhenstraße
24/Ekl

Döbling
Grinzinger Straße 98a
18/Eklw

Franz Staudinger
Am Neustiftblick 1
34/Eklw

Grinzing
Cobenzlgasse
56/Ekl BB/Epk/Ekl/Eklw

Hackenberg
Am Neustiftblick 6
489/Eklw

Heiligenstadt
Hintergärtengasse
101/Ekl/BB

Karl-Marx-Hof
Boschstraße
22/§ 8 (1) = Bausperre

Lindnerstadl
Hannplatz
11/ÖG

Nussdorf
Grinzinger Straße 123
95/Ekl

Windmühlhöhle an der Glanzing
Wildbrandtgasse
63/Eklw BB

20. Bezirk

Brigittenau
Schongauergasse
65/Ekl 25 m²

Helgoland
Lorenz-Müller-Gasse 5
32/Ekl

Linse
Kornhäuselgasse
21/VB , Verkehrsfläche

21. Bezirk

Allissen
Ruthnergasse 172
303/Eklw

Alter Wiener
Alter Wiener Weg 3
23/Eklw

Am Mühlweg
Mühlweg 4
33/Eklw

Am Stadlweg
Am Stadlweg 79
45/Eklw

An der Heingasse
Leopoldauer Straße 79-81
25/Ekl BB

An der Ruthnergasse
Pfendlergasse 4
184/Eklw

An der Strebersdorfer Straße
An der Strebersdorfer Straße 5
21/Ekl/SWW

An der Thayagasse
Thayagasse
125/Eklw

Blumenfreunde
Fännergasse 2
235/Eklw

Dirnelwiese
Prager Straße
13/Eklw

Donaufelder Kleingärtner
Ostmarkgasse 30
51/Eklw/GS/W 1

Frohes Schafffen
Thayagasse 5
249/Eklw

Gartenfreunde Jedlesee
Schwarzer Weg
92/Eklw

Gisela
Prager Straße 25
11/Ekl

Groß Jedlersdorf
Brünner Straße 100
427/Eklw

Grünlandwidmung Donaufeld
Inwaldweg 1
87/Eklw

Gut Freund
(1935 als »Freundschaft« gegründet, seit 1938 »Gut Freund«)
Cooperweg 13
72/Eklw

Im Äugel- Musteranlage
Bellgasse 25
176/Eklw

Im Äugel – Stammverein
Äugelgasse 3
34/Eklw

Kefedergrund
Adresse: Leopoldauer Straße 146
33/GS

Kleiner Damm
Schulzgasse 19
44/Eklw

Lebnergasse
(1928–1934 Kleingartenverein Karl Marx)
Schulzgasse 2
25/Eklw

Leopoldau
Siemensstraße 165
274/Eklw

Leopoldau-Ladestelle
Thayagasse 5a
334/Eklw

Mautner-Markhof
(gegründet 1946 als Kleingartenverein ÖBB-Landwirtschaft Nr. 63)
Hopfengasse 63
84/Eklw

Obstfreunde
(1920–1937 Kleingartenverein der Leopoldstädter Kriegsinvaliden)
Arbeiterstrandbadstraße 9-11
56/Eklw

Ödenburger Straße
Ödenburger Straße
150/Eklw/GS

Petzgrund
Ödenburger Straße 15
40/Eklw

Prager Straße
Prager Straße 120
48/Eklw

Satzingerweg
Satzingerweg 33
12/Eklw

Semmelweis
Ödenburger Straße 69
88/Eklw

Sommerweg
Sommerweg 15
59/Eklw

Spitzweg-Siedlung
Spitzweg
47/GS

Stammersdorf
Nikolsburger Gasse 3
180/Eklw

Transit
Brünner Straße 69
37/Ekl

Werk VI
Siemensweg 10
31/Eklw

22. Bezirk

Alte Donau
Industriestraße 68 b
38/Eklw

Am Ries
Erzherzog-Karl-Straße
63/Eklw

Am Schilf
Kirschenalleeweg
24/Eklw

An den alten Schanzen
An den alten Schanzen 39
100/Eklw

An der Rehlacke
Benatzkygasse 3
160/Eklw

An der Rugierstraße
Polgarstraße 36
63/Eklw

Aspern
An der Benjowskigasse
30/Eklw

Calmon
Stadlauer Straße 76
34/Eklw

Donaupark
Donauturmstraße
19/Eklw

Erster Wiener Lust- und Nutzgarten
Pombergerweg 283
85/Eklw/GS

Franz Siller
Wehrbrücklstraße 43
95/GS/Eklw

Futterparzellen
Große Buchtgasse
24/Eklw

Gänsehäufel
Dampfschiffhaufen
77/Eklw

Große Bucht
An der unteren Alten Donau
31/Eklw

Hagedorn
Kornblumenweg 3
112/Eklw

Hausfeld
Hausfeldstraße
38/Eklw

Heidjöchl
Ostbahnbegleitstraße 2
68/Eklw

Himmelteich
Heringgasse 19
162/Eklw

Im Gestockert
Lannestraße 55
371/Eklw

Ing. Hans Spannbauer
An den alten Schanzen 25
82/Eklw

Juvavia
Industriestraße
49/Eklw

Kagran
Industriestraße 93-103
21/GS

Kaisermühlen
Weissauweg 4
37/Eklw

Kanada
Donaustadtstraße
6/Ebh/SWW

Maschanzka
Kanalstraße 33
102/GS

Mühlhäufel
Hardegggasse
21/GS

Mühlwasser
An der Industriestraße
18/Eklw

Neu-Brasilien
Industriestraße 2
161/Eklw

Neu-Florida
An der Industriestraße
215/Eklw/GS

Seestadt
Karl-Beck-Gasse 3 und 3a
39/Eklw

Sonnheim
An der unteren Alten Donau
194/Ekl/SWW

Sport- und Erholungszentrum Breitenlee
Mayredergasse 10
123/keine Widmung angeführt

Stadlau-Hirschstetten
Erzherzog-Karl-Straße 139
59/Eklw

Straßenbahn Kagran
Goldemundweg
14/ÖG/Eklw

Stürzl
Kaisermühlenstraße 13
20/Eklw

Vinzenz Macholda
Hausfeldstraße
196/Eklw

Waagner-Biro
Industriestraße 68a
24/Eklw

Zum weißen Kreuz
Breitenleer Straße
32/Eklw

23. Bezirk

Am Steinsee
Anton-Baumgartner-Straße
293/Ebh

Atzgersdorfer Heide
Batschegasse 16
69/Eklw

Gloggargrund
Carlbergergasse 33
37/Eklw

Hofallee
Anton-Baumgartner-Straße
29/Eklw

Liesing und Umgebung
Franz-Brosch-Straße
1/W 1

Mauer Heudörfl
August-Greiml-Weg 34
47/W 1

Rosenberggraben
Atzgersdorfer Straße 251
39/GS

Rosenhügel
Atzgersdorfer Straße 171
282/Eklw

Schlosssee
Brandströmgasse 7
132/Eklw/Ebh

Siebenhirten
Ketzergasse 106
40/Eklw

Sonnental
Atzgersdorfer Straße 213-249
126/Eklw

Willendorf
Brandströmgasse
27/Eklw

Literaturverzeichnis

Zeitungen/Zeitschriften

Brettldorfer Zeitung. Unpolitisches Organ für Siedler und Kleingärtner Österreichs, Jahrgang 1926

Der Gartenfreund. Mitteilungen des Verbandes der Schrebergarten-Vereine aller im Reichsrate vertretenen Königreiche und Länder (1916–1920); nach Kriegsende ohne den Zusatz im Untertitel

Der österreichische Kleinwirtschafter. Offizielles Organ des Allgemeinen Verbandes der Siedler und Kleingärtner, Wien Jänner 1936 bis Juni 1938

Die Scholle. Illustrierte Monatsschrift für Gartenwirtschaft und Kleintierzucht. Mit Beilage Mitteilungen des Verbandes der Kleingärtner, Siedler und Kleintierzüchter, 1.9.1945 bis Oktober 1948

Grünlandjournal. Mitgliederinformation des KGV Grünland, Wien 1998–2000

Jahrbücher 1932, 1934 und 1936, ed. Verband der Kleingärtner, Siedler und Kleintierzüchter Österreichs

Kleines Volksblatt 26.8.1954 und 11.9.1954

Kleingärtner, Siedler und Kleintierzüchter. Organ des österreichischen Verbandes für Kleingärtner, Siedler und Kleintierzüchter, Wien 1925 bis Oktober 1934, und mit wechselnden Untertiteln November 1934 bis 1938 sowie ab 1948

Kleingartenland. Zeitschrift für Kleingärtner, Siedler und Kleintierzüchter. Nachrichtenblatt Kleingartengenossenschaft Alsrücken und der Bezirksorganisation der Kleingärtner und Siedler des 17. Bezirkes, Wien 1931–1934

Kronen-Zeitung 3.6.2006

Mitteilungen der Kleingartenkolonie Mexiko, Februar 1938 (nur eine Ausgabe erschienen)

Mitteilungen der Kleingärtner, Siedler und Kleintierzüchter Währings, Jg. 1934–1938

Mitteilungen des Vereins der Schrebergärtner Wasserwiese, Jg. 1928–1938

Mitteilungen des Vereins »Schrebergärten«, Jg. 1915

Mitteilungen. Kleingartenverein Wasserwiese, Jg. 1971–1994

Mitteilungsblatt. Wirtschafts- und Siedlungsgenossenschaft der Kleingärtner Am Heuberg, Juni 1934–Jänner 1937

Neue Kronen-Zeitung 11.6.1923, S. 7 ff. (Beilage über Kleingärten)

Ostmärkischer Kleingärtner. Mitteilungsblatt der Landbünde der Ostmark im Reichsbund Deutscher Kleingärtner e.V., Ausgabe Oktober 1938 und Oktober 1944

Siedler und Kleingärtner. Zeitschrift für Kleingärtner, Siedler, Wohnungsreformer, 1922 bis 1923

Siedler und Kleingärtner, Jänner 1923 bis Dezember 1924

Sonnheim-Nachrichten, hrsg. KGV Sonnheim, Juni 1936-März 1938

Sozialrentner und Pensionist November/Dezember 1972

Spiegel 36/1973 (über Gottlob Moritz Schreber)

Unser Schafberg. Unabhängige Monatsschrift für die wirtschaftlichen, sozialen und kulturellen Interessen aller Schafbergkleingärtner, Juli 1932-Juni 1935

Mangel. Hunger. Tod. Die Wiener Bevölkerung und die Folgen des Ersten Weltkriegs, Wiener Geschichtsblätter Beiheft 1/2014

Wiener Tagblatt 4.1.1911, S. 5 (»Schrebergärten für Wien«)

Bücher/Diplomarbeiten/Dissertationen/Festschriften

50 Jahre Kleingartenanlage Blumental. Festschrift 1953–2003, Wien 2003
50 Jahre Steinsee. 1935–1985, Wien 1985
50 Jahre Kleingartenanlage Frohes Schaffen, Wien o.J.
60 Jahre Kleingartenanlage Am Anger. Festschrift, Wien 1988
60 Jahre Kleingartenverein Wienerberg-Zwillingsee. 1961–2021, Wien 2021
70 Jahre Juvavia, Wien 2000
75 Jahre. 1923–1998 Bezirksverband der Kleingärtner Floridsdorf, Wien 1998
75 Jahre Kleingartenverein Kanalwächterhaus. 1942–2017, Wien 2017
75 Jahre Kleingartenverein Zukunft auf der Schmelz. Eine Festschrift, Wien 1995
80 Jahre Kleingartenverein Am Ameisbach, Wien 1995
80 Jahre Kleingartenverein Unterer Gaisberg, Wien 2013
85 Jahre. 1923–2008 Bezirksorganisation der Kleingartenvereine Floridsdorf BO XXI, Wien 2008
85 Jahre Kleingartenverein Wasserwiese. Wien-Prater 1916–2001, Wien 2001
90 Jahre Brunnstube. Festschrift. 1917–2007, Wien 2007
90 Jahre Kleingartenverein Groß-Jedlersdorf. 1919–2009, Wien 2009
90 Jahre Kleingartenverein Hackenberg, Wien 2011
90 Jahre Kleingartenverein Simmeringer Haide. 1918–2008, Wien 2008
90 Jahre Kleingartenverein Weichselgarten, Wien 2014
100 Jahre Bezirksorganisation der Kleingartenvereine Wie XXI. Floridsdorf. Fachgruppe Obst- und Gartenbau, Wien 2023
100 Jahre Verein Am Ameisbach. Festschrift, Wien 2015
100 Jahre KGV Gaswerk XI. Die Suche nach den Wurzeln eines der ersten Kleingartenvereine in Simmering, Wien 2017
100 Jahre Kleingartenverein Groß-Jedlersdorf, Wien 2019
100 Jahre KGV Montleart.1917–2017, Wien 2017
100 Jahre KGV Sagedergasse. 1913–2013, Wien 2013
100 Jahre KGV Spallart, Wien 2018
100 Jahre Kleingartenverein Stammersdorf. 1919–2019, Wien 2019
100 Jahre Kleingartenverein Zukunft auf der Schmelz. Festschrift, Wien 2022
Margit Altfahrt et al.: Die Zukunft liegt in der Vergangenheit. Studien zum Siedlungswesen in der Zwischenkriegszeit, Wien 1983
Maria Auböck/Roland Hagmüller: Handbuch für Wiener Kleingärtner, Wien 1986
Peter Autengruber: Lexikon der Wiener Straßennamen, 12. Auflage, Wien 2022
Peter Autengruber/Bernhard Eichler: 100 Jahre Kleingartenverein Predigtstuhl. 1916–2016, Wien 2016
Bericht des Rechnungshofes. Ausgewählte Liegenschaften der Stadt Wien – Magistratsabteilung 69. Reihe WIEN 2017/3
Hanns Blauensteiner/Fritz Walla: Kleingärtnerverein Hackenberg. Festschrift zum 60-Jahr-Jubiläum, Wien 1981
Wilhelm Böhm: Vom Steinhoferteich zum Steinsee. 70 Jahre KGV am Steinsee. 1935–2005, Wien 2004
Petra Elisabeth Cermak: Nutzungsänderungen in Wiener Kleingärten an Hand des Beispiels von drei Kleingartenanlagen am Schafberg in Wien XVII, Diplomarbeit, Wien 1999

Festschrift anlässlich des 75-jährigen Bestandsjubiläums der Dauerkleingartenanlage Franz Staudinger, Wien 2006
Festschrift des Kleingarten- und Wirtschaftsvereines Rosental anläßlich des 25jährigen Bestehens. 1910-1935, hrsg. Kleingarten- und Wirtschaftsverein Rosental, Wien 1935
Festschrift 90 Jahre Kleingartenverein Sillergärten. Ein Kleingartenverein im Wandel der Zeit (1917–2007), Wien 2007
Festschrift. 100 Jahre Schrebergärten in Wien. Kleingartenverein Rosental. 1910–2010, Wien 2010
Festschrift 100 Jahre Wiener Kleingartenverein Neu-Brasilien, Wien 2008
Festschrift zu 90 Jahre Friedensstadt. Beiträge zur Chronik von St. Hubertus, Heft 3, Wien 2011 (darin Biografie von Wilhelm Bolek, S. 61-63)
Festschrift. 90 Jahre Österreichischer Siedlerverband. 1921–2011, Wien 2011
Festschrift zum 80. Jubiläum des Kleingartenvereins Zukunft auf der Schmelz, Wien 2000
Festschrift zum 90. Jubiläum des Kleingartenvereins Zukunft auf der Schmelz, Wien 2010
Brigitte Feuerbach: Das Kleingartenwesen in Wien und in Berlin. Eine multivariate Gegenüberstellung, Diplomarbeit Wien 1998
Gottfried Haubenberger/Michael Martischnig (Hg.): Vom Wienerberg. Ziegenweide – Ziegelgrube – Lustlandschaft, Wien 2009
Hans Kampfmeyer: Siedlung und Kleingarten, Wien 1926
Fritz Keller: Die Pölzers. Eine sozialdemokratische Familien-Saga, Wien 2014
Amália Kerekes, Ursula Reber, Katalin Teller: Die parzellierte Kriegsausstellung. Debatten über den Prater und seine Schrebergärten 1919, Wien 2010, abgerufen unter www.kakanien.ac.at am 19.7.2017
Kleingartenanlage Frohes Schaffen. Chronik, Wien 2017
Gerhard Kletterer/Leopoldine Lendaric: Das Gänsehäufel, Wien 2007
Kommunistische Partei Österreichs: „Der Tote ist auch selber schuld." Zum 50. Jahrestag der Ermordung von Ernst Kirchweger, Wien 2015
Gertraud Koszteczky: Die Geschichte der Wiener Grünflächen im Zusammenhang mit dem sozialen Wandel ihrer BenützerInnen, phil. Diss. Wien 2007
Günter Kotisch/Ewald Lackner/Fritz Wittmann: Vom Schrebergarten zur Kleingartenanlage KGV Am Anger. Zum Jubiläum 80 Jahre Kleingartenverein Am Anger, Wien 2008
Ferry Kovarik: 100 Jahre Kleingartenverein Waidäcker. 1917–2017, Wien 2017
Martina Kral: Das Wiener Kleingartenwesen. Entwicklung, gegenwärtige Situation und zukünftige Tendenzen, Dipl.-Arbeit Wien 1992
Stephanie Letzbor-Kalusch: Die Selbstversorgung im heutigen Wiener Kleingarten – eine Bestandsaufnahme zum Obst- und Gemüseanbau, Dipl.-Arbeit Universität für Bodenkultur, Wien 2013
Renate Machat: Land in der Stadt. Kleingärten und Siedlungen in Wien. In: Karl Brunner/Petra Schneider (Hg), Umwelt Stadt. Geschichte des Natur- und Lebensraumes Wien, Wien 2005, S. 488-499
Johann Muhr: Die Kleingarten- und Gartenzwergkultur vom Liebhartstal – Ottakring. Volkskundlich-soziologische und sozialgeschichtliche Forschungen zur Soziologie und Sozialgeschichte eines Wiener Randgebietes, Diss. Wien 1994
Otto Neurath: Österreichs Kleingärtner- und Siedlerorganisation, Wien 1923
William G. Niederland: Der Fall Schreber, Reinbek 1974

Klaus Novy/Wolfgang Förster: Einfach bauen. Genossenschaftliche Selbsthilfe nach der Jahrhundertwende. Zur Rekonstruktion der Wiener Siedlerbewegung, Wien 1991
Ferdinand Opll: Liesing, Wien 1982
Theodor Pfeiffer: Arbeitergärten, Graz 1907 (=Schr. d. Zentralstelle für Wohnungsreform in Österreich Nr. 2)
Roland Rainer: Für eine lebensgerechtere Stadt. Beiträge aus 25 Jahren, Wien-München-Zürich 1974
Gerhard Raymann: Von den Ziegelteichen am Wienerberg zum Kleingartenverein Wienerberg-Zwillingsee. Erinnerungen an die Entstehung eines Paradieses vor 40 Jahren, Wien 2001
Helga Reißer: Ferdinand Hanusch. Sein Leben und literarisches Werk, phil. Diss. Wien 1951
Han Israels: Schreber, Vater und Sohn. Eine Biographie, München-Wien 1989
Günther Sandner: Otto Neurath. Eine politische Biographie, Wien 2014
Morton Schatzmann: Die Angst vor dem Vater. Langzeitwirkung einer Erziehungsmethode. Eine Analyse am Fall Schreber, Hamburg 1974
Alexandra Ilonka Schindelar: Kleingärten in Wien. Bestandsaufnahme, gesellschaftliche Bedeutung und stadtplanerische Perspektive, Dipl.-Arbeit Wien 2008
Franz Schmidt: Der Schrebergarten als kultureller Faktor. Ein Überblick über das Kleingartenwesen von seinen Anfängen bis in die heutige Zeit unter besonderer Berücksichtigung des Raumes Wien, phil. Diss. Wien 1975
David Schoenbaum: Die braune Revolution. Eine Sozialgeschichte des Dritten Reiches, Köln 1968
Daniel Gottlob Moritz Schreber: Aerztliche Zimmer-Gymnastik oder Darstellung und Anwendung der unmittelbaren – d.h. ohne Geräth und Beistand, mithin stets und überall ausführbaren – heilgymnastischen Bewegungen für jedes Alter und Geschlecht und für die verschiedenen speciellen Gebrauchszwecke als ein einfaches natürliches System entworfen, dritte vervollkommnete Auflage, Leipzig 1857
Daniel Gottlob Moritz Schreber: Kallipädie oder Erziehung zur Schönheit, Leipzig 1858
Das Kleingartenwesen in Wien. Denkschrift. Herausgegeben vom Siedlungs- und Kleingartenamt der Stadt Wien, Juni 1939
Franz Siller/Camillo Schneider: Wiens Schrebergärten, Wien 1920
Otto Staininger (Hg): Ferdinand Hanusch (1866–1923). Ein Leben für den sozialen Aufstieg, Wien 1973
Hermann Steinhaus: Grundsätzliche Kleingartenfragen. Zur Unterrichtung der Unterorganisationsleiter des Reichsbundes Deutscher Kleingärtner e. V., Berlin 1938
Marga Swoboda/Peter Lattinger: Die große Welt der Wiener Kleingärten, Wien 2004
Wolf-Michael Tschuppik: Wege zur Architektur im Kleingarten. Strategien der Gestaltung baulicher Strukturen im Wiener Widmungsgebiet Eklw, TU Wien 2001
Helmut Weihsmann: Das Rote Wien. Sozialdemokratische Architektur und Kommunalpolitik 1919–1934, Wien 2019
Ingeborg Weinberger: NS-Siedlungen in Wien. Projekte – Realisierungen – Ideologietransfer, Wien 2015
Helmut Wimmer: Raumwirtschaftliche Aspekte des Wiener Kleingartenwesens. Eine aktuelle Bestandsaufnahme, Dipl.-Arbeit Wien 1996
Sylvia Wohatschek: Kleingärten als soziale Netze, Dipl.-Arbeit Wien 2008
Zentralverband der Kleingärtner, Siedler und Kleintierzüchter Österreichs (Hg): Festschrift 1916–2001. Von einer Vision zum kleinen Paradies – Eine Chronik, Wien 2001
Ulrike Zimmerl: Kübeldörfer. Siedler und Siedlerbewegung im Wien der Zwischenkriegszeit, Wien 2002

Interviews (nach Datum gereiht)

Gespräch mit Ing. Josef Vrca am 25.2.2017 und am 3.7.2024 (Obmann KGV Wasserwiese) im Vereinshaus und Telefonat am 20.7.2017 und E-Mail vom 8.7.2024

Gespräch mit Gerhard Groll am 8.3.2017 und 12.7.2017 (Obmann KGV Kanalwächterhaus) im Vereinshaus sowie Telefonat am 3.9.2024 und E-Mail vom 4.9.2024

Gespräch mit Harald Guggenberger am 10.3.2017 und am 5.7.2024 (Obmann KGV Zukunft auf der Schmelz) im Vereinshaus sowie E-Mail vom 21.8.2024

Gespräch mit Herbert Forster am 12.3.2017, 28.4.2017, 13.5.2017 und am 1.8.2024 (Obmann KGV Ferdinand Hanusch) im Vereinshaus bzw. Schutzhaus Heuberg sowie E-Mail vom 3.8.2024

Gespräch mit Ing. Wolf Wenter am 21.4.2017 (Obmann KGV Frohes Schaffen) im Vereinshaus sowie E-Mail vom 15.9.2024

Gespräch mit Ewald Arnold am 28.4.2017 (ehemaliger Obmann des KGV Ferdinand Hanusch) im Vereinshaus

Gespräch mit Herbert Zimmer am 27.5.2017 (Obmann KGV Blumental) und seinem Stellvertreter Rudolf Novak am 27.5.2017 im Vereinshaus sowie mit Rudolf Novak am 6.7.2024 im Vereinshaus

Gespräch mit Wolfgang Fehlau am 2.6.2017 und am 23.8.2024 (Obmann KGV Am Ameisbach) und Harald Glück (Obmann-Stellvertreter KGV Am Ameisbach) am 23.8.2024 im Vereinsbüro sowie E-Mail vom 6.9.2024

Gespräch mit Walter Albrecht (Obmann KGV Esparsette) am 9.6.2017 im Vereinshaus

Gespräch mit Ing. Helmut Kratky (Obmann KGV Simmeringer Haide) am 11.6.2017 im Vereinshaus (sowie mehrere Gespräche im Zentralverband, zuletzt am 27.5.2024)

Gespräch mit Herrn Ing. Frank Hajek am 2.7.2017 (Obmann-Stellvertreter KGV Wienerberg-Zwillingsee) im Vereinshaus

Gespräch mit Alfred Krcal (Obmann KGV Rosental) am 3.7.2017 im Vereinshaus (Dank auch für das ausführliche Telefonat am 9.7.2017 und die Anmerkungen zum Text über das Rosental)

Telefonat mit Johann Komarek (Mitglied KGV Wienerberg-Zwillingsee) am 11.7.2017 (mit bestem Dank für Literaturhinweise zum Wienerberg)

Gespräch mit Wolf-Dieter Brüstl am 16.7.2017 und am 22.6.2024 (Obmann KGV Wienerberg-Zwillingsee) im Vereinshaus sowie E-Mail vom 7.7.2024

Gespräch mit Ferry Kovarik am 24.7.2017 (ehemaliger Obmann KGV Waidäcker) in der Weinschenke zur Blauen Nas´n

Gespräch mit Ing. Gerhard Chrobak am 26.7.2017 (Obmann KGV Beim Hermestor) im Vereinshaus und Telefonat am 1.7.2024 sowie E-Mail vom 13.7.2024

Gespräch mit Michael Gutmann (Obmann KGV Weichselgarten) und Heinz Vytisk (KGV Weichselgarten) am 2.8.2017 im Vereinsgarten sowie Telefonat mit Herrn Gutmann am 25.6.2024

Gespräch mit Josef Herz am 7.8.2017 (Obmann KGV Sillergärten) im Vereinshaus

Gespräch mit Werner Duschek am 11.8.2017 (Obmann-Stellvertreter KGV Hackenberg) und Vereinsfunktionären im Vereinshaus

Gespräch (Telefonat) mit Michael Weber am 17.8.2017 (Obmann KGV Hackenberg)

Gespräch mit Peter Cermak (Obmann KGV Alt-Klampfelberg-Kolonie) und Edith Meindl am 17.8.2017 im Vereinshaus sowie mit Edith Meindl am 25.8.2017 in ihrer Wohnung und Telefonat am 28.8.2017 sowie Telefonat mit Peter Cermak am 12.7.2024 und E-Mail vom 12.7.2024

Gespräch mit Ing. Michael Pascher am 17.8.2017 (Obmann KGV Am Steinsee) im Vereinshaus

Gespräch mit Ewald Lackner am 28.8.2017 (Obmann KGV Am Anger) im Vereinshaus sowie Telefonat am 24.6.2024

Gespräch mit Markus Grießbauer (Obmann KGV Sagedergasse) und Herbert Hofstetter (KGV Sagedergasse) am 18.8.2017 im Vereinshaus

Gespräch mit Edith Frithum am 5.9.2017 (Obfrau KGV Gartenfreunde XII) im Vereinshaus sowie Telefonat am 21.6.2024

Gespräch mit Mag. Gerhard Spitzer, Vorsitzender des Wiener Kleingartenbeirates, am 6.9.2017 und am 20.6.2024 in der SPÖ Floridsdorf

Gespräch mit Herbert Wild am 6.9.2017 (Obmann KGV Stammersdorf) im Vereinshaus

Gespräch mit Ernsto Kern am 9.9.2017 und am 19.6.2024 (Obmann KGV Groß-Jedlersdorf) im Vereinshaus sowie E-Mail vom 30.6.2024

Gespräch mit Helmut Bayer (Obmann KGV Gaswerk und Landesverbandsobmann Wien) und Mathilde Hafner (KGV Gaswerk) am 12.9.2017 im KGV Gaswerk sowie am 20.9.2017 und mit Herrn Bayer am 27.5.2024 im Zentralverband der Kleingärtner und Siedler Österreichs

Gespräch mit Ing. Wilhelm Wohatschek am 2.10.2017 und am 27.5.2024 (Präsident des Zentralverbandes der Kleingärtner und Siedler Österreichs) im Zentralverband

Gespräch mit Anna Schinko, Anna Frank und Herbert Wild (alle KGV Stammersdorf) am 4.10.2017 im Vereinshaus

Gespräch mit Andreas Schweiger am 16.10.2017 und am 5.6.2024 (Obmann KGV Große Bucht) in seinem Haus

Gespräch mit Elke Papouschek am 17.6.2024 (Obfrau KGV Rosental) und E-Mail vom 26.6.2024

Gespräch mit Mag. Katharina Kanda-Timel am 16.7.2024 (Obfrau KGV Im Gestockert) und E-Mail vom 25.7.2024

E-Mail von Mag. Herbert Riess am 24. und 25.9.2017 sowie am 3.9.2024 (KGV Franz Staudinger)

E-Mail von Alfred Janu (Sohn von Obmann August Janu, KGV Steinsee) vom 29.3.2018

E-Mail von Dr. Norbert Mayr am 27.10.2018, 8.6.2020 und 29.4.2024 (betreffend Geschichte Juvavia)

E-Mail von Gerhard Burda vom 4.8.2021 und 19.8.2024 (betreffend Geschichte KGV Spallart)

Gespräch mit Ing. Roland Miksche am 6.6.2024 (Obmann KGV Predigtstuhl) im Vereinshaus und E-Mail vom 14.10.2024

Gespräch mit Dr. Christa Kastinger-Mayr am 8.7.2024 (KGV Juvavia) sowie E-Mail vom 3.4.2024, 14./15.7.2024 und 18.10.2024

Telefonat mit Hans-Georg Prohazka am 19.8.2024 (Obmann-Stellvertreter KGV Juvavia) sowie E-Mail vom 2.9.2024

Gespräch mit Robert Baumgärtner am 19.9.2024 (Obmann KGV Waidäcker) im Schutzhaus Waidäcker sowie E-Mails vom 23.und 24.9.2024

E-Mail von Dr. Ursula Schwarz (KGV Sonnenschein) vom 24.9.2024

E-Mail an Herrn Marian Salletmayr vom 16.9.2024 (Obmann KGV Franz Staudinger) und Telefonat am 30.9.2024

Gespräch mit Herrn Josef Reisenauer (Obmann KGV Stammersdorf) am 2.10.2024 im Vereinshaus sowie Telefonat am 13.10.2024

Gespräch mit Herrn Wolfgang Michael Auer (Obmann KGV Spallart) am 5.10.2024 im Vereinshaus sowie E-Mail vom 9.10.2024

Gespräch mit Herrn Andreas Skrinjar (Obmann KGV Montleart) am 16.10.2024 im Vereinshaus sowie E-Mail vom 21.10.2024

Abbildungsverzeichnis

6, 27, 40 bis 44, 46, 47, 58, 59, 61, 66, 67, 70 und 85: Aufnahmen im Sommer 2017 durch den Verfasser

19, 29, 35, 57 und 71: Archiv KGV Sagedergasse (Herbert Hofstetter, Wien)

20, 22 und 80: Archiv Edith Meindl, Wien

58a und 87a: Archiv KGV Groß-Jedlersdorf (Ernesto Kern)

45 und 86: Archiv KGV Frohes Schaffen

65 und 84: Alfred Klahr Gesellschaft, Wien

53, 82 und 83: Archiv KGV Ferdinand Hanusch

88 und 89: Archiv KGV Stammersdorf

91 und 92: Archiv KGV Am Steinsee

7 und 62: Peter Autengruber, Lexikon der Wiener Straßennamen, 9. Auflage, 2014, S. 91 und 224

1 und 3: Han Israels, Schreber, Vater und Sohn. Eine Biographie, München-Wien 1989, S. 93 und S. 221

2: Aus Daniel Gottlob Moritz Schreber: Kallipädie oder Erziehung zur Schönheit, Leipzig 1858

4: Festschrift des Kleingarten- und Wirtschaftsvereines Rosental anläßlich des 25jährigen Bestehens. 1910–1935, hrsg. Kleingarten- und Wirtschaftsverein Rosental, Wien 1935, S. 3

5: Festschrift. 100 Jahre Schrebergärten in Wien. Kleingartenverein Rosental 1910–2010, Wien 2010, S. 10

8: Arbeiter-Zeitung 4.9.1910, S. 11 (Skizzen vom Gänsehäufel)

9: Bildarchiv Österreichischer Gewerkschaftsbund

10: Festschrift 80 Jahre Kleingartenverein »Am Ameisbach«, Wien 1995, S. 6

11: Archiv Kleingärtnerverein Alt-Klampfelberg-Kolonie

12: Franz Siller/Camillo Schneider: Wiens Schrebergärten, Wien 1920, S. 105

13: Siedler und Kleingärtner, August 1925, S. 1

14: Der Gartenfreund, September 1919, S. 1

15: Festschrift des Kleingarten- und Wirtschaftsvereines Rosental anläßlich des 25jährigen Bestehens. 1910–1935, hrsg. Kleingarten- und Wirtschaftsverein Rosental, Wien 1935, S. 65

16: Festschrift 80 Jahre Kleingartenverein »Am Ameisbach«, S. 4

17: Franz Siller/Camillo Schneider, Wiens Schrebergärten (Bildteil)

18: Festschrift des Kleingarten- und Wirtschaftsvereines Rosental anläßlich des 25jährigen Bestehens. 1910–1935, hrsg. Kleingarten- und Wirtschaftsverein Rosental, Wien 1935, S. 72

21: Festschrift Alt-Klampfelberg-Kolonie. 1915–1990, Wien 1990, S. 14

23: Otto Neurath, Österreichs Kleingärtner- und Siedlerorganisation, Wien 1923, S. 2

24: Zentralverband der Kleingärtner und Siedler Österreichs

25: Das Kleingartenwesen in Wien. Denkschrift. Herausgegeben vom Siedlungs- und Kleingartenamt der Stadt Wien, Juni 1939 (Bildteil)

26: Archiv KGV Simmeringer Haide

28: Kleingärtner, Siedler und Kleintierzüchter, August 1934, S. 1

30: Ostmärkischer Kleingärtner, November 1938, S. 3

31: Ostmärkischer Kleingärtner, April 1939, S. 1
32: Ostmärkischer Kleingärtner, Oktober 1942, S. 1
33: Archiv KGV Waidäcker
34: Ostmärkischer Kleingärtner, Juli 1942, S. 1
36: Zentralverband der Kleingärtner und Siedler Österreichs
37: Kleingärtner, April 1958, S. 1
38: Kleingärtner, Juni 1957, S. 1
39: Kleingärtner, September 1976, S. 2
48 und 49: Festschrift des Kleingarten- und Wirtschaftsvereines Rosental anläßlich des 25jährigen Bestehens 1910–1935, hrsg. Kleingarten- und Wirtschaftsverein Rosental, Wien 1935, S. 45 und S. 47
50: Unser Schafberg. Unabhängige Monatsschrift, Mai-Juni 1934, S. 1
51: Abgedruckt in Franz Schmidt, Der Schrebergarten als kultureller Faktor, Wien 1975
52: Unser Schafberg. Unabhängige Monatsschrift, 15.2.1933, S. 5
54: Mitteilungen des Vereines der Schrebergärtner Wasserwiese, 15.2.1928, S. 4
55: Regelmäßig der Zeitschrift Mitteilungen des Vereins Schrebergärten beigelegt
56: Titelblatt Scholle, 1. September 1945
60: Archiv KGV Sonnenschein
62: Kleingärtner, September 1956, S. 3
63: Kleingartenverein Wasserwiese (Hrsg.), 85 Jahre Kleingartenverein Wasserwiese. Wien-Prater 1916–2001, Wien 2001, S. 89
64: Festschrift 1953–2003. 50 Jahre Kleingartenanlage Blumental, Wien 2003, S. 7
68: 90 Jahre Kleingartenverein Simmeringer Haide 1918–2008, Wien 2008, S. 14
69: Archiv KGV Am Anger
72: Archiv Heimatrunde St. Hubertus. Verein für Heimatgeschichte, Wien
73: Festschrift 100 Jahre Verein »Am Ameisbach«, Wien 2015, S. 40
74: Festschrift des Kleingarten- und Wirtschaftsvereines Rosental anläßlich des 25jährigen Bestehens. 1910–1935, hrsg. Kleingarten- und Wirtschaftsverein Rosental, Wien 1935, S. 49
75: Franz Siller/Camillo Schneider, Wiens Schrebergärten (Bildteil)
76: 75 Jahre Kleingartenverein Zukunft auf der Schmelz. Eine Festschrift, Wien 1995, S. 24
77 bis 79: Ferry Kovarik: 100 Jahre Kleingartenverein Waidäcker. 1917–2017, Wien 2017, S. 12, 25 und 17
81: Archiv Alt-Klampfelberg-Kolonie
87: 90 Jahre Kleingartenverein »Groß-Jedlersdorf« 1919–2009, Wien 2009, S. 10
89b: Archiv Dr. Christa Kastinger-Mayr
90: Festschrift 100 Jahre Wiener Kleingartenverein Neu-Brasilien, Wien 2008, S. 11

Farbteil:

Peter Autengruber (Seiten I, III-XI, XIV, XV oben und XVI), Edith Meindl (S. II oben), KGV Kanalwächterhaus (S. II unten), KGV Frohes Schaffen (S. XII oben links und unten), KGV Beim Hermestor (S. XII oben rechts), KGV Simmeringer Haide (S. XIII), Dr. Ursula Schwarz (KGV Sonnenschein, S. XV)

Peter Autengruber

Parks und Gärten in Wien

ISBN 978-3-85371-281-8, engl. Br., bebildert, 248 Seiten, 19,90 €

Uwe Mauch/Franz Zauner

Im Gemeindebau

23 Geschichten aus Wien

ISBN 978-3-85371-430-0, br., bebildert, 240 Seiten, 19,90 €